中国古生物学会 组编

傅 强 编

却顾所来径

中国古生物学家
的化石人生

中国科学技术大学出版社

内 容 简 介

2019 年时值中国古生物学会成立 90 周年，为了缅怀先贤，继往开来，中国古生物学会组织编写了这本从人物角度反映中国古生物学伟大征程的书，主要精选已发表过的有关纪念我国著名古生物学家的文章，重新编排和加工。全书分良师益友、古植物学家、古脊椎动物与古人类学家、微体古生物学家、古无脊椎动物学家等篇章，记述了中国古生物学发展史上 50 余位著名的古生物学家，他们在世时勤勉努力，取得开创性成果，并对中国古生物学的发展具有深远的影响。

图书在版编目（CIP）数据

却顾所来径：中国古生物学家的化石人生/中国古生物学会组编，傅强编. —合肥：中国科学技术大学出版社，2021.10
ISBN 978-7-312-04815-9

Ⅰ. 却…　Ⅱ. ①中…②傅…　Ⅲ. 古生物学—文集　Ⅳ. Q91-53

中国版本图书馆 CIP 数据核字（2019）第 247653 号

却顾所来径：中国古生物学家的化石人生
QUE GU SUO LAI JING：ZHONGGUO GUSHENGWUXUEJIA DE HUASHI RENSHENG

出版	中国科学技术大学出版社
	安徽省合肥市金寨路 96 号，230026
	http://press.ustc.edu.cn
	https://zgkxjsdxcbs.tmall.com
印刷	合肥市宏基印刷有限公司
发行	中国科学技术大学出版社
经销	全国新华书店
开本	710mm×1000mm　1/16
印张	24.25
字数	406 千
版次	2021 年 10 月第 1 版
印次	2021 年 10 月第 1 次印刷
定价	69.00 元

序

用双脚丈量生命　用化石写就人生

在山东省临朐县城东约 22 千米处,有两个小型盆地,即解家河盆地和包家河盆地,其外围均是由玄武岩组成的低山丘陵,地形起伏较大。对于大多数人来说,这两个小盆地似乎没有什么值得注意之处。然而,盆地中是厚度达 25 米左右的硅藻土沉积,其层薄如纸,稍加风化即层层翘起,宛若书页,被古人形象地比喻为"万卷书"。书页上的"文字"是远古时期由生物形成的化石,它们记录了远古时期生命的奥秘。

古生物学家就是通过化石研究远古生物的科学家,他们长年从事艰苦的野外考察工作,采集化石,探究生命演变的过程,研究远古生物生存和消亡的秘密。人类对于化石的接触可以追溯到文明发轫之时,随着人类活动的扩大,在一些富含化石的地区,古人因不知其所以然,故往往视化石为神奇之物。欧洲人有视象化石为独眼巨人、视菊石化石为去头之蛇的误解,中国人也有视恐龙骨骼化石为防风氏骨骼、视腕足动物化石为"得风雨则飞如真燕"的误解,这些均反映了古人对化石认识的萌动。

随着人类知识的积累,认识水平不断提高,北宋时期的沈括已经明确认识到化石是远古生物的遗骸,并根据古今类似生物的分布推测环境的变迁。欧洲文艺复兴时期的著名艺术家、学者达·芬奇同样认识到山顶上的海生动物化石是海陆变迁的证据。

随着 18 世纪工业革命的兴起,人们对于以煤炭为主的能源需求激增,同时也加速了古生物学的发展。18 世纪末到 19 世纪初,捷克学者斯滕伯格和法国学者居维叶分别在古植物学和古脊椎动物学的现代科学发展方向上做出了开创性的工作,标志着古生物学成为一个独立的学科。

虽然中国古代很多学者对于化石的本质提供了很多真知灼见,但对于化石的系统认识和研究直至 19 世纪末并无进展。随着现代科学的发展,在丁文江、李四光等一批先行者自海外学成归来,以及葛利普受邀来到中国之后,古生物学迅速在中国大地上生根发芽。

从 1927 年在德国留学的青年古生物学家孙云铸和杨钟健商议成立中国古生物学会的意愿之后,经过两年的酝酿,1929 年 8 月 31 日,中国古生物学会创立大会在北京忠信堂正式召开,丁文江、葛利普、孙云铸、李四光、计荣森、赵亚曾、王恭睦、杨钟健、俞建章、乐森璕等 10 人到会。

在丁文江、李四光和葛利普等良师益友的带领下,涌现出了如孙云铸、杨钟健、斯行健等一大批杰出的古生物学家,他们迅速在各个门类的研究上取得了众多举世瞩目的成果。90 年来,中国古生物学研究者完成了北京猿人、山旺生物群、澄江生物群、热河生物群等重要化石宝库的发现和研究,为认识生命的历史提供了难得的窗口。

2019 年时值中国古生物学会成立 90 周年,为了缅怀先贤,继往开来,我们编写了这本从人物角度反映中国古生物学伟大征程的图书。全书共选择了 50 多位已故古生物学家,其研究领域涵盖古植物学、古脊椎动物学、古人类学、古无脊椎动物学、微体古生物学等古生物学的各个领域。他们的学术生涯主要从事古生物学研究,并取得了开创性成果,且大部分人获得了院士称号,部分学者虽然未获院士称号,但在各自的研究领域均具有深远的影响,如周赞衡、马廷英、陈旭、盛莘夫、张文堂、杨敬之、侯佑堂等。此外,在 90 年的逝水岁月中,还有一批杰出学者由于种种原因而英年早逝,如科考途中被土匪杀害的赵亚曾、许德佑,因病早逝的计荣森、朱森等,但是他们在世时勤勉努力,取得了不菲的成就,也是后来者所不能忘记者。虽然还有很多学者对中国古生物学的发展作出了重要的贡献,如霍世诚、刘宪亭、安泰庠等,但由于编者一时没有找到相关纪念文章,无法收录,深以为憾。希望在未来修订重版时能补上这一缺憾。

由于本书文稿主要为已发表的文章,跨越的时间很长,最早的可追溯到1942 年,最新的为 2019 年,难免出现不同时期对相同事物表述出现差异,以及时间概念上的不统一,为了读者阅读的方便,书稿在编选的过程中,在力求保留原文风貌的基础上,对个别字句进行了适当修改。编者还搜集了大量图片插入其中,以加深读者的感受。在书稿的编选过程中,编者尽最大的努力与原文的作者进行了沟通,得到了大多数健在作者的授权,但尚有个别作者未能联系上,深表歉意。我们会继续努力想办法联系相关作者,同时期望作者得到消息后与出版社或编者联系。在本书的编选过程中,编者得到了以詹仁斌理事长为首的中国古生物学会的大力支持和鼓励,张允白研究员给予了很多鼓励和建议,同时也得到了穆西南等老一辈专家的帮助,在此一并表示感谢。由于编者学力有限,书中难免会出现疏漏之处,请读者包涵并不吝指正。

编　者
2019 年 10 月 30 日

目　　录

第一章

良 师 益 友

始信自强在不息

丁文江在地层古生物学上的卓越贡献

文 / 潘云唐

丁文江 (1887—1936)

丁文江是我国地质事业的奠基人之一，1887 年 4 月 13 日生于江苏泰兴县黄桥镇，早年留学日本、英国，辛亥革命那年返国。历任工商部地质科科长、农商部地质调查所所长、北京大学地质系研究教授、中央研究院总干事等职。1935 年底在湖南衡阳考察粤汉铁路沿线煤田地质时，夜卧不慎，不幸煤气中毒，后并发脑中枢血管破裂症，于 1936 年 1 月 5 日在长沙湘雅医院逝世。他一生在地质科学的很多领域里都取得了辉煌成就，其中对地层古生物学方面的贡献也是极其卓越的。

丁文江先生之墓（刘强摄）

讲授"古生物学"课程的第一个中国人

　　1911年,丁文江在英国格拉斯哥大学取得了地质学与动物学的双科毕业文凭,旋即回国。不久,辛亥革命爆发。1912年,他在上海南洋中学教了一年英文及动物学,还以进化论观点编了《动物学教科书》。1913年初,他受工商部矿政司司长张轶欧之聘,去北京任该司地质科科长,为了培养地质人才,他领导筹办了"地质研究班"(后改称"地质研究所")。他自己和章鸿钊、翁文灏等都在那里任教,丁文江主讲"古生物学"课程,他是在中国讲授"古生物学"课程的第一位教师。

1910年丁文江在英国天文课程实习照片,他手持六分仪

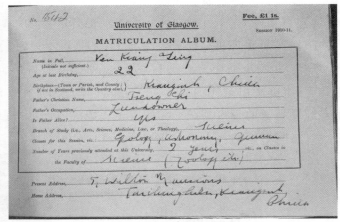

丁文江先生格拉斯哥大学学籍注册卡

　　1924年,丁文江当选为中国地质学会第二届会长,在第二届年会上,他宣读了以《中国地质工作者之培养》为题的会长演说,认为"在国立北京大学地质系中所开设的课程,比起那些外国学院来要好。但有一个很大的缺点,就是完全没有严格的生物学课程。学生们除非加以补修,否则是难以期望了解地史学基础原理的"。他是一直强调生物学基础和古生物学课程在地质学尤其是历史地质学中的重要性的。

滇东地层研究的先驱

丁文江在地质研究所任教期间,于 1914 年奉命做了一次云、贵、川三省的地质调查,他除考察了四川会理的铜矿、云南东川的铜矿、云南个旧的锡矿、云南宣威的煤矿以外,更重点研究了滇东的地层,特别是寒武系、志留系、泥盆系、石炭系、二叠系地层,并采了很多化石。他最早命名了下寒武统沧浪铺组,中志留统面店组,上志留统关底组、妙高组、玉龙寺组等地层单位。他是到这个地区从事地质考察工作的第一个中国地质学家。1936 年他逝世后,王曰伦系统整理了他的研究成果,写成《云南东部寒武纪及志留纪地层》一文,与他联名发表在《中国地质学会志》第 15 卷上。他采集的各时代地层化石,后经若干古生物学家鉴定描述,撰写成若干册《中国古生物志》及其他著作正式出版,为该区古生物地层学研究奠定了基础。

1925 年 Halle 定名为粗脉齿叶(*Tingia*)的标本,该属又可称为丁氏蕨,名字来源于丁文江

1914 年丁文江在云南、四川和贵州调查时所采的植物标本，
经 Halle 研究并于 1927 年发表了《中国西南部之植物化石》

1937 年出版的由尹赞勋整理、丁文江所著的《云南个旧附近地质矿务报
告》中的插图

《中国古生物志》主编

1916 年,丁文江任农商部地质调查所所长,并兼掌编译股。该所于 1918 年 7 月 24 日制定了《地质调查所报告出版规划》,其中决定出版《中国古生物志》,这一不定期的专刊分为四种:甲种为植物化石,乙种为无脊椎动物化石,丙种为脊椎动物化石,丁种为人类化石及新旧石器时代考古。这种划分是按照生物由低等到高等的进化顺序进行的,显得十分自然合理。

丁文江一开始即兼任此刊主编,直至去世为止。在他任主编的十多年中,总计出版了各类专集近 100 册,其中不少都是我国各门类化石研究的开创性、奠基性巨著。这个刊物实际上也是中国古生物学家成长和发表论著的重要园地,因而成为当时我国在国际上颇负盛名的几个科学刊物之一,它的拉丁文名字是《Palaeontologia Sinica》,与国际知名的《Palaeontographica》(德国出版的《古生物学记录》,分为 A—古动物和 B—古植物两大种类)、《Palaentologia Ital-ica》(《意大利古生物志》)等齐名。

此刊至新中国成立前夕已出了 140 多号。新中国成立后继续出版,延续至今,只是在每种之前加一个“新”字。新中国成立前后总计出了近 200 号。这与丁文江当初开拓性的贡献是分不开的。

“三门系”的创立者

1918 年 8 月,丁文江调查了陕西、河南两省交界处附近的三门峡地区,在三门峡之上约 9 里①处发现了一个很好的剖面,自上而下是:黄土,约 5 米;砾石层,5 米;砂层,6 米;泥砂层,3 米。倾角只有 8°,较平缓地向西倾斜。在最下面的泥砂层中采到很多大个体的双壳类化石,后送到美国华盛顿史密斯逊研究院

---

① 1 里＝0.5 千米。——本书编者

委托多尔(W. H. Dall)博士鉴定,多尔博士的鉴定意见如下:

> 这批化石共有三个种,所有的种都与中国现生种相近,但并非绝对像,我们没有现生种足以确定其变异范围,但其区别也能说明化石种是现生种的祖先,可能其时代属早更新世,种名为:
>
> *Quadrula* near *Q. spurius* Heude
>
> *Quadrula* near *Q. affinis* Heude
>
> *Cuneopsis* near *C. capitatus* Heude

同月,他又考察了山西河津地区。前不久,当地一位传教士贝克拉姆·列维(Betram Lewis)牧师在那里发现过象的头盖骨、颚骨碎片等。丁文江根据这一线索,在河津县东北约 25 里的北里村发现了一个好剖面,上面是 10 米厚的黄土,下面是 30 米厚的砂层,层理不好,并含黄土块,砂层顶部靠近与黄土的界线处正是象化石产地。

丁文江把野外剖面图及一切研究成果都交给正在系统研究华北新生代地层的安特生。后来,安特生在他发表的《中国北方之新生界》(《Essays on the Cenozoic of Northern China》)这一专著中,全面引述、介绍了丁文江的研究结论,其在地层总表中写道:"洪积统(注:即更新统)下部,三门系,河积砂砾、砂土、黏土,见于黄河一带,化石有哺乳类碎骨、淡水软体动物。"自此,丁文江就被我国地层学界公认为"三门系"的创立者。1962 年出版的《中国的新生界》(裴文中著,载《全国地层会议学术报告汇编》)中亦提到这点。

研究长江下游地层,创"五通山石英岩"

1919 年,丁文江发表了《芜湖以下扬子江流域地质报告》(《Report on the Geology of the Yangtze Valley below Wuhu》)。文中叙述了他在长江下游苏浙皖等省对地层的研究,很多地方他超过了早期在这些地区调查的外国学者。

他发现下志留系岽山石灰岩(当时称为"震旦系",实指寒武-奥陶系,又把奥陶系认为是下志留系)之上有一层坚硬的石英砂岩,在苏浙皖三省交界处附近广大地区形成突出的峻岭地貌。丁文江在浙江长兴县城西北 50 里、台溪镇西北 30 里的南皋煤矿区发现向斜北翼之五通山高 500 米，主要为此层石英砂岩组成，其下为岽山石灰岩，其上则为含早石炭世腕足类化石的石灰岩。他因而将此层石英砂岩命名为"五通山石英岩"，时代定为泥盆纪。

过去德国地质学家李希霍芬（F. von Richthofen）曾把此层石英砂岩以上、二叠纪煤系以下的大套石灰岩笼统地命名为"栖霞石灰岩"，丁文江经过详细工作，划分出了"栖霞石灰岩""南皋煤系""洞庭砂岩""船山石灰岩"几部分。

2016 年中国邮政发行的丁文江画像邮票

丁文江厘定过的地层系统名称如下：

张公岭石灰岩　二叠纪或三叠纪

龙潭煤系　二叠纪

船山石灰岩　上石炭纪

洞庭砂岩　中石炭纪

南皋煤系　中石炭纪

栖霞山石灰岩　下石炭纪

五通山石英岩　泥盆纪

岽山石灰岩　震旦纪

延聘名师　培育高徒

丁文江在地质调查所苦于缺乏古生物学人才，必要的参考文献也不齐备，当时他本人和学生们采的化石多半要送出去请外国学者鉴定，因此，他亟望加强人才这方面的建设。1918 年底，丁文江随梁启超、蒋百里、张东荪等赴欧洲考察战后形势。1919 年 1 月，巴黎和会召开，中国北洋政府以战胜国（协约国）成员身份派出以外交总长陆征祥为首的代表团出席。梁、丁等人充当了中国代表团的会外声援团顾问，他们配合国内"五四运动""六三运动"而督促中国代表团不得在丧权辱国的和约上签字，代表团成员顾维钧、王正廷等最后坚决拒绝了签字，取得了外交上的胜利。

在巴黎和会上,丁文江认识了美国总统威尔逊(Thomas Woodrow Wilson)所率代表团的科学顾问——地质学家雷思(Leith)。随后,丁去美国,由雷思介绍认识了大地质学家怀特(White)。丁提出欲延聘地质古生物学家到中国协助工作的事。正好当时哥伦比亚大学有位古生物学教授葛利普(Amadeus William Grabau),他是德裔美国人。他在第一次世界大战前期,站在支德派一边,屡发议论。战后,美国国内反德浪潮甚嚣尘上,作为支德派的葛利普日子很难过,被哥伦比亚大学解聘。于是怀特就介绍丁文江去请葛利普,葛在穷困潦倒之际受到中国地质界同行巨子的盛情邀聘,也就欣然答应了。

葛利普1920年来华,任北京大学地质学系地史学、地层学及古生物学教授,又兼地质调查所古生物研究室主任,双肩挑起了古生物学教学与科研的重担,为中国培养了大批古生物学人才。我国著名的古生物学家孙云铸、杨钟健、田奇㻬、俞建章、乐森璕、许杰、斯行健、裴文中、黄汲清、朱森、计荣森、潘钟祥、赵金科、王钰、杨敬之、卢衍豪、王鸿祯等都出自葛利普门下。葛利普本人也为中国地层古生物学之研究做出了大量成果,如《中国地层学》(《Stratigraphy of China》,旧译《中国地质史》)及若干册《中国古生物志》。葛利普在中国度过了26个春秋,1946年3月在北平逝世,他把自己的后半生完全奉献给了中国地质古生物学的宏伟奠基事业。我们在赞颂葛利普的勋业时,也应当不忘丁文江远涉重洋、盛情邀聘的功劳。

领导西南地层调查队,对地层古生物研究作出贡献

丁文江1928年赴广西调查地质,他一路填绘地质图,研究地层层序,采集化石。他发现广西东部中泥盆统莲花山砂岩不整合覆盖在前泥盆系的龙山群变质地层之上,因而确定加里东期造山运动存在(也叫"广西运动")。他又在广西北部河池县发现二叠系灰岩与泥盆系灰岩之不整合,从而证明海西期造山运动也存在于桂北。他着重研究了富含化石的"马平灰岩"。这批化石后经葛利普研究,撰写成一部专著《中国西南部二叠纪马平灰岩动物群》。"马平灰岩"也因此名扬四海。

《云南个旧附近地质矿务报告》中的插图"负矿砂丁之小憩"

　　1929年，实业部地质调查所组织力量，再度到西南进行地质调查，丁文江任总指挥。丁与曾世英、王曰伦、谭锡畴、李春昱等自北平乘火车到汉口后，又乘轮船到重庆。然后分二路进行工作。丁与曾、王等由重庆南下，入贵州桐梓，西行抵黔西毕节。他们的行李由牲口驮运，他们本人则长途步行，看石绘图，采集标本，一路上都用极严格的科学方法努力工作。另一路由谭、李二人负责，自重庆西行，经成都去川西高原甘孜、巴安（巴塘）等地，之后又调查了川东盆地。

　　还有一队由赵亚曾与黄汲清组成，他们早在1929年3月即已出发去陕西，先在秦岭山区考察，然后进入四川，在川西分为二组。赵由叙州（宜宾）南行入滇东北，至昭通县闸心场，被土匪杀害；黄则由川南叙永入云南镇雄，转贵州毕节，再入川南。后来在贵州大定与丁文江等会合，一起从事调查。有一次他们在黔西鸡康桥研究一套灰岩，见硅化较深，疑为震旦系。当晚在住地，丁文江、王曰伦、黄汲清三人围坐在篝火旁。丁拨动火苗，陷入沉思，黄询及真情，丁很不放心地说："老黄，今天这个震旦系也许靠不住，明天要出去重新打一打化石，否则弄不好会丢我们三个'大地质学家'的人。"次日，他们回原地仔细敲打，终于找到三叠纪的双壳类等化石，从而把该地层时代准确地定为三叠纪。他们以后向南到了广西，与丁文江上一年的工作衔接了起来。丁文江与王曰伦在贵州独山、都匀重点研究了石炭纪地层,丈量了标准剖面,采集了大量化石。最后他们折而北返,经贵阳、重庆回到北平。

此行是丁文江一生中最大的也是最后一次大规模的地质调查工作。历时之长(约一年)、内容之复杂(涉及地质古生物、矿产、地理、人种等学科)以及成就之辉煌都是前所未有的。地质方面工作最详,沿途皆作精细之地形地质图,对地层研究尤其一丝不苟,而于晚古生代地层更有精细透辟的考察。丁文江回到北平后对西南考察之丰硕成果积极进行室内整理、研究,撰文发表。1931年,他发表了《丰宁纪的分层》一文(《中国地质学会志》第10卷),指出丰宁纪地层分布以广西、贵州为最普遍,而黔南独山一带层序最清楚,化石最丰富。丁将它自上而下分为上丰宁纪——上司统(石灰岩)、中丰宁纪——旧司统(石灰岩)、下丰宁纪——汤粑沟统(砂岩)及革老河统(石灰岩)。这个层序至今仍为广大地质工作者所沿用,只不过随着研究的发展,按如今地层规范语言,现在改称为"下石炭统:(上部)大塘阶——上司段与旧司段;(下部)岩关阶——汤粑沟段与革老河段"。

丁文江所采的丰宁系珊瑚化石后交由俞建章精心研究。俞建章的鉴定成果是丁文江在丰宁系生物地层学方面所取得成就的主要依据之一,对丁是重大支持。后来,俞建章又先后发表了一系列重要著作,如《依据珊瑚带对比丰宁系——中国的下石炭统》(《中国地质学会志》第10卷,1931)、《中国下石炭纪珊瑚》(《中国古生物志》,乙种,第12号,3册,1933)、《中国南部丰宁系珊瑚》(《中央研究院地质研究所英文集刊》,第16号)。这些专著的素材主要由丁供给,所以他们的工作是相互支持、相互促进的。

丁文江对在他所领导的西南地质调查活动中被土匪杀害的青年地质古生物学家赵亚曾感到十分痛惜。赵年方三十,就著述宏富,丁以往逢人便夸赵的才干。在贵州大定得到赵的噩耗时,丁痛哭通宵,泪湿枕衾,并赋"七律"四首,以志哀悼,其中二首如下:

> 三十书成已等身,
> 赵生才调更无伦。
> 如何燕市千金骨,
> 化作天南万里尘。
> 半载崎岖乡梦远,
> 百重烟瘴客魂新。

夜郎一枕伤心泪，

仿佛西行见获麟。

京洛相逢百载期，

相知每恨相交迟。

论文广舌万人敌，

积学虚心一字师。

死别豹皮留我手，

生还马革裹君尸。

更将乃父千秋业，

付与伊家三尺儿。

丁文江等人积极筹募了 17 000 多元捐款，以其利息设立"纪念赵亚曾先生研究补助金"，奖励在地质古生物学研究方面有建树的学者。丁又与不少地质界人士募集了赵亚曾"子女教育基金"，以照顾赵的遗孀和三个孤儿（二儿一女）。丁文江还直接担负了赵亚曾子女的教育责任，赵的长子松岩常常住在丁文江家，丁本人无子女，他把松岩当自己的儿子来疼爱。丁文江等对遇难的青年古生物学家的亲切关怀的事迹，一时传为佳话。

古生物研究的数理统计法

丁文江对于将数理统计法运用于科学研究下了很大功夫，取得了很大成就。早在 1914 年他在第一次云、贵、川三省地质大调查中，即以数理统计法做了人种学研究。他在 1923 年又发表了《中国历史人物与地理之关系》（《科学》第 8 卷第 1 期），试用统计学方法来研究中国历史。

最精密而又最有成就的，是他用统计学方法来研究古生物。1932 年，他在《中国地质学会志》第 11 卷上发表了《丁氏石燕与谢氏石燕的宽高率差之统计研究》，他这样把种的划分建立在较严格数理统计基础上的做法，是别开生面的，也是较为可靠的。黄汲清评论道："此文用统计学方法定两种石燕之区别。此种方法亦可应用于他种古生物之研究。"

世界学坛扬国威

1933 年夏,丁文江与葛利普、德日进等去美国华盛顿参加第 16 届国际地质学大会。在大会上,丁与葛利普联合做了两个报告:一个是《中国之二叠纪及其在二叠纪地层分类上的意义》,此文主要探讨中国各地二叠纪地层彼此间的关系及其分类,他们在结论中说,中国南方二叠纪地层可以分为三部分[①]:上部是夜郎系,中部是乐平系和阳新系,下部是马平系;另一个是《中国之石炭系及其在密西西比与宾夕法尼亚二系地层分类上的意义》,此文总结了中国各地石炭纪地层的关系及分类。他们把中国石炭纪地层分为威宁系(等于本溪系)和丰宁系。这些都是他们及中国地层古生物学家多年研究之结晶,反映了当时中国的研究现状和水平,博得了与会各国学者的广泛注意和一致称赞。中国地质学家们的成就通过丁、葛二氏的报告而远扬世界学坛,大大提高了我国学术界的国际地位。

原刊于《古生物学报》1988 年第 27 卷第 5 期

---

① 虽然这样划分后来被证明有错误,但反映了当时的认识水平。

李四光(1889—1971)

手种门墙桃李满

纪念中国微体古生物学创始人李四光

文 / 李扬

1994 年 10 月 26 日是李四光诞辰 105 周年,也是他兼中国科学院古生物研究所首任所长 44 周年。李四光对地学的杰出贡献是多方面的:创建了中国微体古生物分支学科和中国第二个古生物研究中心;在新的历史条件下,高瞻远瞩地统一了南北"三古";适应古生物资源大国和学科队伍历史特点,及时调整了学科布局和地区布局,成为中国古生物学的总设计师。

创建中国微体古生物学科分支,改革䗴类鉴定

1923 年,李四光提出第一篇关于改革䗴类传统研究方法的著名论文《䗴蜗鉴定法》,这是中国第一位古生物学者的第一篇古无脊椎动物学的名作。一年之后他又提出《䗴蜗的新名词描述》等论文,对化石骨骼微细构造及其演化关系做了较深入的探讨,在当时处于古生物研究的前沿,也是现代古生物学赖以建立的重要基础。他没有沿用日本名"纺锤虫",创用了专属名词"䗴",沿用至今。同时还提出䗴类化石鉴定的 10 条标准,提高了䗴类鉴定的准确性和科学性,解决了当时中国北方石炭-二叠纪含煤地层的时代和划分对比问题。1927 年,巨著《中国北部之䗴科》问世,得到了国内外古生物学界的赞誉。1931 年,李四光获得国内外学术界两项荣誉:英国伯明翰大学自然科学博士学位,中国地质学

会最高荣誉奖葛利普奖章。

　　李四光开创以有孔虫化石研究为重点的中国微体古生物学科分支的特点是：以北京大学地质系为基础，以岩石学教学为主业，以系主任教学行政为职志，兼顾中国微体古生物学科分支的创建工作；吸收国际微体古生物学的先进技术，结合中国微体古生物学科分支的探讨，从磨制薄片到微体照相等技术环节，李四光都事必躬行，成为中国第一位微体古生物技术带头人。

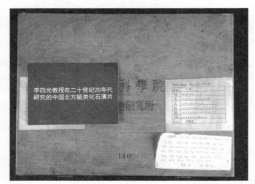

李四光研究的蟆薄片

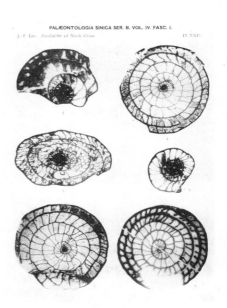

李四光的古生物学巨著《中国北部之蟆科》一书的封面及其中的图版

在南京创建第二个全国古生物研究中心

1928 年 1 月,中央研究院地质研究所在上海成立,设立综合性的古生物实验室,所长李四光聘请国内外的古生物学者任专职或兼任研究人员。1932 年 9 月,地质研究所迁到南京成贤街中央研究院院部办公。抗战开始,这个室专任、兼任的中外古生物学者已达 13 人,继北京地质调查所古生物研究室和新生代研究室之后,中央研究院地质研究所成为中国第二个古生物研究中心。专业分工为:

原生动物 3 人:李四光、陈旭、徐煌坚。

古植物 2 人:斯行健、高腾(兼)。

珊瑚、头足类 3 人:俞建章、朱森、赵金科。

笔石、腹足类 1 人:许杰。

腕足类、棘皮动物 1 人:田奇玚(兼)。

古无脊椎动物 1 人:葛利普(兼)。

古脊椎动物 1 人:王恭睦。

兼研三叶虫 1 人:张文佑。

中央研究院地质研究所古生物室的创业特点是:(1)以李四光为代表的原生动物化石研究,逐步扩展为研究个体微小的古生物或大生物体某些微小部分形成的微体古生物分支学科,从创建时起一直居于全国学术领导中心地位。(2)后来居上,以斯行健为代表的中国古生代、中生代植物研究,成为全国古植物研究中心。(3)许杰主攻笔石、兼顾腹足类化石研究,俞建章主攻珊瑚、兼顾头足类研究,田奇玚兼研腕足类和棘皮动物,在全国同门类研究中都居于前列。(4)创办了中国又一个地质古生物出版阵地,中央研究院地质研究所西文专刊、西文集刊刊载该所地质古生物中篇或短篇论著,其他古生物专著仍在《中国古生物志》上发表。

为杨钟健、斯行健导定专业研究方向

1926 年,杨钟健由地质调查所派往德国慕尼黑大学深造古生物学,当时杨钟健的专业爱好是古无脊椎动物学,但选择何种专业尚未确定,便写信征求老师李四光的意见。按照当时中国急需的是古脊椎动物专业人才的情形,李四光复信杨钟健,劝他主攻古脊椎动物学。杨钟健实践了李四光改定的专业主攻方向,研究采自中国并保存在瑞典乌普萨拉大学的标本,完成了博士论文《中国北部之啮齿动物化石》。

1928 年斯行健入柏林大学深造古生物学,当时斯行健的专业爱好是古脊椎动物学,为慎重起见,专函求教知生莫若师的李四光的意见。李四光根据中国当时与长远相统一的需要,复信劝他攻古植物学。根据有三:一是当时国内古植物人才奇缺,致使地质调查所 10 多年来不得不把古植物标本送到瑞典鉴定,这为外国学者提供了宝贵的研究资料,但对古生物资源大国的中国来说则是极大的损失与耻辱;二是运输途中很不安全,如 1920 年第一批动植物标本 82 箱,因所在的海运瑞典途经南中国海的"北京号"海轮遭受风暴潮袭击而沉没;三是研究古植物可以为煤炭等矿产资源的开发提供科学依据,这也是强国富民之道。国家急需,恩师劝导,激发了斯行健改变专业研究方向的使命感、责任心,尽管他对古脊椎动物学有兴趣且有一定的研究基础,并著有论文,最后却毅然决定弃动从植,师从高腾深造古植物学。

李四光先后为杨钟健、斯行健拨正专业主攻方向,使他们取得了中国古脊椎动物学和古植物学开创性、奠基性的历史成就,成为国内外著名古生物学家。这实际上是李四光代表中国地学界选准选好中国第一代古脊椎动物与古植物将帅之才。在中国古生物学发展史上,在识才选才成为学科创建人上,李四光是第一人,为中国古生物学的创建和发展建立了历史功勋。

实行南北三古一统，确立全国古生物研究发展格局

1950年4月13日，李四光由英国辗转回到南京，5月6日到达北京，就任中国科学院常务副院长，接受政务院委托组织全国地质工作任务。8月提出全国地质机构设立的意见，报政务院批准。

以前中央研究院地质研究所古生物研究室、前中央地质调查所古生物研究室及新生代研究室为基础，组建中国科学院古生物研究所。1950年8月25日，政务院总理周恩来分别对所长、副所长下达了任命状：兼所长李四光，副所长5人：斯行健、杨钟健、俞建章（这三位副所长轮流代行所长职权）、赵金科、卢衍豪。

1950年9月6日，中国地质工作计划指导委员会成立，11月7日政务院指示，古生物研究所归它领导。1951年4月29日，中国地质工作计划指导委员会通知：5月7日，地质所、古生物所、地质图书馆同时正式成立。

1951年，李四光推荐俞建章、喻德渊等负责筹建长春地质学院。1952年8月18日，中国科学院院务会议决议，古脊椎动物研究室由院领导，主任杨钟健，1953年1月1日实行。

1952年8月7日，中央人民政府委员会第17次会议通过成立地质部，部长李四光；中国地质工作计划指导委员会撤销。古生物研究所转归地质部领导。

1953年12月25日，经中国科学院常务会议同意，李四光辞去古生物研究所所长的兼职，所长由代所长斯行健担任。

李四光直接间接领导中国古生物科学事业，在创建具有中国特点的古生物学事业中取得了如下历史成就：

第一，在全国范围内第一次建成名实相符的国家古生物研究所，特别是在无脊椎动物领域和古植物研究范围内实行了组织、人员和任务的一步到位，推动了两大门类研究工作的新飞跃。古脊椎动物与古人类学由于学科的特点和历史上形成的集中于北京，在组织上、工作上仍保持了相对的独立性，但获得了善于驾驭学科发展全局的学术行政决策人。

第二，精心地安排了研究所的行政领导，做到了各得其所，发挥所长。特别

是由于李四光及时决策,支持古脊椎动物与古人类研究独立建室,归院领导,为1957年扩建为所奠定了基础。形成了南古所以古无脊椎动物与古植物研究为中心,北古所以古脊椎动物与古人类研究为中心,二者平行发展的学科配置格局,在国际古生物学界都占有较高的地位。近半个世纪的科学实践证明,作为中国科学院古生物研究所第一任所长的决策和科研管理的实践,是符合中国国情和科学发展规律的。

第三,推动了中国古生物学科的发展和进步。在中国科学院古生物研究所成立前后,中国地质古生物工作者积极响应国家财委的号召,参加恢复国民经济急需的东北、华北、中南地区煤铁等矿产资源的勘察,促进了生物地层学、古生物学的发展;古脊椎动物与古人类室(所)有组织有目标地进行周口店地区大规模的调查研究;陕北中生代植物研究获得突破性成就。在发展学科方面,以徐仁为首开拓了孢子花粉化石的学科,新生代植物研究也投入力量恢复研究。

第四,推动地质部及中国科学院植物研究所建立古生物学科组织,形成中国古生物学发展新格局。适应地质生产实践急需,遵照李四光部长发展地质研究所部署,1953年,古生物研究所为地质部新建地质所短期培训地层古生物干部31人。

1954年6月,古生物研究所新建的孢子花粉化石研究室和从事中、新生代植物研究的徐仁、宋之琛等6人,被借调到地质部新建的地矿司工作。1955年1月13日,地质部函告中国科学院:中国科学院地质研究所、古生物研究所的建制归还给中国科学院;孢粉室及中、新生代植物研究人员仍由地质部借用。

1959年1月、7月,被借用在地质部地质所研究工作的5人先后返所工作。尊重徐仁对工作地点、单位的选择,由李四光建议中国科学院植物研究所设立古植物研究室,1960年初徐仁离开古生物研究所到植物研究所古植物室开拓工作,推动了中国古植物研究南北既协调又竞争发展,形成了中国古生物学发展新格局。

第五,经中国科学院党组委托常务副院长李四光批准:《古生物学报》挂靠地质古生物研究所;《中国古生物志》专刊甲种(古植物)、乙种(古无脊椎动物)编辑部挂靠地质古生物研究所;《中国古生物志》丙种(古脊椎动物)、丁种(古人类)编辑部挂靠中国科学院古脊椎动物与古人类研究所,保障和促进了中国古生物学国内外的学术交流。

借助苏联学者援助，开拓古藻类学科研究

1959 年 5 月 13 日，在筹开第一届全国地层会议最后阶段，全国地层筹委会主任李四光借助于 1958 年被选为苏联科学院院士的机遇，以个人名义邀请苏联科学院通讯院士、国际著名的古藻类学家沃罗格金来华访问、讲学。沃罗格金对华友好，热心传授本门专业于中国学者，愿利用这次讲学时机开办古藻类学习班，为中国培养急缺的古藻类专业人才，建立中国古藻类科学事业。

一贯重视培养中国急缺古生物专业人才的李四光，抓住中苏关系恶化前夕的历史机遇，立即接受了沃罗格金通讯院士主动培养急缺人才的建议，马上以中国科学院常务副院长和地质部部长的名义，责令地质古生物研究所和地质科学院各派一名年轻的大学毕业生来北京参加古藻类学习班。

当年 8 月 27 日—11 月 25 日，由曹瑞骥、梁玉左参加，沃罗格金讲授，我国留学生、沃罗格金的学生袁克兴做专业翻译，在地质科学院开办古藻类培训班。从此，中国的古藻类研究工作在中国生了根，经过开拓者 35 年来的披荆斩棘，填补了前寒武纪古生物学和生物地层学的空白，取得了举世瞩目的成就。中国古藻类专业委员会已成为中国古生物学会重要的专业委员会之一。

半个多世纪里，李四光在中国地学界光辉历程中铸成的形象是：地学多学科成就的学术权威性，政治思想历史成就的先进性，光辉经历成功的崇敬性，严师高徒成就的传承性，严肃严格严密学风的感召性，成为中国地学界的精神财富和优良传统。

原刊于《古生物学报》1994 年第 33 卷第 6 期

原标题为《世界著名的地质学家，中国微体古生物学创始人李四光——纪念李四光教授诞辰 105 周》，本标题出自 1948 年章鸿钊祝贺李氏六旬寿辰的祝词《南乡一剪梅》："地史掩稿莱，手种门墙桃李满，红也开花，白也开花。海外且衔杯，星历刚从大地回，著述新来添几许？行编天涯，誉编天涯。"

半世纪后仰见高深
纪念中国地质学人的良师益友葛利普教授

文／王鸿祯

葛利普(1870—1946)

葛利普(Amadeus William Grabau,1870—1946)是本世纪前半期世界非常有名的地质学家之一。他学术造诣既深且广,学术思想开拓创新。其一生活动可分为两个时期。第一时期自 1890 年至 1920 年,他在北美从事地质工作,当时已是世界知名的地层古生物学者。第二时期自 1920 年至 1946 年逝世,他在中国从事地质研究和地质教育工作,对中国和亚洲地质的研究,对中国的地质教育,作出了重大贡献。他死后葬于北京大学地质馆前,1982 年迁葬于北京大学未名湖畔。葛利普的学术影响随时光的流逝而愈益深远,他永远活在中国地质学人的心中。

位于北京大学校园的葛利普之墓(傅强摄)

引　言

　　葛利普教授于 1920 年来华,1946 年辞世,数十年间为中国的地质事业和地质教育事业作出了巨大的贡献。中国地质学会于 1930 年以会志第 10 卷为他的六十诞辰祝寿,丁文江写了生平,章鸿钊写了祝词;1947 年又以会志第 27 卷纪念他的逝世,孙云铸写了小传,章鸿钊写了悼词。1987 年,中国地质学史研究会纪念丁文江诞辰 100 周年、章鸿钊诞辰 110 周年时,我曾撰文向他们致敬(后收入《中国地质事业早期史文集》,1990)。1996 年是葛利普教授逝世 50 周年,中国古生物学会于 1996 年 5 月在北京大学举行第 18 届学术年会,纪念他的 50 周年忌辰,并议定 1997 年在《古生物学报》出版纪念文章。1996 年 8 月,第 30 届国际地质大会在北京召开期间,由北京大学、中国地质学会和中国古生物学会等学校和学术团体发起,联合地质学史研究会于 8 月 14 日举行了简短的纪念会。纪念会由原国际古生物协会主席、中国古生物学会理事长张弥曼教授和美国纽约市立大学弗里曼(G. M. Friedman)教授主持,张弥曼教授盛赞了葛利普教授的丰厚业绩,马尔文(U. B. Marvin)博士、弗里曼教授和我做了学术报告。这些报告已在第 30 届国际地质大会的学术汇报(26 卷)上刊出(1997)。我有幸作为葛利普教授在北大的最后一班学生,但对他的硕学广识,自愧知之不深。写此短文,以寄思念,并撰一联,以表崇敬之情:

葛利普为北京大学理本科三四年级编写的高级古生物学实习教材

　　　　学思睿发　五十年间誉满环宇
　　　　哲人萎谢　半世纪后仰见高深

良师和益友

葛利普应丁文江的邀请,于 1920 年来到北京,任北京大学古生物学教授兼农商部地质调查所古生物部主任,直到 1937 年中日战争全面爆发。其后他留居北平,1941 年后被日寇囚禁,1946 年去世。一代大师,困顿以终。葛利普来华时已是誉满欧美的学者,他与中国地质事业的奠基人章鸿钊、丁文江、翁文灏和李四光都有很深的友谊。他对他早年的学生孙云铸、赵亚曾等关怀备至,孙云铸撰写的,也是中国古生物学者的第一本《古生物志》出版时,他专门举行庆祝会;当赵亚曾的研究改正了他的地质时代见解时,他欣然折服。在北京大学,在地质调查所,他对青年学者无不关心指导,师德学风,无愧大家。30 年代日寇入侵时,他同情学生运动,北平沦陷时,他正义凛然,严拒与日伪发生任何关系。他在 30 年代已预立遗嘱,将其图书赠予中国地质学会,遗体愿葬于北京大学。他忠于中国地质事业,忠于北京大学,也热爱中国,良师益友,当之无愧。

葛利普在为学生上课

一代巨子,学界名家

葛利普博闻强记,思想开阔,在沉积学和地层学方面是一位划时代的人物。

他在古生物学、古地理学、沉积矿床学、大地构造学诸方面都是独辟蹊径、拓展领域、开创先河的人物；同时也是著作等身，兼有数量和质量，又能综合、总结多方面数据资料，纵揽全球、集其大成的人物。下面分两个阶段，就不同学科，稍予论述。

第一阶段（1890—1920，美国）

葛利普于 1890 年开始发表论文。他最初的工作是纽约州伊利县十八里涧泥盆纪的地层古生物研究（1898—1899），同时还注意到古生态学的研究（1899）。在古生物方面，他特别研究了腹足类 *Fusus* 属的系统演化，这是他博士论文的主要内容（1904）。他在任哥伦比亚大学教授之后，兴趣集中于沉积学。而他在 1910—1911 年出版的两巨册附有系统的地层表的《北美标准化石》（与 Shimer 合著），则是当时北美地层古生物的最完整的总结。

1913 年，葛利普出版巨著《地层学原理》。这是葛氏一生最辉煌的著作，也是本世纪初地质界最负盛名的著作之一，美国于 70 年代重印此书。为此，G. M. Friedman（1997）称葛利普为现代沉积学之父。实际上，此书几乎包含了当时全部地质学科的综合和总结。葛利普十分注意吸收欧洲名家的先进思想，他以此书献给德国的 J. Walther 教授，也象征着他们两人的终生友谊。在这一阶段之末（1920，1921），他出版了两卷本《地质学教程》巨著，第二卷《地史学》包括了全球地史的综合分析，不独打破了美国教材只限于美洲的惯例，其系统性也超过了同一时期德国学者对全球资料的阐述。《地质学教程》的出版标志着他教学成就的顶峰。他的其他重要著作还有盐类沉积矿床和达尔文主义的回顾分析等（1920）。

第二阶段（1920—1946，中国）

葛利普于 1920 年应丁文江之聘到中国定居，任北京大学教授。这时李四光也自英国归国，任教于北京大学。从这时起，是北大地质系，实际上也是中国地质高等教育规范化的开始。他在中国的第一个 10 年，硕果累累。他协助丁文江规划出版《中国古生物志》，至 1930 年，他已发表了 4 册研究成果（1922，1928），其中珊瑚研究具有重要的学术价值。在他这一时期的著作中，影响更大的可能是他的两卷本《中国地层》(1924,1928),以及与之有关的中国新生界总结(1927)和亚洲古地理图的编制(1925)。他对震旦系的论述(1922)和对前寒武系研究具有特殊的意义。他的这些论著是当时对亚洲地质史最完整的综合和总结。他对中亚、东南亚零星地层古生物资料广为搜集,予以系统阐述。有些部分至今仍可参考,嘉惠学人,功不可没。

1930年后,葛氏已逾花甲之年,但他学思泉涌,全球性理论和大型专著连续推出。他提出了两个全球理论,一是脉动论(Pulsation Theory),一是极控论(Polar Control Theory)。葛氏的研究工作一向放眼全球,关切大地构造的全球解释。早在1919年已发表关于地槽迁移的论文节要,在他1931年的《蒙古的二叠系》专著中又有所发挥。他有关脉动论的最早论述是1933年在华盛顿第16届国际地质大会上的论文(1936),当时受到了H. Stille的衷心赞誉。在30年代中期(1936—1938),他在北京大学连续发表了4本巨著(总计3223页),全面论述了他重新划分的寒武纪、奥陶纪的4个脉动系,同时提出了脉动系和间脉动系的概念。到1940年出版了《地球的节律:从脉动论和极控论看地球史》,这是他最终全球地质理论的集成和传世之作。

1922年描述的 *Actinoceras tani*　　　　**1922年描述的头足类化石**

关于葛利普在古生物学方面的贡献,他的7册《中国古生物志》(1922—1936)和2册《北美标准化石》(1909—1910)以及《蒙古的二叠系》(1931)和早年的《纽约州泥盆系》专著(1898—1899)都是最好的体现。有关理论和系统的古生物著作应提到其长期从事的腹足类研究(1902—1928,1935)、珊瑚的研究(1922—1928)和腕足类的研究(1931—1935)。他对人类学的见解也有独到之处(1930,1943)。

葛利普的全球地质理论,特别是在1936年以后,是在相对封闭的条件下发展完成的。脉动学说并不始自葛利普,但他却是第一个用脉动理论和海平面周期升降对地质历史中,特别是早古生代的沉积和构造记录进行了全面而详尽的综合解释。关于海水进退成因和力源的探索,他并未像同时代的学者那样只将着眼点局限于大陆,而是充分重视了海洋的重要位置和能动作用。他的见解与现代层序地层学在理论认识上多有相合之处,所以他在这方面的学术思想是超前的。

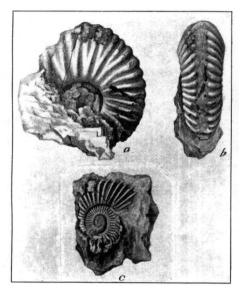

葛利普发表的产于香港的白垩纪菊石化石

1922 年在《中国北部奥陶纪动物化石》一文中描绘的头足类化石

极控学说是葛氏的独创。它的先进之处,首先是承认了大陆漂移,承认了联合古陆的存在。这在 20 年代末和 30 年代初,魏格纳学说处于低潮的学术氛围中,并非易事。其次,葛利普提出的关于联合古陆边缘地槽与造山带的关系、古陆前沿对相邻大洋洋底的推压作用,以及整个联合古陆向北运移,直到侏罗纪才开始解体等见解,与现代板块学说有关大陆边缘俯冲和联合古陆解体的观点确有不少相合之处。它的弱点是关于联合古陆的形成,亦即地表硅铝大陆的起源问题,他只能借助于一个过往星体的巨大引力作用,使覆盖全球的硅铝层皱起集中于南极地区。这种违反天体物理学的灾变论观点自然是令人无法接受的。但他摒弃均一和均变,注意事件和灾变的思想倾向则应予肯定。正如 U. B. Marvin(1991,1997)指出的,葛利普的全球理论虽有许多不能令人接受之处,但他的不少观点在原则和精神方面较之他的同代学者却与当前的理论认识更为接近。毫无疑问,他在沉积、生物演化和全球理论方面的许多观点都是先进和超前的。他的非凡的、忠于学术的执著精神感人至深。他晚年遭日寇禁锢,在极端困难条件下,坚持写作,遗稿几经辗转,最后由台湾大学阮维周教授整理,并为之作序,于 1961 年出版,书名是《人们居住的地球——地球历史新解》。身后之作,得留鸿爪,作一历史见证,可胜慨叹!

结　　语

　　葛利普教授的学术生涯是两地创业,一代宗师。在广义的沉积地质学领域内是开创和综合,开风气之先,总多科之成。其学术思想和声望随时间的流逝而愈益深远。但这样一位大师却曾是种族偏见和政治及战争的受害者。第一次欧战末期,美国参战,他以思想亲德之嫌,受到小人诽陷。他又刚直不阿,断然远徙中国。其后长达 20 年间,北美地层古生物文献不见葛氏之名。他逝世后,H. W. Shimer 撰文纪念(1947)。1950 年,J. M. Weller 撰文介绍中国地质学会葛氏纪念册,称葛氏可与中国的圣哲相比。即以地层相变的讨论为例,当时虽未致万马齐喑,而崇一家之言,以致美国学者事后慨叹地层学理论蒙受 20 年停滞之灾,设想如葛氏在美,或当是另一种景象。再征以 20 年代后期大陆漂流学说遭受压抑的论争,其后积 30 年之久始获宽松,使板块学说及地学革命得以发生和发展。虽然原因是多方面的,但是学术思想的禁锢难辞其咎。由此益信我党百家争鸣的正确方针。而今日的情况,在学术思想问题上,也并非尽如人意,这也提醒我们必须深思果行,使科学文化有一个健康的发展环境。

　　葛利普教授的学术造诣和科学贡献是一座丰碑和宝库。他的治学精神和处世风范是我们学习的楷模和动力的源泉。

　　葛利普教授永远活在中国地质学人的心中!

原刊于《古生物学报》1997 年第 36 卷第 4 期

原标题为《中国地质学人的良师益友——纪念葛利普教授逝世 50 周年》

我所认识的古生物学大师

德日进

文/贾兰坡

德日进(1881—1955)

　　我作为中国地质调查所的一名练习生,于 1931 年春参加了周口店的发掘工作。大约是这一年的 5 月间,我和卞美年跟着裴文中先生一起来到了周口店。两三天后,德日进、步达生和杨钟健三位新生代研究室领导人乘车也到周口店布置工作。这是我和德日进神父首次见面。当时我还年轻,只有 23 岁,又是个练习生,虽然我们彼此之间没有多少话可说,但德日进神父给我的印象却很深,他那高大的身材、慈祥的面孔与和蔼可亲的谈话语调使我永远也不能忘怀。

　　他培养青年是不遗余力的。我们那时差不多有半年的时间在周口店发掘,半年的时间在北平城里的研究室工作。一到北平,和德日进神父见面的机会就多起来了。大概是 1931 年冬天,我刚从周口店回到北平城不久,我和他都在西城丰盛胡同地质陈列馆的后楼上工作。他在里间研究周口店的石器(步日耶神父也在这里观察过石器和骨器),我在外间整理周口店的化石和编写石器号码。在我的面前放着一个很糟朽的鹿角,刚刚用胶粘好,他一看到就想用手拿它详细观察。我怕弄坏它,本来想说请他先别摸动,可是慌里慌张地想不出适当的英语字眼,竟然说出:"请举起手来。"他马上哈哈大笑起来,举起双手做投降的样子给我看,纠正了我的错误,告诉我如何说才对。此后,和他接触的机会愈来愈多了,他教给了我许多科学知识,我也替他测量了不少标本,成了他的一名助手。

　　当他在新生代研究室担任顾问和特约研究员时,工作地点有四处:除了上述的陈列馆的后楼外,一处是西城兵马司胡同中国地质调查所的西楼,一处是东单三条胡同北平协和医学院 B 楼解剖科,还有一处是东单北大街北平协和医学院的娄公楼。他经常在娄公楼 106 室工作,这是一个很大的工作间,裴文中、卞美年、绘图员王松峨和我都曾在这一间工作室里工作过。他在这里研究过许多地点的哺乳动物化石,为我们修改过许多文稿。

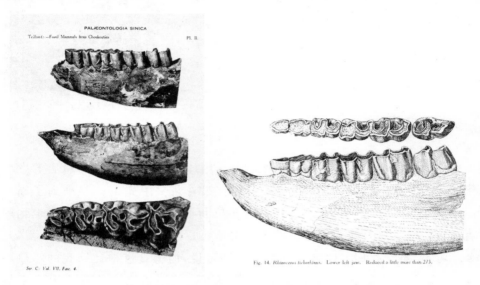

德日进发表的《周口店第九地点之哺乳化石》一文中的插图和图版

1937 年,日本帝国主义开始向中国发动大规模侵略战争后,周口店的主要发掘虽然停止了,但在北平的研究工作仍然勉强维持。他和杨钟健商量之后,把中央研究院交来的河南省濬县殷代遗址出土的马骨交给我来研究,嘱我辨认出匹数、年岁、性别以及是否有驴或骡等等。这对我来说是非常困难的任务,但是我为了能够更好地学习,还是把任务接下来了。报告写完之后,交给了德日进神父,他改动了很多,用他那文雅而秀丽的字体,把我那大约 20 页的英文稿逐字逐句修改得密密麻麻的。我相信改我的那份稿子比他自己写还要费力得多。可惜稿子没有来得及发表就由于战争的原因遗失了,那份修改稿如能保存到今天,倒是十分好的纪念品。事过境迁,稿子如何写的和如何改的都不记得了,只记得共有 72 匹马和多数是年岁较大的个体。

1935 年,裴文中先生到法国去留学,卞美年先生又忙于其他工作,周口店的发掘即由我来主持,从此我和德日进神父间接触的机会就更多了。每当周口店发掘期间,他总得到周口店去几趟指导工作。他一个人去的时候,总是从北平乘火车去,到琉璃河车站下车,然后改骑小毛驴走 15 公里的乡村小路到周口店。在去周口店之前,多半是由新生代研究室秘书高韩丽娥女士预先给我写信或打电话,到时我派人到琉璃河去接他。当时,在中国进行田野工作相当艰苦,不但吃不好,住不好,行路也难,因为许许多多地方都不通火车或汽车,只能骑小毛驴或骡子代步,当然有时也能坐马车。他在华北旅行过很多地方,学会了骑驴或骡的本领,也很懂得牲口的脾气,随着他那"嗒——""驾——""唷——"的吆喝声,那些牲口蛮听他的使唤。

德日进(左)与布日耶(中)

德日进 1928 年在周口店(自左至右:裴文中、王恒升、王恭睦、杨钟健、诺林、步达生、德日进、巴尔博)

　　他吃苦耐劳的美德很使我感动。他每到周口店时都和我在一起吃中国饭菜,什么都吃,从来不挑拣。有一次我和他从周口店返回北平,到琉璃河之后,才知道南来的车已经过去,只好等晚上那趟车了。傍晚,我们的肚子都有点儿饿,我即邀他到火车站后边的小饭铺去吃晚餐。琉璃河是个小车站,虽然有两三家小饭铺,但都既陋又脏,但他却吃得很香。我们吃完之后,他从桌子下面捡起一个死"灶马"(蟋蟀的一种,呈淡黄色,天气寒冷时常在炉灶旁跳来跳去),说是从他饭碗里捡出来的,缺了几条腿,恐怕是被他吃掉了。他怕我吃不下饭去,才偷偷地把它扔到桌下了。

　　去年,我和一些同行们又去了宁夏回族自治区的水洞沟旧石器时代遗址。这是 1923 年德日进神父发掘过的地方。1923 年 5 月德日进神父从巴黎来到天津,放下行装不久,即和桑志华联袂北上,开始了他们的鄂尔多斯之行。他们的考察以包头为起点,沿着黄河左岸西行,穿过乌拉山到狼山东麓,然后折向西南,在磴口附近东渡黄河,又傍黄河右岸向南到银川市东南的横城,最后到达灵武县的水洞沟。当水洞沟的工作结束后才东去到鄂尔多斯。

水洞沟是荒漠地带,附近一带至少在方圆五公里以内荒无人烟。但这里却有个小小的店房,叫作"张三小店",是为了东西来往的旅客设立的。小店至多只能住四五个人,也不卖饭,只是客人自带粮米代为烧饭罢了。德日进和桑志华两位神父在那里发掘的时候,据说是住在东间里,西间是张三夫妇居住,中间一间是厨房。由于当地人很少见到过外国来客,面貌、服装、习惯又和当地人不同,因而惹起了很大注意。直至今日,尽管张三夫妇都已亡故,但人们一提起这两位外国人来,还谈得津津有味。据说这两位西方客人,每天只是吃土豆和鸡蛋,吃顿烙饼也不容易,因为附近难买到面粉,更不用说咖啡和牛奶了。这座小小的店房,现在虽然只保存下一点残迹,但对我的影响却很大,我也常常用这张照片来教育刚参加工作不久的年轻人,说明一位伟大的科学家该有多么高贵的品质和吃苦耐劳的精神!

他对我们年青一代,以至对整个的中国人民都有深厚的感情。我们过去都称呼他为德神父,现在我还依然这样称呼他。1937年,卢沟桥事件发生后,周口店还留有少数人发掘第四地点,后来战争愈来愈紧,才完全停了工,只留下3人看守山场。1938年5月中旬的一天,有一位周口店的村民忽然到北平协和医学院来找我,说:"看山的赵万华、董仲元和肖元昌3人被日军绑走,酷刑审讯,指为'抗日便衣队',于5月11日和其他三十余名'罪犯'押到房山县城西门外用刺刀挑腹杀害。"第二天一早我就跑到兵马司中国地质调查所把这个不幸的消息报告给德神父,他当时正在打英文稿件。他听到了这一噩耗,顿时面色发白,嘴唇颤动,两眼直瞪着我,过了相当长的时间才慢慢地站起身来为死者默哀祈祷,随后一声不响地慢步走出他的房间。

珍珠港事件发生之前,我打算到大后方中国地质调查所去,到了南京正赶上珍珠港事件发生,海路不通,我又返回北平。这时北平协和医学院已被日军占领,大家就散了伙。又过了两年,我和裴文中先生到东交民巷地质生物研究所去看望德神父。我们在他的宿舍里见到了他,我们谈了很久,从战争、工作一直谈到生活。这是我和他最后的一次见面,我之所以记得日期,是因为当我们分别的时候,他送给我一本当年的出版物——《化石人类》,上面写有"赠给贾先生,作为良好纪念",下面有他的签名。虽然他没有写明日期,我却在他的签名之下写了"1943年12月20日"。此后虽然我一直没有见到过他,但他的高大形象一直深深地印在我的脑海里。

当我写这篇纪念他诞生 100 周年文字的时候，勾引出我许多青年时代的美好回忆。我当时很淘气，在娄公楼和他同屋工作，每当休息的时候，我总是不愿绕远走门口，而经常从窗户跳出去。德神父一看开窗户，只好抿嘴笑笑，摇摇头。

原刊于《化石》1982 年第 1 期

给北京人命名的人

记加拿大人类学家步达生

文 / 黄慰文

步达生（1884—1934）

    1934 年 3 月 14 日深夜，坐落在北京东单北大街三条胡同路北的北平协和医学院一片寂静。一切似乎都已堕入梦乡，就连大门外那两尊石狮子在夜色中也显得无精打采。然而，围墙内靠大门左侧有一幢被人们称为"B 楼"的两层楼房，它楼下的一间办公室却彻夜灯火不灭。里面，一位年届半百的西方人坐在办公桌旁，他时而端详桌上摆着的几具人类头骨化石，时而伏案疾书。他就是加拿大人类学家步达生，此刻正在进行举世瞩目的北京人化石的研究。

    步达生是北平协和医学院解剖科主任，又是中国地质调查所新生代研究室的名誉主任。尽管自 1927 年开掘周口店以来，学院已经免去他的教学任务，使他能集中精力于研究工作，但是他每天还要花很多时间去处理冗杂的行政事务，只是到了晚间，他才能专心做北京人化石的研究。14 日这天下午，担任新生代研究室副主任的古生物学家杨钟健来找他，两人在办公室里一直谈到下班。送走亲密的同事和草草用过晚饭之后，步达生反扣大门，又一头扎到研究工作中去。然而，谁知 15 日早上人们来上班时发现，这位可敬的科学家因心脏病突然发作已离开人世了。

    熟悉历史的人都知道，步达生和周口店的事业有着密切的关系。他是第一个研究北京人化石的人类学家；"北京中国猿人"的学名是他建立的；周口店的系统发掘以及领导这一工作的新生代研究室是翁文灏、丁文江等人和他一手创办的。可以说，步达生的一生和周口店的事业有着不可分割的联系，他是一位值得我们永远纪念的外国友人。

步达生于 1884 年 7 月 25 日出生于加拿大多伦多的一个名门望族。母亲是王室的后裔,父亲曾任王室的法律顾问。但是,步达生并不沉溺于优裕的家庭生活。他从小注意刻苦磨炼,培养坚强的意志和毅力。少年时代的步达生常常到位于加拿大南部的卡沃撒湖旅行。在那里,他练就一身驾驭独木舟的真本领。后来在读中学时,他居然在哈德逊湾公司揽了一桩危险的差事——驾独木舟运送补给品到交通困难的北安大略去。在好几个星期里,他面对随时都有可能发生的翻船危险,独自一人驾着满载货物的小舟来往于湍急的河流之中。在充满冒险和奇趣的旅途中,他和当地的印第安人交朋友,向他们学习土话。淳朴憨厚的土著居民很喜欢这位机灵的白人少年,送给他一个带有褒义的绰号:"小白鼠",赞扬他的动作和麝香鼠一样敏捷。步达生还曾去试掘金矿。有一次,他陷入一场可怕的森林大火的包围之中,多亏他很快退到一个湖里,硬是在水中呆了一天两夜才免于葬身火海。有一年夏天,他替加拿大地质调查所干活,通过野外作业,他掌握了构造地质学和地层学方面的实际知识。这些锻炼和学习,对他后来能胜任组织周口店发掘和整个新生代的研究工作关系极大。

步达生在大学里本来是学医的。由于对生物学感兴趣,1906 年从多伦多大学毕业后,他又继续留校学了几年比较解剖学。1909 年,他到一所医学院任解剖学讲师,从此开始了他的教学和研究生涯。

1919 年,步达生受聘来华,到北京协和医学院任神经学和胚胎学教授,1921 年起任解剖科主任。还在 1914 年,步达生由于受到当时学术界关于皮尔唐人复原问题争论的影响,对人类进化问题产生了浓厚的兴趣,并决心在这个领域中有所建树。来中国工作,为步达生实现自己的抱负提供了肥沃的土壤。这块古老的东方大地,不仅曾孕育了 5000 多年的古代文明,还是人类进化的重要舞台。1903 年,著名的德国古生物学家舒洛塞尔描述了一颗来自华北的似人似猿的牙齿,并预言可望在中国找到新的类人猿化石、第三纪或早更新世的人。从此中国受到学术界的倍加重视。

步达生到达北京的第二年,就去过今天北京市的通县和河北省的三河县、蓟县等地考察化石地点。他和当时在中国开展古生物和史前考古考察的瑞典地质学家安特生建立了合作关系,负责研究安氏在辽宁、河南、甘肃等地采集的一批新石器时代晚期和铜石并用时代的人骨。1925 年起,他与安氏一起筹备一个以新疆为目的地的中亚考察计划(后未实行)。1926 年秋,师丹斯基于 1921 年和 1923 年从周口店采集品中发现了两颗人牙的消息传出以后,步达生即和当时中国地质调查所所长翁文灏和丁文江等人频频磋商，并争取到美国洛克菲勒基金会的一笔赠款，于 1927 年 2 月拟订了中国地质调查所和北平协和医学院合作发掘周口店的协议书。

经过一番紧张的准备，周口店发掘终于在 1927 年 4 月 16 日正式开始。10 月 16 日，在离 1921 年发现第一颗人牙很近的地方，又挖到一颗成年人的左下第一臼齿。步达生对它做了详细描述，于同年 12 月发表了名为《周口店堆积中一个人科下臼齿》的专著（《中国古生物志》丁种第 7 号第 1 册），提议建立一个人科新属，即 *Sinanthropus pekinensis*，中文译作"北京中国猿人"。从此，这个学名和由美国地质学家葛利普提议的俗名"北京人"（Peking Man）一并使用、流行。

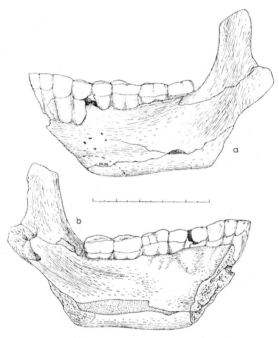

Fig. 11.—Dioptrograph drawings of (*a*), labial view and (*b*), lingual view of the adult *Sinanthropus* Locus G1 jaw fragment. The complete left permanent dentition is preserved in this specimen. In the drawing the five mental foramina are indicated. Abbreviations : *mm*, roughened area for platysma-triangularis attachment. Natural size.

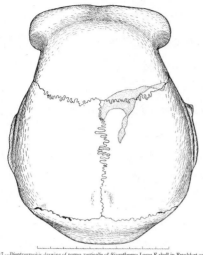

FIG. 17.—Dioptrographic drawing of norma verticalis of *Sinanthropus* Locus E skull in Frankfort orientation. Natural size. (*Cf.* BLACK, 1931, *a*, fig. 3.)

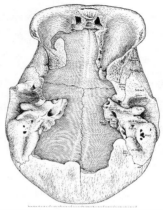

FIG. 18.—Dioptrographic drawing of norma basalis of *Sinanthropus* Locus E skull in Frankfort orientation. Abbreviations : *acc*, accessory frontal sinuses ; *ast.*, asterion ; *osiniis innn. tch.*, opening of Eustachian canal ; *c.a.*, opening of carotid canal ; *crid. ty.*, tympanic crest ; *F.O.*, site of optic foramen ; *fos. fen. coch.*, fenulaa fenestrae cochleae ; *fos. jug.*, jugular fossa ; *fos. mand.*, glenoid fossa ; *F.R.*, site of foramen rotundum ; *front. sphen. s.*, fronto-sphenoid suture ; *F. spin.*, foramen spinosum ; *F. st. m.*, stylo-mastoid foramen ; *Glos. fs.*, fissura petrotympanica ; *icc. meat.*, digastric fossa ; *Mast.*, mastoid process ; *par. sphen. s.*, parieto-sphenoid suture ; *sphen. temp. s.*, spheno-temporal suture ; *tub. art.*, tuberculum articulare ; *Ty. a.*, anterior tympanic moiety ; *Ty. p.*, posterior tympanic moiety. Natural size. (*Cf.* BLACK, 1931, *a*, fig. 4.)

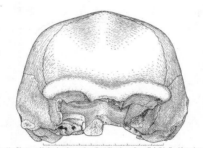

FIG. 19.—Dioptrographic drawing of norma frontalis of *Sinanthropus* Locus E skull in Frankfort orientation. Natural size. (*Cf.* BLACK, 1931, *a*, fig. 5.)

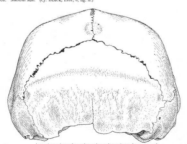

FIG. 20.—Dioptrographic drawing of normal occipitalis of *Sinanthropus* Locus E skull in Frankfort orientation. Natural size. (*Cf.* BLACK, 1931, *a*, fig. 6.)

步达生关于北京猿人论文中的颅骨素描图

1929 年，为了扩大周口店的研究成果，步达生和翁文灏、丁文江等商量，制订一项内容广泛的新生代研究计划，并正式成立中国地质调查所新生代研究室，由步达生任名誉主任、杨钟健任副主任。这是中国第一个从事新生代地质、古生物特别是古人类学研究的专门机构。它的建立开拓了中国新生代研究的新局面，导致 1929 年底第一个完整的北京人头盖骨和随后一系列重大的发现。经过几十年的发展、变迁，新生代研究室于新中国成立后逐步成为今天的中国科学院古脊椎动物与古人类研究所。当我们今天回顾这段历史的时候，是不会忘记当年艰苦创业的前辈们的。

步达生为人谦虚谨慎，待人诚挚热情。他从不沽名钓誉、居功自傲，相反，总是把成绩、功劳记在别人身上。就拿"中国猿人"属名来说，本来是他建立的，但是，他在属名后却写上他和师丹斯基两人的名字。1929 年周口店取得震惊世界的成果，作为直接领导这一工作的新生代研究室的负责人，他本可以把桂冠往自己头上戴，但是他没有这样做。在发往世界各国学术界名流的报喜信里，他特地提到三位在周口店做具体工作的科学家："裴文中先生是一位出类拔萃的野外工作人员；杨钟健是第一流的研究人员，在野外工作方面亦是如此；而德日进则是'老将出马，一个顶仨'。"他在一篇论文里曾写道："名义上虽是我担任研究工作，实际上我并没挖掘过；进行挖掘的时候，我去看的次数也不多。"其实，在筹办周口店发掘的工作上，他是花力气最多的一个人。从争取赠款、起草协议、物色人选、察看现场，到拟定具体的发掘方案，都是他亲自动手。甚至和北平协和医学院交涉新生代研究室的办公用房等琐碎事务，他宁可自己承担，而把身边唯一的办事员派到周口店协助工作，好让那里的科研人员专心搞好发掘。

步达生和中国同事之间建立了良好的共事关系。他尊重中国同事的意见，遇有不同看法能充分协商，从不以专家或长辈自居。所以，新生代研究室的工作进行得颇为顺利，通常容易在中外人员之间产生的纠纷，没有在步达生身上出现过。正如丁文江所说的："我想步氏的同事们会同意我说的话，在我跟步达生交往期间，我从来没有发现他有优越感，因此他的中国同事们也没有自卑感……在跟他的中国同事交往的时候，他完全忘记了他的国籍或种族，因为他相信科学超越了这些人为的事情。"

步达生的毅力是惊人的。前面已提到，由于行政事务冗杂，他只能经常在夜间做研究工作。这里引用一个他附在一篇论文原稿后的工作记录，读者从中可以了解他工作的一般情况：

　　"原始草稿第 1—3 页，1 月 9—12 日（上午 6 时）

　　　　第 3—6 页，1 月 12—13 日，上午 3 时 30 分完成

　　　　第 6—8 页，1 月 14 日（上午 6 时）

　　　　第 9—11 页，1 月 15 日（上午 5 时 30 分）

　　第一稿 1 月 16 日

　　第二稿 1 月 22 日

　　定稿 1 月 29 日"

　　步达生患有先天性心脏病。作为一位医生，他不会不知道这种病会随时给他造成致命的后果。但他不顾这个，而是拼命在抢时间。1934 年春他病倒了。住院期间他总惦记着周口店和新生代研究室的工作。3 月 5 日他给巴尔博的信里（这是我们所能看到的步达生写的最后一封书信），以惋惜的口气说："最近六个星期来，我大部分时间脱离了正轨。我不得不住院休息，整个二月份我都没有到过研究室去了。"身体稍稍恢复他又埋头于工作，终于被病魔过早地夺走了生命。

　　步达生为我们留下了大量闪耀光芒的学术论著。据不完全统计，从 1913 年起至 1934 年逝世前发表的《关于北京人的发现、形态和生活环境》一文为止，共发表论著 56 篇。正如北平协和医学院教授委员会 1934 年 5 月 8 日通过的一份备忘录所说：步达生的早逝，使"我们失去了一位卓越的同事，他在科学上的辉煌成就为本学院增光，他在北京人方面的研究工作使他名扬四海，而这一工作在今后将仍然是对于早期人类历史研究的重大贡献"。

原刊于《化石》1982 年第 4 期

安特生(1874—1960)

安特生在中国

从矿务顾问、化石采集者到考古学家

文／韩琦

提到安特生(Johan Gunnar Andersson)，人们最先想到的便是考古史上著名的仰韶文化和齐家文化。新中国成立后相当长的一段时间内，他所提倡的中国文化西来说饱受批判，并曾一度淡出人们的视线。然而回顾历史，安特生不仅在考古学领域有开创之功，对中国地质学的早期发展也作出了重要贡献。在华十余年间，他是如何实现从地质学家、化石收集者到考古学家这一身份的转变的？他在地质学、古生物学等领域有哪些研究成果？对中国又产生了怎样的影响？我在此主要依据安特生的相关论著，并结合瑞典、美国等国家档案馆所藏书信，结合时人及后人评价，试图还原他在中国开展的诸项科学活动。

安特生与中国

安特生 1874 年出生于 Knista，1892 年进入乌普萨拉大学学习，1902 年获博士学位，1900 年至 1906 年 10 月在该校任教。19 世纪末，他曾前往南北极进行探险，1906 年开始担任瑞典地质调查所所长。1910 年，第 11 届国际地质学大会在斯德哥尔摩召开，他担任大会秘书长，与各国地质学家和古生物学家建立了联系。瑞典是欧洲重要的铁矿产地，他对本国铁矿矿藏情况有很多了解，以此次大会为契机，主编并出版了《世界铁矿志》(《The Iron-Ore Resources of the World》,1910)一书。

安特生自 1914 年 5 月 16 日抵达北京,受聘担任北洋政府农商部矿务顾问,到 1926 年返回瑞典任斯德哥尔摩大学地质学教授,在华工作长达 12 年。1927 年起他担任瑞典远东博物馆馆长和考古学教授,直至 1939 年退休。他一生著作颇丰,著有《龙和洋鬼子》(《The Dragon and the Foreign Devils》,1928)、《中国人和企鹅》(《Kineser och Pingviner》,1933)、《黄土地的儿女》(《Children of the Yellow Earth:Studies in Prehistoric China》,1934)以及《中国为世界而战》(《China Fights for the World》,1938)等书,文笔流畅,可读性很强。他还创办了《远东博物馆馆刊》,刊登了自己的一些文章,内容包括史前中国及鄂尔多斯青铜器等研究成果。

1918 年安特生在河南

安特生在华最初的主要工作是帮助中国政府寻找煤矿和铁矿,找矿之余考察了山东、山西、河南、甘肃、内蒙古、江苏等地地质。1916 年,他来到山西,发现当地有丰富的植物及哺乳动物化石,由此产生对化石收集的强烈兴趣。1918 年 8 月,他制定了"依托中国基金在华自然史采集总计划",希望获得瑞典方面的支持。1921 年,由于在渑池仰韶发现彩陶文化,开始转向考古学研究。他还担任中国地质调查所陈列馆馆长,致力于化石的采集和陈列。

安特生第二次来华则与瑞典皇储中国之行密不可分。1926 年 5 月,作为一名业余考古学家的皇储古斯塔夫六世(Gustaf Ⅵ Adolf,1882—1973)开始了他的环球旅行,他对艺术和考古都有浓厚的兴趣。瑞典虽为小国,但为突出瑞典在世界文化史中的独特地位,皇储十分期待和拥有古老文明的中国建立密切关系,故邀请安氏作为中国之行的陪同人员。是年秋,安特生为他的中国之行先期做了特殊安排。9 月 11 日,安特生与新常富(Erik Nyström,1879—1963)抵达沈阳(奉天),随即前往北京为皇储来华做准备。10 月 16 日,皇储、皇妃经

1926 年，安特生与新常富等陪同瑞典皇储皇妃访问山西

日本抵达沈阳，随即乘火车到北京，后访问了山西、天津、南京、上海等地，11 月 18 日自上海离开中国。在沪期间，皇储、安特生与时任淞沪商埠总办的丁文江会面。1927 年 4 月，安特生离开中国。

安特生第三次来华主要是为实现此前的承诺，归还藏品。根据此前他与中国地质调查所签订的协议，在中国收集的古生物化石或彩陶等物需对半分，没有副本的材料在瑞典做完研究后要返还中国。1936 年 11 月 26 日，他抵达上海，随后前往南京参访珠江路地质调查所新址。1937 年 2 月，他再次来到上海和南京，停留了五周，分别在中央大学、金陵女子大学、中央政治学校、地质调查所等处举行演讲，参观了地质矿产陈列馆，与翁文灏、周赞衡、曾世英见了面。之后还到四川西康、香港开展考古工作。

在华的科学活动（1914—1925）

矿务顾问："安顾问"

安特生以矿务顾问的身份被高薪聘到中国，任职农商部。他来华的原因有以下几个：第一，当时北洋政府欲兴办实业。民国初，中国的矿产基本由外国人操控,北洋政府聘请安特生的目的是希望寻找一些可由国人掌控的新矿产。安氏来华不久适逢"一战",钢铁销量大增,政府希望寻找一些富矿以增加利源。第二是山西大学教授新常富的居间介绍。新常富于1912年山西大学聘期任满后回国,与安特生有接触,从中牵线联系,瑞典驻华、日公使倭伦白(Gustaf Oscar Wallenberg,1863—1937)、袁世凯等官员促成了此事。第三,瑞典在国际上相对中立,相较其他列强国家更易为中国人所接受,且该国之铁矿事业和研究较为发达。而安特生本人极强的组织能力及对全世界铁矿知识的了解,也是中国政府聘请他的重要原因。

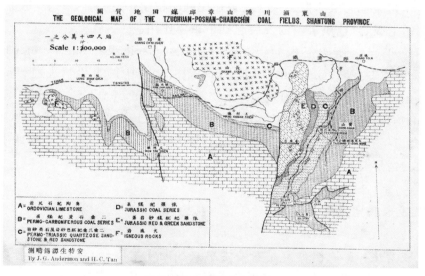

安特生参与测绘的地质图

1913年,地质研究所招收了第一批学生,中国地质学的发展形成了良好势头。丁文江在《地质汇报》序中称:"余归自滇,由章君而识鄞县翁君文灏,又得交矿政顾问瑞典人安特生及其书记丁格兰君。于是,一所之中,有可为吾师者,有可为吾友者,有可为吾弟子者,学不孤而闻不寡矣。"当时丁氏刚从云南考察回京,随后结识安特生、丁格兰(F. R. Tengengren)等人,学术环境与其初到北京时已有很大改善,丁文江对此颇感欣喜。

安特生来华后第一个贡献便是发现龙烟铁矿。安氏某次前往丹麦工程师F. C. Mathiesen家中做客,见其家中放有一些红色矿石,便猜测是赤铁矿。于是在1916年邀请瑞典工程师C. F. Erikson专门前往宣化。之后,安特生找到矿政司司长张轶欧,要求张氏承诺,如果此铁矿为富矿,应奖励丹麦工程师500大洋。后来果然在此处发现富矿,品位非常之高。因为这一重大发现,安特生获得袁世凯接见。1916年,大总统黎元洪还专门向安特生颁发嘉奖令。龙烟铁矿公司的成立标志着中国获得了由国人自己管理的铁矿。然而"一战"结束,钢铁滞销,龙烟铁矿的开采未能持续。

1916年11月1日,地质调查所正式成立。1919年,张轶欧在《地质汇报》的序言中称,"方地质调查所之始设也,余有狂言,以为民国凡百设施,求一当时可与世界学子较长短,千百载后,可垂名于学术史者,唯此所而已",对地质调查所的前途充满了无限憧憬。张轶欧曾在比利时留学,专门研究矿床,是丁文江、翁文灏的上级,对地质事业的发展起到了重要作用。

1919年起,《地质汇报》(《Bulletin of the Geological Survey of China》,1919)、《地质专报》(《Geological Memoirs》,1920)、《中国古生物志》(《Palaeontologia Sinica》,1922)、《中国地质学会志》(《Bulletin of the Geological Society of China》,1922)等地质学刊物相继创刊。1922年1月27日,中国地质学会建立,创会当年有会员62名,其中外籍人士多达22人,展现了当时中国地质学界国际化的情形。

化石采集者与考古学家

气候变化和第四纪黄土是安特生感兴趣的学术问题,趁北洋政府委派之便,他前往山西、河南、甘肃一带进行考察。1916年军阀混战,政府薪水发放成了问题,这为安特生提供了一段相对自由的时间,他便借此机会开展地质调查,并得到了丁文江、翁文灏的许可,研究方向开始有了一定的转向。1916—1917年,安特生开始对哺乳动物化石产生兴趣。为了收集化石,他不仅亲自调查发掘,还从药店等处多方打听化石的来源。此外,1917年他还给各地传教士去信,告以自己所寻之化石类型,较短时间内他便获得了诸多化石地点的信息。进行广泛调查需要大量人力物力,1919年安特生致信瑞典皇储寻求经费支持,皇储对他的工作很感兴趣,9月15日,Axel Lagrelius(1863—1944)主持成立了"中国委员会",支持安特生的自然史考察计划。在各方支持下,安特生对黄土展开深入研究,他的《中国北部之新生界》(《Essays on the Cenozoic of Northern China》,1923)一书便是系统研究第四纪黄土的最早论著,书中所提出的一些地层名词(如三门系)在学界产生了很大影响。

1922年,地质调查所在政府及企业界的支持下建成陈列馆及图书馆,在北京生活的一些外国人纷纷向陈列馆捐献化石,其中德国矿业工程师 W. Behagel也赠送了一些古脊椎化石样本。安特生敏锐地抓住了这一线索,1922—1923年在翁文灏的同意下,与地质调查所的谭锡畴一同前往山东蒙阴进行发掘,发现了中国较早的恐龙化石,后来经谷兰阶(Walter W. Granger, 1872—1941)确认,以师丹斯基(Otto Zdansky, 1894—1988)之名命名为斯氏盘足龙(Euhelopus Zdanskyi)。

为鉴定新发现的化石,安特生与瑞典学者的交往日趋频繁,其中最值得一提的是瑞典自然史博物馆古植物学家赫勒(Thore Gustaf Halle, 1884—1964)和乌普萨拉大学古生物学教授维曼(Carl Wiman, 1867—1944)。1916年,在安特生的建议下,由倭伦白提供资助,赫勒来华进行为期一年的考察。在此期间,赫勒得到了地质调查所的很多帮助。为获得古生物化石的采集经验,丁文江特地安排地质调查所年轻学者周赞衡陪同考察,并和赫勒商议,派遣周赞衡赴瑞典自然史博物馆古植物部跟随赫勒学习,由赫勒和安特生提供周赞衡在瑞典的必要费用,而丁文江也表示地质调查所全部古植物化石材料都可让赫勒进行研究。赫勒与维曼二人在中国古植物、古动物的鉴别方面撰写了不少高质量的学术论文,并发表在《中国古生物志》上,推进了中国自然史、古生物史的研究。

周口店遗址的发现是安特生一生中最引以为豪的贡献之一。20世纪初,各国古生物学家都在寻找人类起源地,其中一个观点就是中亚起源说。为此,纽约美国自然史博物馆专门派遣亚洲考察团来华考察。

早在1899年,德国博物学家 K. A. Haberer就曾到过中国,从药店收购了大量龙骨。1903年,慕尼黑大学的施罗塞(Max Schlosser, 1854—1932)根据这些材料撰写了论文,其中已经提到人类牙齿,不过由于这些化石的来源、时间、地点和地层都不清楚,故无法确定准确年代。

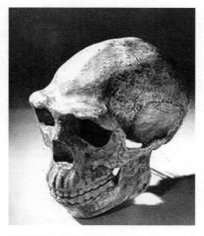

根据周口店的发现复原的北京人头骨(图片来源:剑桥大学考古与人类学博物馆)

1918 年,安特生从燕京大学化学教授翟博(John McGregor Gibb,Jr.,1882—1939)处得知周口店的鸡骨山有相关化石,于 2 月 22—23 日专门前去考察,3 月便撰写了有关周口店的文章。1921 年,师丹斯基来到中国,安特生安排他前往鸡骨山从事发掘工作。同年,谷兰阶随美国亚洲考察团抵达北京,作为当时享有盛名的古生物学家,他掌握着新的发掘技术。安氏遂邀请谷兰阶一同前往周口店指导师丹斯基的工作,他们在当地农民的指引下意外找到了龙骨山。凭借着在此处发现的石英碎片,安特生推测这是人类活动的遗迹,发掘地点便转移至此。1923 年,师丹斯基发表了关于周口店发掘的初步报告,后来他携带不少样本回到瑞典,进行研究并且有所发现。不过由于样本较为粗糙,同时也基于其他一些原因,师丹斯基并未将发现结果告诉安特生,文章也一直没有发表。可以说,安特生对新生代地质及中国地学的研究,导致了周口店遗址的发现。

1926 年 10 月皇储来华,安特生想借此良机促成中瑞往来及瑞方的支持。皇储在华期间,协和医学院准备举行欢迎活动,故安特生提前致信维曼,询问周口店发掘是否有新成果可以公之于世。事实上,安特生来华之前已让维曼着手准备,他抵达北京后维曼取得新进展,并将师丹斯基关于牙齿化石的发现告诉了安特生。10 月 22 日,地质调查所、北京博物学会以及协和医学院联合主办欢迎会,迎接瑞典皇储。该会由翁文灏主持,共有三场演讲。梁启超做了第一个报告,题为《中国考古学之过去、现在及将来》。随后,德日进(Pierre Teilhard de Chardin,1881—1955)做了题为《How to Search the Oldest Man in China》的报告,谈到萨拉乌苏、水洞沟旧石器遗址,1925 年美国亚洲考察团考古学家尼尔森(N. C. Nelson,1875—1964)在戈壁地区发现的旧石器和泥河湾遗址。安特生在接下来的演讲中宣布了北京人牙齿的发现,引起了巨大轰动。多家报纸报道了这一发现,但当时并未得到学界公认,甚至德日进和葛利普都对此表示怀疑。

步达生(Davidson Black,1884—1934)借此机会,向洛克菲勒基金会提出申请,发掘周口店遗址,这一计划很快得到了批准。1927 年 4 月 16 日,发掘计划正式启动。该计划由地质调查所和协和医学院合作开展,为此成立了新生代研究室(1929 年 4 月 19 日正式成立),步达生任主任,杨钟健任副主任,德日进任名誉顾问。后来在此计划之下开展了很多活动,安特生在其中起到了重要作用。1927 年 4 月 25 日,安特生将要返回瑞典,丁文江在北京顺利饭店设宴送行,邀请斯文赫定(Sven Hedin,1865—1952)、巴尔博(George B. Barbour,

1890—1977)、德日进、谷兰阶、葛利普、步达生、翁文灏、金叔初、李四光等出席。

步达生得到洛克菲勒基金会资助后，经安特生和维曼推荐，邀请瑞典学者布林（Birger Bohlin，1898—1990）来到北京，于 1927—1929 年从事周口店发掘工作，他与李捷合作，成为周口店发掘最初的组织者。后布林受斯文赫定邀请参加西北考察团，李捷也被抽调离开，杨钟健和裴文中加入发掘。1929 年 12 月 2 日晚，裴文中发现北京猿人头盖骨，这一消息轰动了世界。

1921 年，安特生在渑池发现仰韶文化。由于安特生的出色工作，在丁文江的建议下，中国政府自 1921 年 5 月起续聘安特生 3 年。从这时起，他开始对西北甘肃、青海等地进行考察，还曾到东北葫芦岛一带从事古人类化石的发掘。他试图证明早期中西方文明的联系，并提出中国文化西来说（但他本人对待这个理论相当谨慎），还出版了《甘肃考古记》（1925）一书。就这样，从地质学家到化石采集者，再到考古学家，安特生完成了身份的转变。

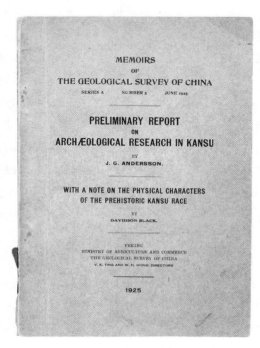

安特生《甘肃考古记》(1925)

出色的学术活动家

安特生不仅学问出色，还擅长交际，与瑞典、美国、法国各界人士有诸多交往。除皇储外，他还得到了一些财团的支持，比如他从瑞典火柴大王克鲁格（Ivar Kreuger，1880—1932）处获得了《中国古生物志》的出版资助。

安特生与北洋政府的上层官员亦有交往。为便于合作的顺利展开，他与丁文江签订了一些协议，商讨了化石采集、刊物出版等相关事务。丁文江在协议的签署过程中坚持平等的原则，维护中国权益，如要求所有与中国考古及自然史相关的研究成果都要在中国的学术刊物上发表；采掘出来的诸如彩陶类古物,一半交给中国,一半交给瑞典,没有副本的材料经过研究后需归还中国。此类协议的签订非常成功,安特生与中方在长时期内保持了良好的合作关系。

民国初期的中国,地质学研究刚刚起步,丁文江、翁文灏等年轻的地质学家们都在努力开拓中国的地质学事业,而安特生则利用自己的资源和人际网络帮助他们建立起了一个国际学术交往的平台。在这样的背景下,中国的地质学刊物上涌现出了很多重要成果。1913年10月地质研究所成立,开始培养一批年轻的地质学家。1915年底,研究所学生赴野外实习,安特生率其中一组赴江苏江宁、镇江、江阴一带。1916年4月2日,他还带领学生前往唐山开平煤矿进行毕业实习,为学生的论文提供了有益的指导和训练。不仅如此,安氏还为很多中国年轻学者提供了实际的帮助,例如上文中提及的地质研究所毕业生周赞衡,曾于1917年2—4月陪同赫勒考察江西、湖南等地。安特生对他颇为欣赏,1918年专门请Lagrelius资助他前往瑞典自然史博物馆学习,并悉心安排相关经费问题,周氏后来成为了中国最早的古植物学家。再如杨钟健,他在德国撰写博士论文时,安特生为他提供帮助,前往瑞典研究在中国收集的哺乳动物化石。

值得一提的是三门系的发现。三门系是由丁文江在山西河津发现的地层,后被广泛应用于华北地区。因安特生曾在相距不远的垣曲县做过调查,故丁文江知道附近有可资研究的地质材料,便前往附近的河津,在那里给安特生写了一封信(1918年8月20日),并附有河津的地质剖面图。安特生在写《中国北部之新生界》时引用了信中的成果。正是通过安特生的引用,丁文江的发现被广为采用,影响深远。

原刊于《文汇学人》2018-12-14

第二章

古 植 物 学 家

中国最早研究古植物学的学者

周赞衡

文 / 潘江

周赞衡(1893—1967)

　　周赞衡 1916 年毕业于北京农商部地质研究所，同年入地质调查所工作，为我国研究古植物学的第一位学者，也是中国撰写第一篇古植物学论文的作者。他是中国地质学会的创始会员，并是中央地质调查所古植物研究室首任主任，为中国早期地质事业的开拓者、领导者之一。周赞衡半个多世纪以来，坚守地质事业岗位如一日，平易近人，为团结、组织南京地学界老一辈科学家协同工作，作出了可贵可钦的贡献。

　　周赞衡，字柱臣，中国地质学界的老前辈之一，1916 年毕业于农商部地质研究所，受教于名师章鸿钊、丁文江、翁文灏等。他 1893 年 1 月 14 日生于江苏省奉贤县，1967 年 1 月 2 日因患胃癌殁于上海，享年 74 岁。

　　我初次认识周柱老在 1952 年 6 月 18 日晚间，那天我从学校被分配到南京珠江路 700 号中国地质工作计划指导委员会地质陈列馆工作，住在院内西南小红楼的二层单身宿舍，而周柱老就住在我的对面，晚饭后周柱老来到我的宿舍，询问工作和生活有何要求，给我以温暖亲切及平易近人之感，以后每到周末，他常邀我一同外出。当时周柱老已年近花甲，任中国地质工作计划指导委员会委员（主任委员为李四光）。在机关内从地质界著名的老前辈到工人均尊称他为周柱老或老所长，因为他在 1949 年以前长期担任中央地质调查所副所长，主管行政、财务、计划、出版以及协调事项。

中国最早研究古植物学的学者

周赞衡于 1916 年在北京农商部地质研究所（北京大学托办）毕业之后，入地质调查所工作。同年丁文江聘请瑞典皇家自然历史博物馆著名古植物学家 T. G. 赫勒（Halle）教授来华帮助工作，为时一年。赫勒来华的任务是进行野外地层古生物调查和重点采集古植物化石，并在实际工作中为中国培养古植物学人才。赫勒对中国古植物学的研究及发展也颇有贡献，著有《中国西南古植物化石》（《中国古生物志》甲种第 1 号第 2 册，1927，1—26）、《云南古生代植物化石》（《中国古生物志》甲种第 1 号第 4 册，1936，1—38）、《山西古生界之植物化石》（《中国古生物志》甲种第 2 号第 1 册，1927，1—316）等专著及其他论文。

周赞衡由于当时在青年人中外语水平出众，勤奋好学，被丁文江挑选为赫勒的学生和助手，跟随赫勒工作，在实际工作中学习，结果颇见成效。赫勒返回瑞典后，丁文江继续派他去瑞典留学（1918—1923 年）[①]，仍师从赫勒，专攻中生代植物化石。学成回国后，周氏于 1923 年发表《山东白奎纪植物化石》，这是中国学者撰写的第一篇古植物

1923 年周赞衡所发表的《山东白垩纪之植物化石》一文中的插图

---

① 据周祖镐 1994 年 10 月 31 日来信，周赞衡在瑞典进修历时 5 年。

学论文,该文首次依据植物化石确定了中国有白垩系地层的存在,并进一步认为蒙阴组属早白垩世、王氏组属晚白垩世地层的存在。1924年,周赞衡在瑞典《植物成就》杂志发表另一篇中生代古植物学论文:《瑞典斯干尼亚(Scania)下Liassic植物群》(英文)。该文较为详细地论述了瑞典南部斯干尼亚地区Sofiero和Dompäng早侏罗世植物群的特征,从而进一步确定这一植物群的地质时代为Lower Liassic Flora,为当时中国青年古生物学家首次研究北欧的古植物群,于是周氏便成为中国第一个研究古植物的学人。可惜后来由于种种原因,他没有再继续从事该专业的研究工作。

周赞衡手绘的地质剖面图

1931年以前周赞衡还担任中央地质调查所古植物研究室主任[①],为中国第一个古植物研究室的首任主任,"为设备及研究工作之便利起见",古植物研究室与矿物岩石研究室(主任王恒升)等"皆附于"燃料研究室(主任谢家荣)。关于古植物学的研究,自周氏从瑞典留学回国后,虽因担任出版事务过多,进展略迟,但已收集植物化石千余件。周赞衡同时还兼任出版事务主任及古生物志出版委员会委员,该委员会主任为丁文江,其他三位委员为李四光、孙云铸、杨钟健,而主要出版工作均由周氏担任,重任在肩。

---

① 何年开始任主任不详。

周赞衡 1923 年发表的标本 *Pagiophyllum* sp. ，产自山东莱阳白垩纪地层

周赞衡 1923 年发表的标本 *Brachyphyllum obesum* ，
产自山东莱阳白垩纪地层

热心中国地质学会出版工作及会务

中国地质学会于 1922 年 2 月 3 日在北京成立,发起人为当时北京农商部地质调查所所长章鸿钊,创始会员共 25 人。周赞衡为创始(亦称创立)会员之一,并于 1926—1927 年担任第 5 届中国地质学会书记(秘书长),1928 年担任第 6 届中国地质学会会计。

周赞衡对中国地质学会会刊《中国地质学会会志》(为英文版,1922 年创刊,发行 1—31 卷,1952 年更名为《地质学报》)的编辑、出版工作作出了重要贡献。由于他的英语出众,加之工作认真负责,该杂志在国际上享有盛誉。从抗日战争之前,至历经八年抗战,其间经费非常短缺,加之纸张、印刷又都很困难,而《会志》始终没有停刊,这与周老的支持与关注是分不开的,因为他在 1938—1949 年任中央地质调查所副所长期间,分工管理行政事务和《中国古生物志》《地质专报》《地质汇报》《土壤专报》等的出版、发行、交换工作。

笔者在撰写这篇纪念他的文稿时,很多史料均查自周柱老于 1955 年赠送给我的藏书。在这些珍贵的文献上面还留存周老的亲笔签字"Tsanhang Chow"或"T. C. Chow"。原先我还保留了一些他亲笔修改过的文稿,可惜在"文化大革命"中不知去向。

中国早期地质事业的好管家、组织者、领导者之一

周赞衡 1916 年毕业之后,先后在北京(北平)中央地质调查所任技士、技正、古植物研究室主任等职。1930 年任南京经济部中央地质调查所简任技正。1937 年抗日战争开始后,随调查所先迁至长沙,又迁至重庆北碚工作。1945 年抗日战争胜利后返回南京珠江路 942 号(后改为 700 号)中央地质调查所。在此期间(1938—1949 年)周赞衡长期担任该所的副所长,对调查所的建设、管理,特别是财务作出了很大贡献。尤其是在抗日战争胜利之后至 1949 年,当时

世风日下,在经济十分困难的形势下,管理行政、财务、筹集资金,出污泥而不染,克己奉公,为调查所同仁有目共睹。

1952 年 8 月 7 日,中央人民政府委员会第 17 次会议通过,决定成立中央人民政府地质部。中国地质工作计划指导委员会随即相应撤销。中国科学院成立后,周赞衡从 1953 年起历任南京办事处主任、华东办事处副主任兼南京办事处主任、研究员,以及中国科学院江苏省分院副院长。分院撤销后改任江苏省科学技术委员会副主任。同时历任江苏省人民委员会委员,并当选江苏省人民代表大会代表、第三届全国人民代表大会代表。

1954 年以后,中国科学院在南京的研究所有地质古生物所、地理所、地球物理所、土壤所以及紫金山天文台等。在 40 年代至 60 年代,各机构的所长多半是周柱老的故交好友,因此他作为中国科学院在南京办事机构的负责人之一,对团结老一辈科学家、调动机构与学科之间的协作发挥了极大的作用。这也是中国科学院和江苏省领导知人善用的具体措施,并在他的晚年给以很高的荣誉,他当选为省、全国人民代表大会代表,以此表彰他为地质及自然科学事业做出的功绩。

尊敬师长,爱护青年科技人员

周赞衡自始至终对他的三位老师章鸿钊、丁文江和翁文灏都十分尊重。章老晚年与他同住在珠江路 700 号,他经常前去拜望,在他的卧室内放着三老的照片。特别是 1936 年 1 月 5 日丁文江在长沙去世后,周赞衡数十年如一日,倍加关怀丁师母,每年都送去生活费。1952—1956 年,我在地质陈列馆工作时,经常见到周柱老前往邮局为丁师母汇款(丁文江无子女)。

1952 年以后,分配到珠江路 700 号及鸡鸣寺的大专学生逐渐增多,周柱老作为长者和行政领导人之一,非常关心青年人,他平易近人,给人以亲切之感。1956 年 9 月我奉调从南京到北京地质陈列馆工作,他从珠江路搬到鸡鸣寺中国科学院南京办事处。临行前周柱老将他多年的藏书送给了我,并鼓励我要努力工作,养好身体(因当时我患肺结核)。他还曾帮助我修改我的第一篇英文稿件:《On the Palaeozoic Stratigraphy of the Nanking Hills》(《中国科学》,1956

年第 5 卷第 3 期)。我从事地层古生物研究工作也深受周柱老的影响与启蒙。

周柱老赠送给我的藏书之中,有一本黄汲清院士的名著《On Major Tectonic Forms of China》(1935),其中文译本为《中国主要地质构造单位》(1945)。1992 年 1 月 24 日接黄老来信,2 月 3 日又托任纪舜先生来电话,希望我去他家中讨论关于《高振西地质文选》的"序"和"题词"。我于次日拜见黄老,并带去上述他的中、英文名著,拟请他题词。当时他高兴极了,一再希望我将英文本送给他,因为他自己已无原著,多年来虽曾多方设法,也未能如愿,我只好割爱。黄老还一再询问此书的来由,我告诉他是 1955 年周赞衡老先生送我的,并要求我在该书上写几句话,我应允而书:"此书乃周柱老 1955 年赠与后学,后转赠黄老留念。后学潘江,1992 年 2 月"。同时黄老在中文版本上亲笔写了:"潘江同志存念。黄汲清,1992 年 2 月"。

伏案写作此文,面对周柱老昔日藏书,往事在目,如见故人,近又幸得周老长子祖镐公来书及周柱老的照片,更增怀念之情,敬仰之感。仰望南天,欣然命笔。

结　　语

发展地质事业需要有在学术上有杰出和特出成就的地质学家和古生物学家以及开拓者,但也必须有善于团结众人,善于管理、策划,同心同德,协同工作,能当配角、助手者,而且为不看重论资排辈的孺子牛。周赞衡的年青时代是一位开拓者,为中国人自己研究中国的古植物学的第一人,并放眼世界游学瑞典多年,研究瑞典的古植物化石,作出了可贵的奉献。他从中年开始,坚守地质事业岗位,任劳任怨,担任组织者、管理者、领导者,但从不计较个人的得失,为政清廉。50 多年一个人在北京、南京、重庆任职,夫人和子女均在故里上海。子女大学毕业后,也不调在身边,大公无私。调查所的工人生活有困难时,他经常解囊相助。这些高尚的品德深刻地教育了曾与他有交往的同辈与后人。最近叶连俊院士回忆说:1937 年我从北大地质系毕业后,入地质调查所工作,周老亲自安排了我们的工作与生活,热情而周到。抗日战争胜利后,我将赴美留学并参加 YVA(长江三峡水电站)培训进修项目,临行前我爱人身体欠佳,周老多次到我家中看望，并以长者的情感，语重心长地劝说我暂不要赴美学习或早归，而且当时的内战已烽火连三月。而今思之，尤感亲切。

周赞衡在地质调查所工作近40年，正如曾在地质调查所工作过的老一辈科学家李庆逵、叶连俊、秦馨菱等院士所说：周柱老在地学界团结、组织老科学家协同工作方面，发挥了积极作用，特别是在地质调查所，有些所长们难于解决的问题，难办的事，周柱老出面处理，能很快妥善解决，因为他德高望重，考虑问题全面，多为他人着想。他是一位令人敬仰而信服的地质界老前辈之一。

周赞衡为人严于律己、廉洁奉公、对人诚恳、办事认真。他的一生是艰苦创业的一生，是鞠躬尽瘁于地学事业的一生，是一位优秀的组织者、领导者、开拓者，值得我们永远敬仰、学习。

1993年1月14日是周赞衡100周年诞辰，在南京的老院士、老教授李庆逵、席承藩等一批友好想在他100岁生日时开个座谈会，纪念他对地学方面的奉献。因为他一直在中国科学院南京分院、江苏省科委任职，所以他对团结老一辈的科学家起了很大的作用。不过，时过境迁，认识他的人也少了，因此没有组织成100岁生日座谈会(引自席承藩1994年10月10日来信)。笔者敬作此文以表怀念之情，并表彰周柱老治学严肃、学风端正、数十年坚守地质岗位、为政清廉、尊师爱徒等高尚品德。我们应学习并继承之。

原刊于《中国科技史料》1995年第16卷第2期

斯行健(1901—1964)

深切缅怀中国古植物学奠基者

敬爱的斯行健教授

文 / 李星学

　　2001年是我们南京地质古生物研究所成立50周年,也是前所长、我敬爱的导师斯行健先生100周年诞辰。联合举行纪念活动,是很有意义的。

　　岁月匆匆,流年似水。回顾自1944年在重庆北碚师从先生研习古植物学,到他1964年病逝于南京的20年间,我追随左右,在学习与工作上受到先生的谆谆教诲和亲切关怀是难以尽述的。有这样的好老师与领导,真是三生有幸,终生难忘。值此盛会,我谨表达对他特别深切的怀念和无限景仰的心情。

斯行健(后排左三)在英国剑桥大学参加第五届世界植物学大会(1930-09)

身世简历—早期学习—初露锋芒

斯行健,号天石,1901 年 3 月 11 日生于浙江省诸暨县斯宅村一个书香门第的家庭,他父亲斯耿周留学日本后,曾在家乡创办新学,斯行健在其教育熏陶下,自幼养成了勤奋好学的习惯,为他后来的成长发展打下了坚实的基础。

为求学上进,先生在年轻时便辞别父老,负笈远行到北京,于 1920 年考入他仰慕已久的北京大学,先在其理学院预科就读,两年后转入该校地质系。在李四光、葛利普等教授的影响下,他对古生物学产生了浓厚的兴趣。1926 年北大毕业后,应聘于广东中山大学,任地质地理系助教。两年后,赴德国留学,经李四光先生推荐,入柏林大学师从古植物学大师高腾(W. Gothan);他勤奋刻苦、悟性出众,深得导师的特别青睐。除于 1931 年以优秀论文《中国里阿斯期植物群》通过答辩,获得博士学位外,还在 1930—1933 年间与高腾合作了 5 篇论文,其中的《评欣克关于东亚石炭二叠纪植物群》和《关于中国木化石》两文,尤为重要。

从柏林大学结业后,为了开拓眼界、增长学识,先生转赴瑞典国家自然历史博物馆随另一位著名的古植物学家 T. G. Halle 教授继续深入研习古植物学。在不到 3 个月的时间内,在 Halle 的指导下,他刻苦钻研、废寝忘食,又完成了《陕西、四川、贵州三省植物化石》和《中国中生代植物》两本古生物志。

1930 年,他还随高腾教授出席了在英国剑桥大学举行的第一届国际植物学大会,结识了不少当时国际古植物学界的大师和才俊,加上他自 1930 年以来有不少重要著作问世,自然成了古植物学界升起于东亚地区唯一的一颗新星。

回国后的艰难岁月

1933 年,斯先生学成回国,先受聘于清华大学,越年回到母校北京大学地质系任教。他原是怀着开创中国古植物学研究与献身中国科学事业的一片热

忧回到祖国的。可是,30年代早期的中国,"九·一八"事件后不久,外有强敌

虎视眈眈,内部政治动荡频繁,民不聊生,学校经费有限,除一般的教书育人、授业解惑之外,很难获得对科研探索之支持。在回国之初的三四年间,先生偶尔获得些零星植物化石,做了近十篇短文。《新疆迪化之木化石研究》(1934)为此期比较重要的作品。仅凭一块二叠纪木材化石径切面所现疏密不一的年轮,就指出新疆植物化石当时所在的气候不同于华北的华夏植物群,足见先生治学之功力。现在知道,新疆天山以北的石炭二叠纪为安加拉-亚安加拉植物群,其组成内容和所在的生态环境完全不同于华北一带的华夏植物群。

斯行健1947年从美国伊利诺伊州晚石炭世地层采集并随身携带回国的 *Spirangium appendiculatum* 标本

　　1937年,斯先生转到李四光先生领导的中央研究院地质研究所工作,任研究员,并在中央大学地质系兼授古植物学。到南京后,他原以为今后将可全力以赴地投入以古植物学研究为主的工作了。岂料"七七事变"后日本军国主义向全中国发动了侵华战争,抗日烽火燃遍了大半个中国。中央研究院地质所为了避开敌人的摧残,于1937年冬匆匆撤离南京,先到庐山,后经湖南到桂林,不久又经贵阳内迁重庆。在此颠沛流离的多次迁徙中,不仅研究经费无着,生活奇苦,公私图书资料和化石标本也几损失殆尽,但先生仍抓住一切机遇,参加过湖北、广西等地的煤田地质调查,并用间或采获或他人送来鉴定的植物化石标本,在这种动荡不安的环境下,凭着他惯有的不畏艰难、锲而不舍的钻研精神,还是发表了十几种短篇论文,其中《贵州威宁峨眉山玄武岩中的树状羊齿之研究及中国西南部玄武岩之地质时代问题》(1942)是他此期最得意之作。在中国,除木化石外,这是第一篇保存植物内部结构的石化标本研究论文。经磨光

切片仔细观察，是在欧洲二叠纪地层多有发现的树蕨沙朗属（*Psaronius*）的茎干化石。内有保存良好的多体中柱、排列成同心环的弧形维管束、叶迹和不定根的细胞等，具有新种的特征。这一论文材料保存之佳，研究的深入细致，无论从植物学或地层学角度来看，都意义重大，即使用现代植物学研究标准来衡量也是高水平的。这块石化茎干标本的外缘，还连接着一圈厚 8 厘米以上的、由横切面呈圆形的许多细小不定根组成的皮层。后一材料收到较晚，是 1947 年先生在美国访问时，将茎干与皮层部结合起来重新研究后写成《中国西南部峨眉山玄武岩系 *Psaronius sinensis* 的构造》，发表于当年的美国地质学杂志。

1944 年，应中央地质调查所所长李春昱的邀请，斯先生来到重庆北碚做研究，并为该所培养年轻的古植物学人员，我就是在这时师从斯老门下的。该所的图书资料、化石标本丰富，研究环境较好，使先生逐渐恢复了昔日痴迷于古植物研究的劲头，激发了他的潜能。在抗日战争最后阶段和胜利、复员的两三年期间，他夜以继日地工作，几乎到了忘我的境界。有时，甚至对日机不时的空袭置若罔闻；有时，他在家门口捏煤球时还不停地和我谈论研究工作的心得。在这不到 3 年的时间内，斯先生发表了近 10 篇论文，更重要的是完成了他在头脑中筹划已久的《鄂西香溪煤系植物化石》这本古生物志，虽然它的正式出版是在新中国成立初期的 1949 年。

新时代前所未有的奋发

新中国成立后，党和政府对科学事业十分重视，对与国民经济建设关系密切的地质工作尤其重视，地层古生物工作得到迅速发展。就在 1951 年 5 月，亚洲历史上第一个古生物研究所（后改名为南京地质古生物研究所）在南京成立了，隶属于中国科学院。与此同时，斯先生和其他科学家一样，受到党和政府的亲切关怀与重视。1951 年起，斯先生先后任古生物所研究员兼代所长、所长。1954 年当选全国人民代表大会代表，1956 年被选为中国科学院生物地学部第一届学部委员（院士）。

身为所长和中国古生物学科带头人的斯先生，深感肩负历史责任的沉重，同时也意识到自己一展宏图的时机即将来临。因而，他在新中国生活愉快、工作舒畅的 15 年中,除地质古生物所的各项工作在三位副所长的大力协助下做得相当出色外,在他个人擅长的古植物学研究方面也作出了更大贡献,特别是培养了一批中、青年古植物学接班人。在基础理论研究方面,《中国上泥盆纪植物化石》(1952)和《陕北中生代延长层植物群》(1956)两本专著最为重要。晚泥盆世植物化石以前在我国很少报道,甚至整个亚洲也知之不多。斯先生这一专著对我国晚泥盆世植物与地层研究起了很大促进作用。现已确知,晚泥盆世非海相地层及其植物群在我国有非常广泛的分布。《陕北中生代延长层植物群》一书包括 20 余属 60 余种植物,有关描述和讨论细致深入,创见亦多。其结论部分的六大命题均可自成篇章,是斯先生多年来研究中国中生代植物群的基本观点的继续发展和补充,也是先生有关亚洲东部中生代植物群研究心得最系统的表现。除这两本专著外,先生还发表了十多篇论文,其中以《山西上石盒子系一种种子蕨原始乌毛蕨的一块分叉蕨叶标本》(1955)、《山西河曲华夏植物群中的一个安加拉型美羊齿(*Callipteris*)新种》(1954)和《东北北部木化石》(1951)最具代表性,在古植物学上都有重要意义。先生最重要的中篇论文《青海欧龙布鲁克区纳缪尔期植物群》(1960)首次确证我国西北地区含有相当于欧洲纳缪尔期的沉积及生物群,具有十分重要的地层古生物学意义,从而对西北地区寻找更多的煤炭资源提供了新的线索。还值得特别提出的是,先生呕心沥血的遗著

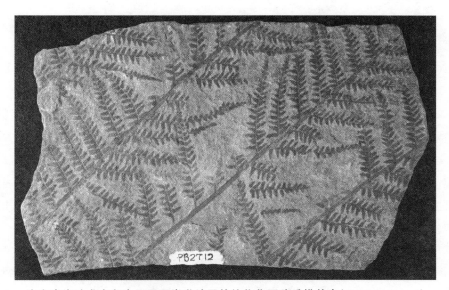

产自青海欧龙布鲁克区早石炭世地层的植物化石穆氏栉羊齿(*Pecopteris mui*)

《内蒙古清水河地区及山西河曲晚古生代植物群》这一本古生物志,标本丰富而保存精美,向为先生所珍视。这一研究工作始于 1958 年,至 1963 年初先生卧病之前已基本完稿,讵料先生一病不起,竟不克竣其全功而赍志以殁,实为一大憾事。此书全文约 40 万字,图版 50 余幅,标本采自内蒙古清水河及山西河曲的 30 余个地点。这一研究工作除大大充实了这一地区晚古生代植物群的组成内容及相关的地理地质意义外,对亚洲东部晚古生代植物群的阶段发育和某些科属的系统演化也提供了不少新的论据。这本重要专著,因某些化石标本详细产地和层位的进一步辗转核实、补正,直到 1989 年才由科学出版社出版发行。

产自河南平顶山二叠纪植物化石舌形瓣轮叶(*Lobatannularia lingulata*)

综上所述,先生发表之论著,自 1930 年起,至 1963 年止,外加 1989 年的一册遗著,共计约 140 篇(内有《中国古生物志》9 册),研究专刊 3 本,综合性编著 5 种,译著 1 册,文集 1 本(其中仅少数是与人合作的)。在短短的 33 年中,虽受多起战争动乱、社会不安的干扰,先生在古植物学研究工作及相关学科事业的发展上仍作出了如此突出的贡献,仅据此就可看出先生为之付出了多么大的辛勤与血汗。

中国学者对古植物学研究工作的萌芽,虽可追溯到上世纪丁文江于 1915 年对滇东曲靖泥盆纪植物化石的最早发现与采集,以及周赞衡于 1923 年发表的《山东白垩纪之植物化石》的初步研究,但丁、周二位后来或忙于其他工作或专业志趣旁移，都未持续倾心于古植物研究工作。直到先生于上世纪 30 年代前后专攻古植物学并在极为困难的情况下取得一系列成果后，才初步扭转了长期以来中国植物化石材料几乎全由外国学者研究的越俎代庖的局面，并为中国古植物学事业在新中国的迅速发展打下了良好基础。因而，先生是中外公认的中国古植物学的奠基人。

多方面的其他贡献

新中国古生物事业早期发展的卓越组织者与领路人

先生并不擅长于行政事务领导，因而新中国建立后不久，对他被委任中国科学院古生物研究所所长一职，实属一种过重的负担。但先生对赵金科、卢衍豪、李扬三位副所长给以充分信任，并与之精诚合作，使他们各按其职发挥所长，遂使古生物所所务蒸蒸日上，人才辈出。

新中国成立初期，中国地质机构无几，古生物专业人员屈指可数。但是，南京古生物研究所在先生为首的领导下，仅 10 年左右，就从 50 年代初的不足 80 名职工迅速发展到约 230 名职工，其中仅专业人员就逾百人，成为全国地层古生物学研究中心，而且成果累累，各门类古生物专业人才几近齐全。具体表现可以如下几方面的工作为代表：

1) 50 年代早期应地质生产部门急需，所内老一辈地质古生物工作者大都借调外出，参加了数年的野外地质填图、调查、勘探、找矿工作，为新中国成立初期的国民经济建设作出了一定的贡献。

2) 充实、壮大了古生物学中的薄弱或空白门类（如叶肢介、古孢粉学、介形虫、牙形刺等）研究队伍；原较为特长的门类（如三叶虫、笔石、腕足、古植物等）也得到加强与发展。到 60 年代前后，一批中、青年学者逐渐成长起来。

3) 除许多一般研究成果外，还特别表现于 1959 年南京地质古生物研究所主要负责、成功组织召开的"第一届全国地层会议"。这次会议的主要成绩，除会前的"浙江上古生代及中生代地层现场会议""山西石炭、二叠纪及三叠纪地层现场会议"等的成功召开外，还先后出版了几套地层古生物系列出版品：

① 全国各纪地层断代专著 10 册;② 中国各门类化石丛书 17 册;③ 古生物科普小丛书 15 册。这几套地层古生物出版品几全出于古生物所研究人员之手,是当时地质生产部门地质工作者急需的工具书,对我国地质古生物工作的迅速发展和解决某些生产实践问题起到了很大的促进作用。

4) 承担了当时全国地质生产部门所采化石的大部分鉴定任务,为野外地质填图以及地层时代的确定、划分、对比等提供了大量古生物学的重要依据。

5) 作为中国古生物学会、全国地层委员会(20 世纪 70 年代前)、《中国古生物学报》《中国古生物志》《地层学杂志》等的挂靠单位,古生物所为新中国古生物学、地层学事业的发展与壮大作出了不少重要贡献。

教书育人竭尽心力

先生对教育事业和培育人才非常专注与热心。1933 年回国伊始,在一次欢迎会上,他就说过:他要以数年精力先从事教育,培养人才,然后再全力投入科研工作。于是他先后在清华大学、北京大学讲授古植物学,开创了这门课程在中国之先河。1937 年转聘于南京的中央研究院地质研究所时,他仍在中央大学地质系兼授古植物学。甚至到新中国成立初期,他任代所长、所长,行政科研工作特别忙碌的时期,仍在南京大学兼课,并不时为地质系、生物系的高年级学生做有关古植物学的专题讲演,受其教诲者不计其数。

更令人难以忘怀的是,先生除了在大学教坛的正规传道授业解惑外,对古生物所中、青年同事或其学生们的帮助与培养也非常热心认真,有求必应,从不推脱。他再忙也几乎每天要挤出一定的时间来做辅导,或与中、青年同事讨论学术问题。他教书、解惑的特点是,让他们学到专业知识的同时,还要知道某些问题的发生与解决的渊源历史或存在的争议。此外,还不忘随时提高他们的外文水平。在这方面我个人可以说是亲临其境、受益最多者之一。他常用高腾教授的德文《古植物学教程》作我们的基本教材,讲授其中主要内容及专业术语,有时连其间的词汇时态、语法结构也给予解释;涉及某些地质古生物重要问题时,更是旁征博引,评点各家不同观点及存在问题,以扩大我们的视野和潜能,为将来研究工作打基础。另一特点是,他对我们研习工作的要求也极为严格。例如,有一次我因在新中国成立初期被借调到地矿部门干了几年野外地质找矿工作,影响了我对古植物学专业知识的系统学习与掌握,研习成绩进步不快。

相对来说，和我同时参加工作与从事其他专业的一些同事，多有论文发表了，我却没什么具体研究成果，感到压力很大，也想独自写写文章。这种跃跃欲试的思想被先生发觉后，他毫不客气地对我进行了批评。他说："赶时髦、急于求成，不是做学问的态度。青年人要坐得住、耐得寂寞，能勤学苦练，善于思考，不怕外界干扰，才会有出息。"并且告诉我：他在德国、瑞典留学期间，经常整天泡在植物化石标本储藏室里，午休不回去吃饭，常常是几块面包、一杯凉水了事，有时，连晚上做梦，也都是植物化石在眼前飞舞。他这种以亲身经历所做的语重心长的教诲，大大激励了我。自此以后，我尽量排除私心杂念，潜心研学，苦打基础，并从鉴定大量化石及参考有关专业书籍的实际工作中增长专业知识，积累研究材料，才逐渐培养起独立工作的能力。我在今日能为中国古植物学做出少许成绩，完全是先生悉心教诲、随时匡正我的缺点才逐渐取得的！先生的热心育人，不限于学生和古生物所同仁，甚至在古生物所进修的外单位学者也不例外。特别是在对于地层、古生物论文的英文稿的修改、润色上，更是惠泽众人。据我所知，连赵、卢两位副所长的某些论文稿也莫不受其惠。由此可见，先生在教书育人和协助古生物所内、外同仁提高论文质量等方面，付出过多少宝贵的时间与精力！

在古植物学各分支领域的贡献

除他最擅长的古生代与中生代植物外，先生对古植物学其他分支学科也作了不少重要贡献，例如：

1）木化石与石化标本的研究

30 年代初期，他写的一篇木化石论文（1933），可能是开创中国木化石研究的先河之作。嗣后，在 1934—1962 年间，他还发表了 6 篇高水平的木化石论文。此外，在 1942 年与 1947 年发表的两篇关于 *Psaronius* 的论文，更是全面研究中国古植物石化标本解剖结构的开创性工作。

2）中国陆相地层研究的先驱

植物化石主要保存于陆相沉积或非海相地层中，两者关系极为密切。先生倾心于陆相地层之研究始于 30 年代初。当时发表于北京大学、中央大学校刊的几篇论文，其中就涉及古植物研究对鉴定陆相地层时代及古地理区划的重要性问题。后来，他对南京五通（乌桐）组之地质时代（1936），对中国西南部峨眉山玄武岩系之时代(1942),关于湖南跳马涧系之时代(1942,1944),有关鄂西南栖霞灰岩底部煤系之时代(1951),有关陕北石千峰系之时代(1952)和中国古生代陆相地层时代(1953)之讨论等都是他在这方面倾注心力的表现。此外,《根据植物化石群的进化观点划分中国中生代的陆相建造》(1955)和《中国中生代陆相地层》(1962,与人合著)更是多年来对中国中生代植物与陆相地层密切相关的研究心得最系统的体现。

3）热心的科学普及工作者

科学普及工作对提高全国人民科学知识、文化素质和促进学科发展非常重要,先生在这方面也做了不少工作。除讲演教学之外,他还写了不少有关文章,如《现代松柏类孑遗植物》(1948)、《植物的旅行》(1948)、《如何采集植物化石》(1950)、《煤是怎样形成的》(1955),专为大众科学小丛书写的一本《水杉》(1950)小册子更是他的代表作。此外,他主笔或牵头编写的一些有关植物化石的工具书,如《中国古生代植物图鉴》(1953)、《中国标准化石——植物》(1954)、《中国中生代植物》(1963)等,也有部分科普作用。

4）新生代植物

这一领域虽非先生所长,为了促进它在中国的发展,他也力所能及地做了不少工作,如《被子植物的原始》(1951)、《抚顺煤田之红杉化石》(1951)、《评胡先骕与钱耐著〈山东中新统植物群〉》(1951)、《湖南第三纪晚期植物群》(1954,与人合著)等。

5）孢粉化石鉴定

对这个当时比较薄弱的研究领域,先生也做了些启迪性的工作,如《小孢子化石鉴定煤层的价值》(1951),还翻译了一本约纳斯(Fr. Jonas)德文版的《花粉及孢子图鉴》(1955)。

总之,先生在30多年的学术生涯中,以他严谨的治学态度和对科学事业的奉献精神,在其研究涉及地质古生物诸多学术领域中取得的丰硕成果,特别是为我国古植物学事业的发展和人才的培育做出的奠基性与开拓性的工作,都是他留给我们的高水平的学术遗产和精神财富。斯先生作为我国地质古生物学界的一代宗师,值得我们永远怀念与崇敬。

原刊于《古生物学报》2001年第40卷第4期

怀念我的导师徐仁教授

徐仁(1910—1992)

文 / 李承森

著名的古植物学家和孢粉学奠基人、中国科学院学部委员徐仁教授是我的导师，于 1992 年不幸病故。先生逝世，我深感悲痛，谨以此文来表达我对先生的怀念。

1980 年与南京地质古生物研究所的穆恩之先生在玄武湖

先生在植物形态学、解剖学、古植物学和孢粉学研究方面作出了重要贡献，在国内外享有盛名。十几年来，我受先生的教诲，终生难忘。他不仅教我如何做学问，而且教我如何做人。

1978 年，当我报考徐仁教授的研究生时，大有自不量力之嫌，加之我以前与先生从不相识。初试完毕，先生阅卷后很高兴，并约我到他家里谈话。在书房里初次见面，先生十分和蔼可亲。他一边询问我的情况，一边谈他的想法。因为我的各科考分都在 80 分以上，先生认为，从植物系统学的考卷上看，我的思路清晰。他特别强调，在科学研究中,思路清晰非常重要。只有紧紧抓住学科发展的核心问题,努力实践,才能获得成功。先生的教诲,至今记忆犹新,成为我学习和工作的座右铭。

先生建议我改变原报考的研究方向,由研究新生代植物转到研究陆地植物起源和早期演化。他认为,这样的改变对我来讲是扬长避短。他特别告诫我,这项研究难度很大,但是非常重要,是本学科的前沿课题。只要做出成绩来,就一定具有国际意义。以后的事实证明了先生的远见卓识。

我跟随先生14年。在早期阶段,因先生要指导四名研究生,又领导一个研究室的工作,加上他自己的研究课题,工作很忙,我与先生接触的机会甚少,他对于我的学习,主要是指明整个研究工作的方向,其余一切则放手让我自己去干。直到毕业论文完成后,请先生过目时,才有了一次较为深入的谈话。他一再强调,一个学者的第一篇研究论文非常重要。一位新人出现在某一个研究领域,他的第一篇文章往往会引起同行的重视。如果这篇文章水平高,以后同行们就会注意他的每一篇文章。相反,不注重质量,随随便便发表文章,只会对自己有害。几年之后,我就发表文章的数量和质量的关系问题征求先生的看法。先生一贯重视文章的质量,认为一篇好的科学论文会长久地被后人引用。如果只着重数量,不注重质量,文章发表得快,发表得多,被人遗忘得也快,也多。

1981年底,我获硕士学位后,先生执意要留我在植物所工作。一年后,同时留所的大师兄去了美国。当时,先生也曾极力推荐我去美国。但是后来,先生考虑到自己年事已高,很希望我能留在他身边。鉴于此情况,我向先生提出可否跟随先生在国内读博士,先生欣然答应,但附加了一个条件,即要求我读在职博士。问其原因,原来先生看我读硕士时,每月工资只有四十几元,因为不是在职,没有奖金,夫妻二人带一个孩子,每月的收入有限,生活倍觉艰辛。因此先生坚持让我必须读在职博士,这样每月还可以得到几元钱的奖金。先生爱惜学生之情深深感动了我。经过严格的初试和复试,我再次成为先生的学生,同时又是植物所的第一位博士研究生。由此开始,我与先生的接触日渐增多。

这个时期,他已患有眼疾,大部分时间在家从事研究工作,我时常去先生家汇报工作或征求先生的指导。先生喜欢与我长谈,往往是从早上谈到日落。从他的身世谈到学业,从学业谈到事业,从事业谈到他的为人,从为人谈到人际关系,从培养学生谈到科研体制,从自然科学谈到辩证法。先生知识面广,思路敏捷,分析精辟,语言亲切。有时先生谈我记录,有时边谈边讨论。不知不觉,我从先生那里学到了课堂上学不到的、书本上没有的知识思想、方法和做人的准则。

徐仁的代表性著作之一

《生物史》第二分册"植物的发展"

徐仁先生 1910 年生于安徽省芜湖市,1929 年考进清华大学,当时因家境贫寒,为了找工作容易,学习物理是比较合适的。但是,他酷爱大自然,决心改学生物,立志研究进化论。他在著名生物学家张景钺教授指导下,以优异的成绩毕业,获理学学士学位。在北京大学生物系、云南大学生物系等高校从事现代植物形态学和解剖学的教学和研究。1943 年,先生作为客座教授应邀去印度,师从于世界著名古植物学家萨尼教授,鉴于工作出色,勒克瑙大学授予他哲学博士学位。其间他访问了瑞典的哈利教授和英国的哈里斯教授。1952 年回国后,致力于中国古植物学和孢粉学的研究。这时,他已从事 14 年的现代植物学的研究,因此,采用生物学的思想和方法研究化石植物,真可谓得心应手。

半个多世纪以来,先生勤勤恳恳,兢兢业业,发表论文近 60 篇,主持和参与完成了 6 本专著,为古植物学的研究和发展奉献了自己的全部精力。

先生毕生追求真理,探索生物进化的规律。他对学术上不同的意见和观点,允许保留和争论,但是绝不苟同。当有人提出混合植物群一说时,先生持有异议。他说,要从历史发展上,从动态上去观察和研究植物群的衍变,不能简单

徐仁研究发表的西藏的标本

地认为某种现象的出现就是两个植物群的混合。一次当法国外宾在学术报告中谈到混合植物群时，先生当即表示了他的不同意见。

不仅在学术上，而且在人际关系上，对于不同的意见，甚至发难之事，先生都能虚怀若谷，宽宏大量，主张让历史、让事实来证明是与非。先生平易近人，为人诚恳，对青年人关怀备至，从无长者的傲慢。先生的学生遍布国内外，工作在不同的岗位上，其中不少年事已高。几乎所有的学生对先生的敬仰之情都深如东海。

在谈到培养研究生时，先生认为历来有两种方法。一种方法是导师手把手地教。从选题、采集材料、实验设计、整理文献直到完成论文，均由导师从旁指导。如此教学，对于学生来讲，易学易做，进展快且顺利。另一种方法是导师仅仅指明研究的方向、思路和要注意的关键问题，以后任凭学生自己去摸索，去发挥。对于学生来讲，这样做学问的道路是很难的。不过，一旦闯过来了，对于今后独立开展研究工作是大有益处的。到了此时，我才明白，先生一直在采用后一种方法培养我们。我问先生为什么采用此法育人，先生答道，我的老师张景钺先生就是这样教我的。

先生曾指出，一个人做学问能否成功，第一重要的是勤奋。懒人是不可能成功的。先生寄希望于他的学生能有所建树。他多次讲过，学生应该超过老师，青出于蓝而胜于蓝，否则，老师就不是高明的老师。对此，我也曾谈过我的看法，先生是三四十年代培养出来的全才，同时在植物形态学、解剖学、古植物学和孢粉学等领域的研究上取得了成就。就这一点来看，没有一个后人可以与先生相比。作为学生，也许在某一个方面多做些工作，取得多一些成绩是应该和有可能的。

先生对中国科学院与各大学分开的做法很不满意，认为不利于科研和教学的结合，不利于人才的挑选。他认为现行科研体制的最大弊病是人员不能流动。想要的人才进不来，想出去的人又走不了。对于恢复研究生制度，他认为这是一个挑选和培养人才的好办法。

他多次鼓励我阅读有关辩证法的书籍，他自己常常是手不释卷。他说，一个自然科学工作者如果不能按照辩证法的观点去认识问题，就会走入迷途。他曾在不同场合多次呼吁，随着分子生物学研究的不断深入，科学工作者应该经常从自己熟悉的微观领域里跳出来，看看植物学在宏观领域里的发展，处理好微观研究与宏观研究的关系，保证科研工作的顺利发展。

从硕士研究生学习开始，经过8年的努力，1986年我终于到了博士研究生毕业的时候。按照先生的要求，我的博士论文以英文写成，并送给英国、美国、德国和我国古植物学界、植物学界的专家权威审查和评阅，所有专家都一致给予很高的评价。对此，先生格外高兴。答辩前一天，遵照先生的嘱托，我专门去请中国科学院植物研究所学部委员会主席汤佩松教授出席答辩会。刚刚病愈出院的汤先生高兴应允。答辩会上一切顺利，汤先生、徐先生和其他几位老先生都为我取得的优异成绩表示祝贺。

1987年，在先生的推荐下，我获得了前联邦德国的洪堡奖学金，赴德国做博士后研究。出国前一天晚上，我去医院向住院治疗的先生辞行。先生嘱咐我，出国无外乎做两件事，一是看看人家的工作，了解人家的思想、思路和掌握本学科发展的最新动向；二是广交朋友。夜深了，不得不与先生告别了。先生拉着我和我妻子的手，深情地对我妻子说，他的工作、他的事业全靠你的支持。

这一走就是三年。我完成了博士后的学习和在英、比等国的访问学者的研究工作后，原准备应邀去美国几所大学访问。但是，我得知先生重病在床，希望我尽早回国。1990年夏，我与妻子、女儿回到祖国，回到先生的身边。

先生已八十高龄，久病卧床。见到先生，我和先生都流下了热泪。先生紧紧握住我的手，跟我说，我有病在身，不可能再给你什么帮助了，以后的路，你自己去闯吧！当谈到我回国后没有研究经费等重重困难时，先生鼓励我想办法克服困难，为发展中国的古植物学而努力奋斗。当然，先生最后又说，如果你实在有困难干不下去的话，也只好再次出国吧！说到这里，先生的眼泪又一次涌出。我知道，先生心里难过。他渴望他为之奋斗一生的事业应该继续下去，否则，这将是他一生中最大的憾事。回国后不久，我得到中国科学院和植物所各级领导的亲切关怀，及时帮助解决了各种困难，渡过了最困难的时期，逐步开展起研究工作。对此，先生得知后特别欣慰。

在与先生相处的最后时光里，每次去看望先生，他总是询问研究室的情况，研究工作的进展。在我申请破格越级晋升研究员时,先生用颤抖的手为我写了推荐,并且连声说,应该上了,应该上了。在三位学部委员和两位教授的推荐下,我通过了院、所两级学术委员会的审查,晋升为研究员。这不仅是对我个人十多年努力的充分肯定,而且更重要的是对先生培养学生所取得的成绩的赞许。

先生已乘黄鹤去,但是他的音容笑貌依然呈现在我眼前,他的谆谆教导依旧响在我耳边。作为后人,我们将继续先生所开创的事业,努力工作,继往开来。

原刊于《植物杂志》1993 年第 3 期

胡先骕(1894—1968)

水杉今日犹葱茏
胡先骕的古植物学情结

文 / 孙启高

世界著名植物分类学家胡先骕教授(1894—1968),是一位博古通今、学贯中西的学者。他不仅对植物分类学有很深的造诣,而且对古植物学也情有独钟。如他在《植物分类学简编》这本著名教科书中,就特别谈到"演化和分类的关系",认为"演化是分类的基础",并十分强调化石植物是探讨植物系统演化的重要证据。同时,他还有意识地向读者介绍一些古植物学基本知识与经典文献,以引导植物科学工作者培养古今结合的思想方法和工作作风。

1925 年胡先骕在哈佛大学的留影

胡先骕教授曾先后两次赴美国留学:头一次是 1913—1916 年,在美国加州大学农学院学习森林植物,获学士学位;第二次是 1923—1925 年,在美国哈佛大学攻读植物分类学,获博士学位。他在美国学习期间,深受美国植物学之父 Asa Gray (1810—1888)学术思想的影响,并对古植物学产生了浓厚的兴趣。

第一部研究中国新生代植物的专著问世

位于山东省临朐县境内的山旺盆地中新世（距今 1500 万年）硅藻土地层，富含大量的动植物化石。1935 年，我国著名地层古生物学家杨钟健教授（1897—1979）和他的同事们在该地层采集到许多宝贵的动植物化石，其中大量的植物化石均交给了胡先骕先生进行研究。在 1937 年 6 月，抗日战争全面爆发前夕，美国加州大学伯克利分校的钱耐教授应邀访华，并赴山东省临朐县采集山旺植物化石标本，从此拉开中美两国科学家合作研究山旺植物化石的序幕。通过胡先骕和钱耐对种类繁多的山旺植物化石潜心合作研究，第一部分研究成果曾于 1938 年 11 月在美国卡耐基研究院第 507 号出版物上发表。接着第二部分成果又于 1940 年 10 月在该研究院第 527 号出版物上问世。同年，《中国古生物志》新甲种第 1 号重印了这两部分重要的研究成果。

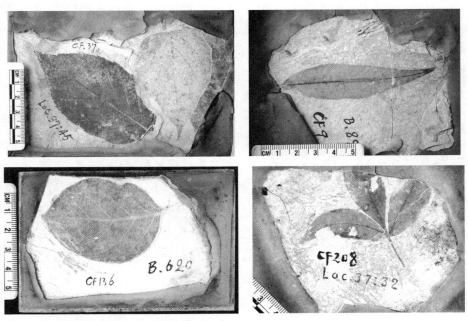

胡先骕与钱耐合作研究的山东山旺的植物化石（现保存于中国科学院南京地质古生物研究所标本馆）

中国新生代植物研究的第一本专著——《中国山东山旺中新世植物群》，就是由胡先骕与钱耐合著的。研究结果表明：我国山旺植物群同北美第三纪植物群存在许多相同成分，这对解释东亚—北美植物地理关系的历史形成过程具有重要的科学意义。该专著是系统研究山旺中新世植物群的奠基之作，并开拓了我国古植物学研究又一新的领域，是我国乃至远东地区新生代植物研究的划时代性巨著，至今它在国内外仍具有十分重要的影响。

"活化石"水杉的发现

1941年，日本古植物学家三木茂博士（Shigeru Miki，1901—1974）根据日本上新世地层中的植物化石，在《日本植物学杂志》上发表了一个当时以为已经绝灭的化石植物新属——水杉属。

1946年春胡先骕收到中央大学郑万钧教授寄来的植物标本，该标本由薛纪如采自四川万县磨刀溪附近。胡先骕根据标本反复研究，确定该标本与三木茂发表的化石植物水杉属的形态相同，应为同一属植物。不久后，胡先骕在《记中国老第三纪的一种水杉》一文中对化石水杉和现存水杉进行了比较，该文于同年12月在《中国地质学会汇报》上发表。值得注意的是，胡先骕在这篇文章中还特别提到，他将与郑万钧联名发表一篇有关水杉现存种的研究论文。

经过胡先骕和郑万钧的深入研究，将这份采自四川万县磨刀溪的植物标本，正式命名为水杉（*Metasequoia glyptostroboides* Hu & Cheng），论文发表在1948年5月的《静生生物调查所汇报》上。同年9月，胡先骕在《美国纽约植物园园刊》上发表了《"活化石"水杉在中国是怎样发现的》一文。毫无疑问，这一重大的科学发现对世界植物学和古植物学均作出了最为杰出的贡献。

推动我国古植物学的发展

胡先骕先生不仅注重现代植物分类学与古植物学的结合，而且还特别关心古植物学的学科建设和人才培养。例如胡先骕先生与我国著名古植物学家徐仁教授(1910—1992)学术交往十分密切,在 20 世纪 50 年代中期,徐仁教授曾在中国地质科学院从事生物地层学方面的研究,由于他的研究兴趣是从植物系统学和植物解剖学的视角,利用植物化石探讨植物起源、演化及其与古环境变迁的关系。当胡先骕先生了解到徐仁的想法以后,即刻向中国科学院植物研究所推荐,并建议成立古植物学研究室。终于在 1959 年,由徐仁教授在我国现代植物学研究机构中组建了至今唯一的古植物学研究室。在此期间,胡先骕先生还特意向徐仁教授推荐了几位植物分类学基础较好的学生从事古植物学的研究。由此可见,胡先骕对推动我国古植物学的发展和人才培养曾作出了重要的贡献。

原刊于《植物杂志》2003 年第 5 期

李星学(1917—2010)

探寻大自然奥妙的巨匠

记中科院院士、著名古植物学家李星学

文／潇人

1991年,加拿大开普布里顿大学学院地质系 E·L·佐特鲁夫博士将他发现的一个新属种——楔叶类植物化石,命名为"李氏楔叶穗"。国外学者以中国专家姓氏命名新发现的植物化石,在中外古植物学研究史上还是第一次。获得这一殊荣的中国古植物学家,就是中国科学院院士、南京地质古生物研究所研究员李星学。

雅礼中学悬挂的丁文江头像,激发了他
献身地质科学的强烈愿望

李星学,1917年4月8日生于湖南郴县秀才乡的一个知识分子家庭,父亲是医生,医务工作者的严谨细致给了他很大的影响。李星学发蒙较晚,上初中时,比班上同学大两三岁,学习成绩也很一般。1935年,他考入长沙雅礼中学,开始发奋读书。为了把原本较差的语文成绩追上去,他除了认真听课和做好作业外,还利用寒暑假广泛涉猎古文和中外小说,注意它们的意法结构和对问题的剖析与论证,同时坚持每天写日记。短短两年功夫,他的语言表达能力有了明显提高。

1936年元月的一个上午,李星学他们到科学馆上课时,忽然发现上二楼顺

扶梯左侧原来悬挂着许多外国著名科学家巨幅头像的墙壁上，增添了一张蓄着八字胡须、戴副金边眼镜的中国人头像。

他们正议论纷纷时，物理课老师陈仁烈来了。"他叫丁文江，中国地质学事业最早创建者之一，是位地地道道的中国大科学家，不幸刚在湘雅医院去世。"陈老师给大家简单地介绍了丁文江的生平事迹和在科学上特别是地质学上的重要贡献。

大科学家中国也有！李星学热血沸腾，心底顿时迸发了想当地质科学家的强烈愿望。60年后，李星学对当时的情景仍然记忆犹新。他说："我在大学时代改学地质，以及后来毕业从事地质古生物学事业，固然是多种因素和机遇促成的。但当年陈老师不失时机地给我们上的这堂生动的尊重科学和热爱祖国的教育课，也许是其中最重要的因素。"

1937年冬，李星学从雅礼高中毕业时，恰值日寇逼近武汉。"天下兴亡，匹夫有责。"他满腔热血地投身于以保乡卫国为主旨的"湖南省民众训练班"，回到家乡郴县栖凤渡区诚意乡组织农民进行军事训练，并创办了两所成人识字夜校，深得乡民们的拥护。当时，长沙出版的省《民讯月刊》还特别报道过他的事迹。但是，他力倡的禁赌触动了不少地主豪绅的痛处，他们时时暗中作梗。李星学无可奈何，半年后，被迫辞职。

1938年夏，李星学参加了全国大学的联合招考，希望重走"读书致用以救国"的道路。但是，由于荒废了半年学业，结果名落孙山。看到平时学习成绩比自己差的同学都榜上有名，李星学内心颇为不平，一气之下，想"投笔从戎"，去报考国民党军校。幸亏一位中学老师及时开导，他才冷静下来，留在长沙叔叔家里继续复习功课。那时候，长沙有家食品店叫"九如斋"，李星学就把自己的卧室命为"三三斋"，即"三抓"和"三不"。"三抓"是指数、理、化抓基础；语文、英语抓训练；其他抓要点。"三不"是指不逛街、不会友、不贪睡。功夫不负有心人。经过几个月闭门苦读，后来参加同济、金陵等大学招生，他都一试中的。同年秋，李星学考入国立重庆大学，攻读地质学。当时，我国著名地质古生物学家朱森教授刚从欧美留学归来，在该校地质系任系主任，他教学极端负责，对学生要求也非常严格，不仅在校内言传身教，还常常亲自带领学生到南川、涪陵等地进行野外地质实习。在朱森教授的鼓励、教导和李春昱、俞建章等著名学者的熏陶下，大学期间，李星学对地质专业产生了浓厚兴趣，他潜心钻研，成绩优秀。1940年，中国地质学会专门设立了青年地质学者陈康、马以思纪念奖学金。四年级时,李星学与同学合撰的研究论文《南川西南之古生代地层》崭露头角,获得了第一届陈康纪念奖学金。1942 年 7 月,李星学从重庆大学毕业,获理学学士学位。

青出于蓝而胜于蓝。
在名师指点下,他锲而不舍,成果饮誉中外

李星学大学毕业后,即到中央地质调查所工作,历任练习员、技佐、技士等。这期间,他在名师带领下,先后赴四川重勘南川古生代地层剖面,赴宁夏在黄河两岸和贺兰山一带进行地质矿产调查,并一度师从国际著名古植物学家斯行健教授研习古植物学。

1949 年春,南京解放后,李星学到李四光领导下的中国地质工作计划指导委员会任工程师。1951 年 5 月,中国科学院创建古生物研究所。风华正茂的李星学和其他一些著名科学家成了这座科学殿堂的创始人。新中国成立之初,百废待兴,国家建设迫切需要矿产资源,号召地质人员到野外去勘查找矿。李星学二话没说,立即背起行囊奔赴山西大同、太原西山、山东淄博、内蒙古大青山等地参与煤田地质、石膏矿、铝土矿、地下水和硫磺、铁矿资源的调查勘探。他风餐露宿,徒步于崇山峻岭之中,不仅出色地完成了勘查任务,而且采集了大量化石标本,为日后从事地质古生物研究积累了相当丰富的资料。

1955 年初,李星学回到南京中国科学院古生物研究所。这时,周围的一些人都先后发表了论文,唯独他没有。相比之下,他感到颇有压力,也想马上提笔撰写论文。所长斯行健察觉后,语重心长地说:"赶时髦、急于求成不是做学问的态度。青年人要坐得住,要能潜心于学,才有学好的希望。"他绘声绘色地向李星学谈起了自己在国外留学的经历。李星学明白了所长的良苦用心,从此开始系统地研习古植物学。经过 1 年左右的努力,他掌握了鉴定化石的方法,对文献资料也相当熟悉了。1956 年春,他独立撰写了第一篇古植物学论文——《论拟织羊齿》。斯行健阅后,大为欣赏,认定这是他自己也忽视了的一种重要的二叠纪植物!不久,李星学在鉴定采自青海的一批化石材料时,提出了它们是东亚首次发现的纳缪尔期植物群的看法,同时肯定其中有一种是斯行健这个

权威以前也不敢确认的、过去只见于西欧石炭纪的"沟木"。斯行健对此十分欣慰。1956 年 12 月,李星学出任中国科学院古生物研究所第一组(古植物)副组长。此后,便在古植物学领域大显身手。

华夏植物群是世界四大植物群之一,我国是华夏植物群的故乡。"近水楼台先得月",李星学在这个领域取得了令人瞩目的成就。1963 年,他发表的《华北月门沟群植物化石》,是其早期研究古植物学最有影响的代表作,也是研究东亚华夏植物群最重要的参考文献。它系统分类描述了 37 属 88 种,包括 1 新属、13 新种和 1 新变种,其中一些新创立的或有代表性的属种,被收入国际古植物学会编纂的综合性巨著——《古植物学论丛》。它对华北石炭二叠纪地层划分对比提出的新观点,打破了前人的框架,对瑞典古生物学家赫勒(Halle)关于华夏植物群的经典著作,进行了重要的补充和修正,引起了国内外学术界的普遍重视。它创立的华北古生代植物组合层序划分方案,至今仍被广泛应用于华北煤田地质实践中。此外,李星学最早发现了中国晚白垩世被子植物化石;首先纠正了前人鉴定藏南舌羊齿植物群时代的错误;还为了解全球古生代植物区系的演化,提供了有重要价值的确凿证据。

李星学擅长研究古生代鳞木类,对一些具有特殊意义的地层、植物化石和古生物地理分布的研究也卓有成就。其中,他与人合作的论文《大羽羊齿植物生殖器官在华南的发现》,提出了华夏植物群典型类群分类位置的新观点,是对近百年来研究这类植物的重大突破,令中外同行刮目相看,文中的观点和材料被国内外古植物教科书普遍采用。

产自山西潞安山西组中、下部的托尼楔叶

李星学对生物地层学,特别是对晚古生代陆相地层的研究,也颇有建树。《中国晚古生代陆相地层》是他的重要代表作,也一直是地层古生物工作者必不可少的重要参考书。他十分重视应用古植物学解决地层问题,他建立的各个时代植物组合序列,为陆相或以陆相为主的海陆交互地层的划分与对比提供了可靠依据。1987 年,他与人合作提交给第十一届国际石炭纪地层及地质大会的论文《甘肃靖远一条建议中的中国石炭系上、下统界线层型剖面》,受到与会者的高度关注,所建议的层型剖面堪称世界石炭纪海陆交互地区的典型代表。国际石炭系中间界线工作组主席等 11 个国家和地区的 20 多位专家专程赴野外现场考察。

产自山西早二叠世地层的种子化石

我国幅员辽阔,石炭、二叠纪南北半球四大植物群均有分布,是研究全球古植物地理分布的关键地区。1989 年,第 28 届国际地质大会在美国华盛顿举行。李星学在大会上用英语宣读了他的论文《中国及邻区晚古生代植物地理分区》,激起与会专家的共鸣。该文后来被国际权威学术期刊《古植物与孢粉学评论》全文转载。

研究之余,李星学对宣传、普及古植物学知识也十分热心。1963 年他与斯行健等编著的《中国中生代植物》,1974 年与徐仁等合著的《中国古生代植物》,以及 1981 年与别人合撰的《植物界的发展和演化》等著作,内容丰富,图文并茂,对于普及古植物学知识、提高古植物学研究水平、推动古植物学科的应用与发展,都起了十分重要的作用。他曾两度被南京大学地质系聘为兼职教授,给大学生讲授古植物学。1984 年,又被该校地球科学系聘为长期兼职教授。

改革开放以来,李星学迈出国门,先后十余次应邀赴美、英、法、澳、日、印、俄、巴西、西班牙、韩国等国访问、考察、讲学或参加学术会议,与外国同行切磋交流,并担任了国际古植物学会中国地区代表、国际地科联冈瓦纳地层委员会和石炭纪地层委员会选举委员、国际植物命名委员会化石植物分会委员、联合国教科文组织国际地质对比计划 321 项目科学顾问等要职。1995 年秋,他在南京策划举办了"地质时期陆生植物的分异与进化"国际学术会议,同时推出了由他主笔撰写的《中国地质时期植物群》(中、英文版),为提高中国古植物学研究在国际上的学术地位立下了汗马功劳。

产自南京龙潭二叠纪地层的二叠枝脉蕨(*Cladophlebis permiensis*)

"众里寻她千百度",李星学凭着对地质科学的执著追求和献身精神,半个多世纪如一日,足迹几乎踏遍了大江南北,迄今已出版 9 部专著,发表了 100 多篇论文,其中 10 多项成果获国家自然科学奖、中国科学院重大成果奖和科技进步奖。他的赫赫成就和巨大贡献,赢得了国内外学者的尊敬与赞赏。1980 年11 月,他当选为中国科学院地学部学部委员;1983 年,被选为中国古植物学会理事长,并被推荐为美国植物学会会员;1984 年起,任《古生物学报》主编和《华夏古生物》(英文版)第一副主编;1985 年起,任古生物名词审定委员会副主任委员;1992 年,获美国植物学会通讯会员终身荣誉称号,全球能获此殊荣的仅限于 50 个名额;1993 年,荣获第二届"尹赞勋地层古生物学奖";1996 年 7 月,在美国加州召开的第五次国际古植物学大会又授予他"沙尼国际古植物学协会奖章"。此外,他还是"国家有突出贡献的专家"、全国地层委员会委员、江苏省政协委员、全国自然科学基金委员会评审员、全国自然科学名词委员会委员等。

勤奋不懈，诲人不倦。
无论是治学，还是为人，他都堪称楷模

法国科学家路·巴斯德有句名言："在观察的领域里，机遇偏爱的只是那些有准备的头脑。"

李星学能够取得如此卓越的成就，当然是多种因素铸成的，但一生勤奋不懈、锲而不舍，恐怕是其中最重要的原因。他曾说："我这个人其实并不聪明，学识也不在一般人之上。之所以大半生还能做些工作，多少是由于始终铭记着前辈教诲的这样一句话：勤奋的人虽然不一定都会成功，但成功的人没有一个不是勤奋的。"

大学时代，他就用"以勤补拙""好记性不如烂笔头"自律，特别留心将国内外同行有关研究资料随时摘录制卡。后来，又注意结合地质矿产调查，采集标本，制成化石属种卡，并在有的卡片上还绘上了化石所反映的植物枝叶图案。不管别人如何评头品足，也无论条件如何艰苦，数十年来，他一直没有间断过。现在，南京地质古生物研究所收藏各类标本 15 万多件，与美国史密森博物研究院、英国自然历史博物馆齐名，被国外学者并称世界三大古生物学研究中心。这其中，凝聚着李星学的一份心血与汗水。

外语是科研工作中必不可少的工具，尤其是研究沉积岩和化石，往往离不开外文资料。李星学学生时代只学过英语，为了多掌握一些开启知识宝库的钥匙，他忙里偷闲，跟导师学习德语，并利用上夜校和速成班的机会，断断续续念了 1 年俄语。60 年代初，李星学已过不惑之年。当时，所里为研究生开设一个法语班，他又挤时间参加学习。同班 30 多人，数他年龄最大，别人都认为他学不长久。可是，他除了坚持每周花 3 小时听课外，还充分利用早晚空闲时间背单词，做练习，从未间断。结果，4 个月后，当班上只剩下七八个人时，他不仅坚持了下来，而且还在结业考试中取得了较好成绩。现在，李星学不但能熟练驾驭英语，还能阅读俄、德、法语的专业文献资料。

这些年来，李星学已功成名就，但他丝毫没有松懈，仍然虚怀若谷，辛勤耕

耘。每一次参加学术会议，哪怕是无名小辈发言，他都埋头做笔记，从中吸取新观点；节假日，他几乎总是在办公室忙这忙那；远途归来，一路风尘，也从不歇息。平时，他除了偶尔看一场电影或戏剧外，清晨抽空，夜半偷闲，不是用于学习外语，就是浏览国内外文献。

李星学刻苦勤奋、严谨治学，堪称楷模，在为人方面，更可称道。像许多正直的知识分子一样，在"左"的影响下，尤其是在"文化大革命"中，他曾历经坎坷，但他从不计较这些，对别人说过的过头话、做过的过头事采取宽容、谅解的态度。

李星学生活简朴，家里除了几橱书籍外，徒有四壁，但对家庭有困难的同事却都给予力所能及的帮助。在野外考察，风里来，雨里去，十分辛苦，他却苦中求乐，与后生们谈笑风生。有时还幽默地调侃自己当年动人的恋爱故事，逗得大家开怀大笑。乡下生活艰苦，或一大碗腌菜、滴油不占，或几只生辣椒一撮盐，他带头大嚼，吃得津津有味。与他在一起，大家都感到心情舒畅、工作劲头十足。1963年，李星学开始带研究生。他对弟子们既严格要求，又循循善诱，毫无保留地传授知识。迄今为止，他已培养了6名研究生，其中2名已获博士学位，1名博士生即将毕业，他们都成了单位的业务骨干或学科带头人。

老骥伏枥，壮心不已。如今，李星学已八十高龄，仍才思敏捷，身体矫健，精神矍铄，为培养我国古植物学人才殚精竭虑。他常常勉励大家说："科学工作是一种非常艰辛复杂的劳动，特别是地质工作，要有不畏艰险、不怕牺牲的坚强意志，要有勇于实践和创新的精神、踏实严肃的工作作风，还要有强健的体魄、敢于改正错误的宽阔胸怀，才能取得较大的成就。"这是他一生辛勤耕耘、无私奉献的真实写照，也是他砥砺后学的无价之宝。

原刊于《湖南党史》1997年第2期

第三章

古 脊 椎 动 物 与 古 人 类 学 家

缅怀杨老

文 / 尹赞勋

1927.6. 于瑞典

杨钟健（1897—1979）

　　杨老禀性耿直，待人宽厚；谈笑风生，富幽默感。直到今天，容颜在目，语音在耳。怀念往事，不胜依恋。

　　我和杨老共事 40 多年，相处日久，结下莫逆之交。30 年代初期在北京，末期在昆明；40 年代前半在北碚，后半在南京；新中国成立后又回到北京。在这 5 个长短不一的阶段内，除了各自有多次野外调查工作以外，所有室内研究时期，我们二人过从频繁。杨老长我 5 岁，是我的学长。无论在随时随地的切磋琢磨中，或三五友好相聚时海阔天空的漫谈中，我都深受教益。良师益友，久已绝响，每一念及，怎能不深切缅怀！

　　杨老治学勤奋，知识渊博，遗作 600 多篇，结交虽近半个世纪，我对于他的高深造诣和优良品质，领会不多不深。这里只能回忆几件往事，也可以从中略见杨老之为人。

1937 年 4 月杨钟健在协和医学院工作

关　中　才　子

　　"五四运动"那年,我考入北京大学。读完两年预科之后升入本科,一年级读中国文学系,二年级转入哲学系。在这期间,我住在大学夹道12号一个公寓里,和地质系同学王炳章、潘丹杰等6人同住三间北屋。王、潘二位常谈地质古生物和葛利普教授古生物的讲课。这引起我的兴趣,曾旁听葛利普的课,阅读未见过面的地质系同学杨钟健和赵国宾记下来的葛氏讲演录。从王、潘二同学的谈话中,得知陕西华县这位同学奋发有为,在西安上中学时,就写文章、搞运动、崭露头角。进入北京大学之后,增长了见识,加强了勇气,更能发挥他的才能。因此,同学们称他为"关中才子"。

　　在北京大学期间,他学习之外,仍然关心时局,政论杂文散见各种报章刊物。不但抨击陕西当局,也常议论国事。他愤世嫉俗,大鸣不平,把满腔热情注入文中,锋芒所向,锐不可当。这样一位朝气蓬勃的热血青年,为当时北大同学所称赞。可惜直到1923年夏我中断在北大的学程,不久即出国欧游,始终不曾见过这位"幼负聪明誉"①的同学。

1975年杨钟健教授在办公室研究标本

---

　　① 　杨老1947年6月1日《五十书往百句》中的一句。

占据了一个新领域

从北京大学毕业不久,钟健来到德国慕尼黑大学,师从施罗塞教授学习脊椎古生物学。这位世界闻名的施罗塞教授对于中国古生物也是很有研究的,早在 1903 年就发表过《中国哺乳动物化石》专著,后来又接受委托写了《蒙古第三纪脊椎动物》和《中国灵长类化石》二文。

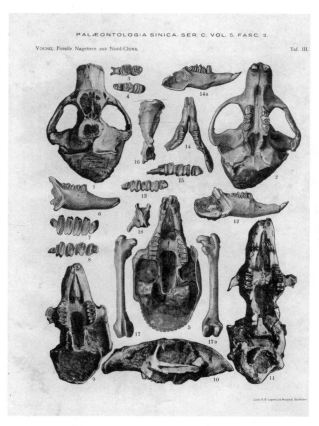

《中国北部之啮齿动物化石》(1927)一文的标本

初到德国,钟健还要补习德文。尽管如此,他只用了 3 年时间就完成了博士论文——《中国北方啮齿类化石》,于 1927 年用德文在《中国古生物志》丛刊上发表。这是我们自己破天荒地第一次研究脊椎古生物学的重要成果，从而在我国建立起这门学科。经过几十年继续不断的艰苦奋斗，又建立了举世无双的古脊椎动物的专门研究机构。来访的国外古生物学家莫不誉之为世界重要研究中心之一。

在古生物学领域内，杨老是我国著作最多的学者。在世界上他也称得起是丰产学者。他先后周游或访问过德、美、英、法、瑞士、苏联等国，并与世界一些著名学者交换著作，通信讨论问题。据我所知至少有好几十位古生物学家向他赠送相片，作为纪念。他把这些相片悬挂在工作室内，借以勉励自己不要落在他们后边。"四人帮"妄图陷害这位誉满全球的学人，罗织的所谓"罪状"之一，就是说杨老悬挂了好多外国人的相片。

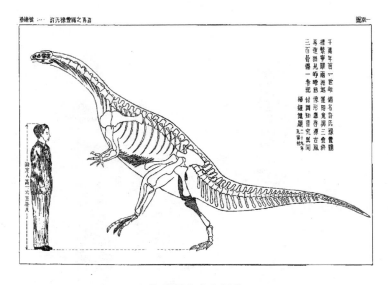

许氏禄丰龙之再造

丰产学者的两种文风

这位学者著作等身。关于古生物学的专著、论文、述评、译文等共 300 多篇，其他言论和杂文也不下此数，还有大量的诗词作品。他辛勤劳动、奋斗终生，为我国古生物学创造了宝贵财富，对于现代自然科学的发展也有一定的影响。今天纪念他，悲喜交加。人亡而物在，声寂而文存；为我们留下来的文物，是我们学习的好材料，把它发扬光大是后起之秀的光荣责任。

　　他的除诗词以外的著作，约半数为学术论文，另外约半数是一般文章。两类著作，似乎有两种文风。学术论文大都经过详细观察研究，描述力求准确，推论力求符合逻辑。无论早年的博士论文，或后来的大量著作，都反映了这位在国内开辟研究领域的著名学者，登上了世界古生物学的高峰，博得了世界同行的同声赞赏。荣誉之来是和他的严谨文风分不开的。他还发表了 300 多篇一般文章。文风和上段所说的颇有不同。一般文章与科学论文的性质不同，目的不同，写法也应不同。一般文章中有些是具有战斗性的，如早年几篇讨刘（镇华）的檄文；有些是宣传性质的，如一系列介绍周口店各种发现重要意义的文章；此外还有建议、游记、杂感、讽刺，想到就写，毫不迟疑。这些文章在当时大都发挥了启蒙纠偏、振聋发聩的作用。他朝夕忙于学习、研究、著书、立说，而又关心陕西省（早年）和国内外大事、学术界和教育界动态，以及风俗、积习上的问题；所见所闻，每每激起扬善抑恶之心，遂于百忙之中，振笔疾书，把字迹潦草的稿子交给他的夫人王国桢同志整理抄写，并用最快的速度发出去付印。

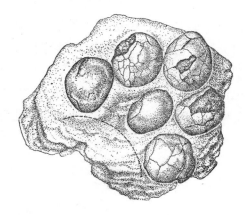

山东莱阳恐龙蛋化石（杨钟健，1955）

　　1932 年冬，杨老与《北京晨报》商谈创办《自然》周刊。他约我合编，我说至少可以写几篇稿子。我一向认为写稿困难，每次构思下笔，煞费周章。从那年 12 月起，杨老和我共同为《自然》写稿，我受到他那爽朗文风的感染，以后也就不那么咬文嚼字了。从那时起，我二人一胖一瘦（那时我很瘦），朋友们相遇，有时开玩笑说：又碰到劳雷尔和哈迪了。

《记骨室文目》

我国脊椎古生物学创业人杨钟健同志是一位伟大的科学家。他的显著优点之一是,研究科学能按科学方法办事。他给我们留下一份著作目录,题名《记骨室文目》。这是一本很有意义的小册子,对于了解他的毕生贡献,纪念他发展古生物学的功劳,起着非常重要的作用。

《记骨室文目》有初编(1937年),续编(1947军)和重编(1957年)3版。第3次印行的重编本收入各类著作和短文共518号。在早年初编的序言中已经说明,"只限于已发表的文字,但信札及零星之讲演记录等,虽曾印布,却未列入"。据古脊椎动物与古人类研究所的同志说,现在已大大超过600号了。

据我所知,在近代世界上一二十位最著名的脊椎古生物学家中,有人说,以奥斯朋(H. F. Osborn,1857—1935)的著作目录为最长。在30年代初我所见到的他的著作目录,记不清了,大约有五六百篇。奥氏生前是美国自然博物馆馆长。他的办公室旁边大厅内经常有一二十个助手,同时进行三五个或八九个研究题目的收集、整理、描述、绘图等准备工作。他生活在富强的美国之全盛时期,条件极好,助手很多。而我们的杨老,条件远不及他好,助手也不及他多,却也能写出这么多篇文章,其艰苦卓绝、为国争光的坚强意志,在纪念他、缅怀他的时候,更加激励我们接过衣钵、将其发扬光大,为古生物学的现代化而努力奋斗的雄心壮志。

原刊于《大丈夫只能向前》(西安:陕西人民出版社,1981)

怀念袁复礼教授

袁复礼(1893—1987)

文 / 刘东生

　　袁复礼老师是在中国第一位讲授地形学(后来称地貌学)课的人。他是最早系统地讲授 W. M. Dvais 和 D. W. Johnson 的地貌发育过程从幼年到壮年而老年这一学说的人。用有生命的概念来解释无生命的地球表层的地质发育历史,使中国地质界人们耳目一新,所以在 30—40 年代的地质报告中,许多都是在最后要讲一下地形的发展史,可见当时这一学说影响之大。

　　把不同地貌部位的沉积物的研究与地质时间结合起来,更多地从时间角度研究中国最新地质时期的地质事件,亦即地文期的研究在学校中的传授也是从袁复礼老师开始的。

　　尽管袁老师的成就和学问是多方面的,大家都认为袁老师是我国当代地貌学和第四纪地质学的开山祖师。这还因为他是 D. W. Johnson 的学生,而 D. W. Johnson 是继承 W. M. Davis 在哥伦比亚大学的教授。袁老师就是出自他的门下。

　　新中国成立之前,第四纪这个名字不是很流行。有时把它包括在新生代地层中,叫作更新统。1954 年北京地质学院的苏联专家 В. Н. Лавлинов 教授准备在学校讲授第四纪地质课,并邀请了袁老师和中国科学院地质研究所的侯德封教授以及杨钟健教授等一同发起推动第四纪地质的研究。如果从这一时期算起,袁老师也是新中国第四纪研究的开创者之一。

　　1954 年,我在青海龙羊峡参加调查水库坝址地质的时候,接到侯德封先生的电报叫我到三门峡去,电报上未说做什么。当我赶到三门峡时发现北京地质学院与袁老师一起工作的杜恒俭先生，袁老师和 B. H. Лавлинов 教授的研究生刘敏厚、刘鑫三人，古脊椎动物与古人类研究所的周明镇教授和胡长康、黄万波同志，植物研究所徐仁教授的助手宋之琛同志等都早已在那里了。这是新中国最早一次多学科的、综合的第四纪调查研究，把地质、地貌、新构造、古人类、古脊椎动物、孢粉和古植物学等不同学科组织在一起共同研究第四纪问题，为三门峡水库的水土流失和坝区地质服务。这是在袁老师、侯先生的思想指导下首次开展的第四纪研究的方法论上的一次跃进。这种多学科研究从此成为我国第四纪研究的传统。这在当代第四纪研究中已成为一种风尚。

从三门峡的第四纪研究开始，袁复礼教授一直是我国第四纪研究方面的导师，培养了大批学生、研究生。如果把袁老师在清华大学、西南联合大学以及过去他教过的学生也都算上，半个多世纪以来袁老师的弟子可以说是桃李满天下。受过袁老师教诲的学生之多、成绩之大恐怕在国内没有人能够比得上。也只有这样才可以看出来袁老师为中国的第四纪和地质科学的发展所花费的心血和作出的贡献的分量和意义。作为袁老师的学生，把老师对我们的教诲中的点滴心得做一回忆，以表达对老师的怀念和敬仰之情。

1938 年我在昆明西南联大地学系读书。当时物质生活很苦，但精神生活却很充实。同学们最喜欢的课程是到野外进行地质实习。袁老师是一位经常带学生到野外实习的教授。除了他那丰富的野外经验和渊博的知识之外，同学们最喜欢的就是听袁老师谈他的新疆之行了。

袁老师在新疆的工作(1927—1932)对于我们这些学地质的学生来说真是一部传奇故事。拉着骆驼在荒无人烟的戈壁滩上步行几千里，一步一步地从北京走到新疆；为当地老百姓找水，被奉为神明；外国人找不到的化石他能找到，等等。大家一谈起袁老师的新疆考察，就觉得天地更开阔了，大自然更可爱了，对地质工作更有兴趣了。我们国内不乏著名的野外地质工作，像丁文江的贵州调查，赵亚曾、黄汲清的横穿秦岭工作，谭锡畴、李春昱的西康之行，等等。但袁老师的新疆工作是和外国人一起做的，是和有名的探险家 Sven Hedin 一起做的，这就更加引起我们的兴趣。因为当时，在地质界颇为流行的一个故事是，丁文江曾在《地质汇报》的一卷一期中刊登过德国著名地质学家 F. von Richthofen 曾在他的《中国》(1877)——这部讲中国地质的巨著的序言中的一段话。我那时听徐煌坚先生说的大意是，中国的知识分子喜欢在窗明几净的书房中吟诗作画，而不喜欢野外工作，若干年后在中国其他科学或可发展，唯地质学不可能有大的发展。丁文江先生于 1919 年刊登出 F. von Richthofen 这些话的意思是激励中国的地质工作者奋发图强。

最近核对了一下《地质汇报》上刊登的 F. von Richthofen 的德文原话,请人译出其意思是:"中国的知识分子是迟钝的,对快速发展的社会是持续的阻碍,他们不能在民间传统的成见中使自身的行为得到解脱。""步行在他们的眼里是低贱的。地质学家的工作更是放弃了所有人类的尊严。"

F. von Richthofen 当时的这些话可能是看到清朝腐败的官僚以及满脑子八股文的知识分子而发的。他的话是片面的,但这些话无疑也是对中国知识分子的一个挑战。

丁文江先生本人就是一个很好的例子,回答了 F. von Richthofen 的挑战。他曾在贵州从事多年野外工作。但最使我们感到兴奋的还是袁复礼先生的新疆之行,更直接地回答了这一挑战。顺便提一下,Sven Hedin 还是 F. von Richthofen 的学生。

在 50 年代,我曾有机会看到一些南京中央研究院中瑞西北科学考察团的档案。看到一幅袁老师从内蒙古开始自己亲手测制的路线地质图的底稿。我们在学校时受过一些测量训练,作为一个地质工作者看到那一幅幅底图上记载的一个个测点和在图上所做的注记等,深深感叹作者当时所花费的心血和力气。谁能说中国的知识分子视步行为低贱呢?袁老师是老一代中国地质学家回答 F. von Richthofen 挑战中最具有代表性的。

鸦片战争,中国输了,但有那么一批不服输的人,立志革新;甲午战争,中国输了,又有

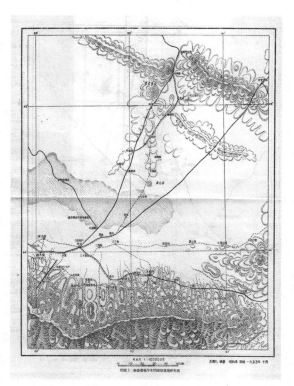

袁复礼绘制的准噶尔东部山岳盆地形势图

一批不服输的中国人，立志改革；F. von Richthofen 时代的外国人看不起中国的知识分子，中国人不服输，就是要在他认为中国人做不到的事中做出成绩来。这种不服输的精神就表现在袁老师在中瑞西北科学考察团的工作中，他的骆驼队很少迷路，或找不到宿营地，而其他的外国人的骆驼队，虽然条件不比他差，但却时时发生找不到宿营地的情况。袁老师在新疆发现了脊椎动物化石，Sven Hedin 等认为天寒地冻没法子发掘，而袁老师用热水浇开了冻着的地面，硬是把化石采出来了。这些小故事袁老师常在课堂上、野外实习时，给我们讲一讲，他讲的是那么风趣，那么悠然自得，既充满自信又无意伤害别人。这种大家的风度，随着时间的流逝留给我们的印象却是与日俱增。

袁老师真是一位不服输的地质学家。

袁老师在新疆的工作，可惜因为抗战开始，八年烽火，流离颠沛，许多工作成果未能出版。

但也不完全如此，像他与先师杨钟健先生的真挚友谊和合作就是其中很可贵的一个例子。对此已有杨新孝同志专文记载。

袁老师以一位地质学家的身份，独自一个人在困难的条件下能采集到这么多可供鉴定研究的骨化石，实在是一件了不起的事情。与当年美国人组织的中亚科学考察团在蒙古所做的发掘相比较，就更使我们了解到这一工作的了不起。美国队有众多的古生物专家和采集化石专家，以及优良的设备，在地质条件比较良好的情况下，他们的所得固然不少，但如果以个人的成绩来计算，他们的贡献远远赶不上袁老师的工作。

虽然采集古生物化石，有时会使人觉得多少有些碰运气，但实际上这也可以说是全部地质知识具体运用的一种结果，不仅需要有古生物学、地史学的知识，还需要有沉积学和构造地质学等学科的知识，并且最重要的一条是要能够把这些知识运用得好，能真正地在实践中发挥作用。这可不是一件很容易的事情。从我个人在先师杨钟健先生教导下所做的一点采集工作的经验来说，更能体会袁老师在新疆的古脊椎动物发掘工作的科学价值。

袁老师当年采集的标本仅古脊椎动物一项就有 72 具之多，经研究分属于许多新的种属。这是半个多世纪以前他个人发掘所得。如果把他的工作与他以前的人在新疆的工作来比，那当然是前无古人了，就是与他以后的人的工作来比虽然不能说是后无来者了，在这半个多世纪以来，众多的地质学家和古生物学家所获得的材料虽然不少，也有一些新种新属的发现，但从古生物学来说超出袁老师所获得的范围确实不算是很多。新疆中生代古脊椎动物学的面貌可以说在袁老师的工作的基础上已经有了一个轮廓。至于它在地质学和古生物学上的重要意义,就不在此多说了。

这件事使我想起多年以前,老师在讲授野外地质课的时候曾讲过的一条地质工作"原则"。袁老师讲到一个地质工作者到野外工作时要想到以后可能永远不会再来此地了,所以要把所有应该做的、能做的工作全都毫无遗漏地全部都做了。而且还要达到在自己的工作之后,后来的人来到此地已没有什么可以做了的地步,这样才是一项比较好的野外地质工作。这是一个很高的要求,我们往往很难达到。但袁老师在新疆的古脊椎动物化石的发掘工作确实达到了他所说这一原则的要求。

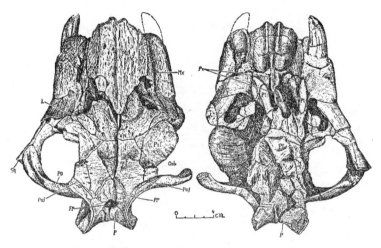

袁复礼在新疆发现和研究的穆氏水龙兽,后被改定为步氏水龙兽

南开中学前校长张伯苓在 1934 年开学时给我们学生讲话中讲到教育家"南开之父"严范孙先生时说:"有人说,旁人读书读到手上来了,能写能作,或是读到嘴上来了,能背能说,而严先生读书真能见诸实行。"[1]

袁老师的博学多才是大家所公认的,他在西南联大除教过普通地质、构造地质、矿床学、地貌学、野外地质、地图投影等许多课程外,可能除了古生物学外他都教过,但他的古生物工作却是如此出色。

再看看袁老师实测过众多的地质地形图,看过不少矿,找过地下水,做过工

---

[1] 南开校友通讯丛书,1990,76 页。

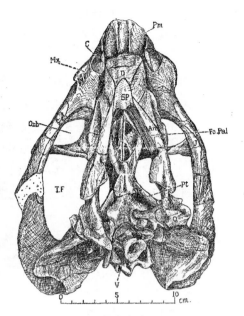

袁复礼在新疆发现和研究的新疆二齿兽，后被修正为新疆吉木萨尔兽

程地质，采集发掘过古生物化石和做过地层工作，他还对当时鲜为人知的新石器和旧石器第四纪考古研究做了开拓性的工作。每一件工作都能像在新疆工作一样的出色。老师作为南开中学第一班的毕业生真不愧是一位像老校长张伯苓所说的那样，"是中国一个有学问的人，但是他所以能为人佩服是因为他能够务实。他念书是把书念在身上，不是念在嘴上或手上的"。

袁老师真是一位把地质学念在"身上"的地质学家。

我在学校时，听袁老师的课不算多，和老师一起出去实习也不多。但给我印象最深刻的一件事是从一块鱼化石引起的。1946 年，我开始跟杨先生学习古生物时在标本里发现了几块化石，当时对它是脊椎还是无脊椎动物都不知道，标签上写的是采自云南婆兮。一天顾知微先生来看到这些标本，说这是袁老师找到的，原来袁先生是和他们一同去婆兮工作的。遇到一个露头，袁老师就讲起来了，大家都知道，在野外一块普普通通的石头别人也许毫不注意，老师能讲出许多道理来；路过一条小河流水，他可以告诉你，这上游可能在淘沙金，因为本来是清水的，现在变浑了；看见埋在土里的碎陶片，他可以讲到几千年前彩陶的制作和它的型式与古希腊双耳陶瓶的关系。这一次在婆兮袁老师在一个泥盆纪地层的露头前面讲起化石。他讲到在灰岩，或泥质灰岩，有软硬相间的不太厚的层面上，常常由于风化的关系软的岩层凹进去了，而硬的岩层在上下形成一个台阶，有时化石被风化出来停留在这个台阶上，可不要错过在这里找化石的机会。一边说，一边用手做一个示范动作，往露头处一摸就摸到了这个化石。当时大家都觉得袁老师真是"神"了，怎么他说什么就实现什么呢！

这块化石拿回来以后，经尹赞勋先生看了说不是无脊椎动物，后来转到杨先生这里来了。我当时初学古脊椎动物，给它定名为亚洲棘鱼（*Asiacanthus multituberculatus*），后来刘示范同志订正了它的归属。

这块化石的出现，在我脑子里不断地盘旋着，它很能代表袁老师的许多动人的地质事迹之一。它说明什么呢？是偶然的发现吗？既是又不是。是知识渊博的结果吗？既是又不是。总觉得袁老师的这一发现代表着老师地质生活的一些什么！从在美国填制地质图开始，到考古地质，到五年之久的新疆之行和长期的地质教育工作，在这漫长的半个多世纪的时间里他有许许多多的工作和动人的、有时是神奇般的故事。这些出人意料的、使人兴奋的事件聚集在一起说明了什么呢？每当我们想到袁老师在野外和岩石打交道时候的音容笑貌，便觉得袁老师留给我们最具有感染力的印象是，他是一位把地质融合在自己的生活和生命中的地质学家。袁老师对地质的热爱和地质对他的回答可以说达到了"相看两不厌，只有敬亭山"的境界。

袁复礼老师真是一位能够和大山岩石谈话的地质学家呀！

原刊于《第四纪研究》1993 年第 4 期

吴汝康先生传略

文 / 吴新智

吴汝康(1916—2006)

吴汝康先生（以下简称汝康师）1916年2月诞生于江苏武进县（现常州市）吴泗浜后吴村吴家大门，其父为当地的小学校长。1935年他以优秀的成绩毕业于江苏省立常州中学。由于父亲早逝，长兄无法再为他支付深造的费用，只得辍学就业。他报考中央研究院历史语言研究所（以下简称史语所）人类学组计算员的职位并被录取，在吴定良博士手下工作。吴定良在欧洲留学9年后，当年夏天回国被聘为研究员，从事体质人类学研究。汝康师在工作中了解并喜欢上了这门学科。他通过省吃俭用有了些积蓄，1936年考取国立中央大学生物系，但是手中的钱不够交学费，史语所的老师们伸出援手，使他终于踏进大学的门槛，成为中大生物系第15届的学生。化学老师袁翰青教授慧眼识人，看好汝康师是可造之材，时时予以资助，助其顺利完成了学业。

在生物系动物学专业上课的第一天，汝康师看上了

1962年11月吴汝康到广西柳城考察巨猿洞

同一专业的女同学马秀权，不久便双双坠入爱河。1940年大学毕业前夕二人喜结连理，按照当时那个阶层的习俗，家宴亲朋，在重庆的报纸上登一则半块豆腐大的结婚启事就完成了这件人生大事。

大学毕业后汝康师重返史语所为研究实习员。此时该所人类学组已经因为抗战而搬迁到昆明西郊的龙头村，工作主要是研究大批云南人墓葬的骨骼，以便未来与华北人、白种人、黑种人骨骼进行比较，探索产生其间差别的原因和意义。1941年他在中央研究院人类学集刊发表了第一篇科研论文——《中国人的环椎与枢椎》。此后的工作是随吴定良先生去贵州调查坝苗、仲家和仡佬等少数民族的体质。当时条件很艰难，没有交通工具，全靠步行，仪器和行李雇人挑运。

1942年吴定良先生受贵州大学之聘兼任文理学院院长，汝康师被聘为该院社会学系兼职讲师，为大学生讲授了两年人类学课程，对人类学的意义有了更深入的理解。

1944年史语所奉命从昆明迁往四川南溪李庄，建立了人类学研究所筹备处，汝康师成为该处的助理研究员。

1945年汝康师和夫人马秀权在贵阳花溪参加并通过了赴美留学考试。他们在中央大学生物系学习时的系主任欧阳翥先生建议他们申请去美国圣路易华盛顿大学医学院，并为他们写了给该院解剖系主任 E. V. Cowdry 的推荐信。汝康师随信附上自荐信和已经发表的几篇论文。Cowdry 教授十分满意，答应他在解剖系攻读硕士学位，并提供奖学金。这时已经是1946年，人类学研究所筹备处在春季被裁撤，汝康师转到动物研究所任职。

1946年底汝康师夫妇从上海乘船赴美，两人在圣路易华盛顿大学医学院分别师从 M. Trotter 和 Cowdry 教授。汝康师1947年获得硕士学位后接着在1949年夏获得博士学位，不久后马秀权也获得博士学位。这时他俩面临艰难的抉择：回中国？接受约翰·霍普金斯医学院的邀请留在美国任教？美国生活条件好，但是种族歧视令他们备受精神压抑无法忍受，两人决定回国。1949年秋他们从国民党政府驻美大使馆领取了归国旅费回到香港。这时中国人民解放军已经渡过长江追歼残敌，推翻了国民党在中国大陆的统治。回大陆？去台湾？又是一次艰难的抉择。大陆有老母幼子，还有恩师吴定良再三邀请他去浙江大学任教；台湾有身居高位的妻兄已经为他们联系了合适的工作，还有事业有成的长兄。从事业前景考虑他们倾向于回大陆，但是船到香港时他们仍旧举棋不定。

他俩在香港大学小住。香港大学闻讯希望其在该校执教。同时该校心理学教师曹日昌也找到他们。曹氏在英国留学时加入英国共产党,1947年秘密加入中国共产党,次年应聘为香港大学心理学教师,同时中共组织安排他在香港负责联络、动员、争取国外科技人员和留学人员回大陆工作。曹与吴有相似的经历,又是心理学家,经过晓之以理、动之以情的一席长谈,汝康师了解了中国共产党的知识分子政策,解除了顾虑,又想到大陆有众多少数民族,广阔的土地肯定埋藏着大量人类和猿类化石,有着比台湾优越得多的科研前景,于是下定决心回归大陆。

当时广州尚未解放,曹先生安排他们乘坐英国公司的轮船夜间通过台湾海峡以避免国民党海军的盘查。平安到达天津后,天津市人民政府派人陪同他们这些海归学者参观北京的名胜古迹。汝康师特别拜访了新生代研究室的裴文中先生,听取他的介绍并参观标本。然后学者们各自前往所联系的单位。汝康师乘车南下先回老家探望老母和幼子,然后去浙江大学。他从吴定良的谈话中感觉到浙大人类学系发展前景不佳,于是去上海寻找机会。这时大连医学院院长沈其震带领团队正在上海游说,寻访人才,听说汝康师放弃去浙大的想法,格外兴奋,立即亲自找到汝康师夫妇,告诉他们,大连医学院是共产党新办的第一所"正规大学",已经从内地、香港和国外引进不少人才,对归国留学生十分重视。汝康师觉得大连医学院能给他一个施展才能的舞台,于是答应去大连工作,1949年底到达大连成为该校最年轻的教授,其后不久被任命为解剖系主任。1951年中央卫生部开始举办"高级师资进修班",在全国院校中选择一些实力较强的学系作为培训点,大连医学院解剖学系被选为培训点之一。

新中国作为社会主义国家,向苏联学习是各行各业的指导原则,东北与苏联比邻,20世纪50年代向苏学习的热情更高。大连医学院利用1952年寒假为全体教师举办了"突击俄文"的学习班,要求在一个月内掌握必要的俄语语法和大量的专业词汇,达到能借助字典阅读俄文专业书籍和杂志的程度。不少教师不能记住日益增多的俄语单词,只得先学习语法,将掌握足够量单词的任务留待以后解决。汝康师当时36岁,是唯一能坚持按要求完成学习任务达到预定目标的教授。过后他阅读了俄文的人体解剖学教科书,从中得到了许多有益的启示并将之综合到自己编写的教材中。

汝康师重视学习马列主义经典著作如恩格斯的《自然辩证法》等,1954年在《光明日报》上发表《辩证唯物主义在形态科学中的体现》,此文于次年又被《高等教育通讯》转载。此外他还与绘图人员合作编著新中国成立后第一本《人体解剖图谱》,1954年在商务印书馆出版。

1952年春,汝康师去北京参加中国解剖学会理事会,趁便去中国科学院拜访吴有训副院长。中科院编译局局长杨钟健在传达室的会客单上看见了吴汝康的名字,顿然想起新中国成立前曾经在南京的《中央日报》上看到过一篇纪念中国猿人化石的主要研究者Weidenreich的文章,作者是留美的人类学研究生吴汝康。他立即请传达室工友在吴先生出门时告诉他:杨局长希望见他。吴先生在工友的指引下去杨的办公室见到了杨钟健先生。杨说他正奉命组建中国科学院古脊椎动物研究室,而他早就从报上知道吴先生在美国专攻人类学而且很有成绩,所以当奉命组建古脊椎动物研究室时,立即就想设法找到他,没料到竟这么巧地就遇上了。他问吴先生是否愿意来主持古人类学研究。汝康师心情激动,连说愿意愿意。但是在与大连医学院协商调人时遇到阻力,医学院出于工作需要,不同意放人。经过再三协商达成一个折中方案:从1953年起,每年9—11月吴到北京研究人类化石,12月回大连。如此两头兼顾了三年,1956年全职调到北京。

1954年汝康师偕同贾兰坡先生发表他的第一篇古人类学论文《周口店中国猿人化石的新发现》。这也是用中文书写并发表的第一篇研究人类化石的论文。

插图10 中國猿人左下第一臼齒 ½

1.脣面;2.舌面;3.前面;4.後面;5.嚼面(舌侧向下)。

插图11 中國猿人右下第二臼齒 ½

1.脣面;2.舌面;3.前面;4.後面;5.嚼面(舌侧向下)。

1954年吴汝康等发表的中国猿人牙齿

汝康师在半个多世纪的古人类学学术生涯中先后发表了关于开远、河套、丁村、资阳、柳江、蓝田陈家窝和公王岭等处出土的猿类和人类化石的论文,以及关于广西巨猿的专著,他与同事共同研究过周口店第一地点、下草湾、来宾、马坝、淅川、郧县、和县、禄丰、南京汤山等地出土的人类和猿类化石并发表论文。经过慎重研究他将云南禄丰石灰坝的所有古猿化石命名为一个新属——禄丰古猿。

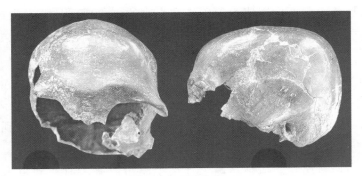

资阳人头骨化石

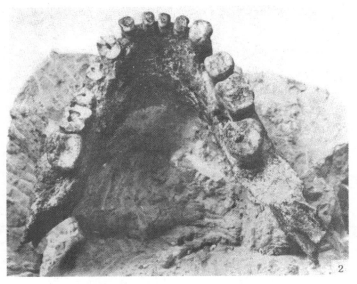

蓝田猿人下颌骨未完全出土时的情况

汝康师对从猿到人的研究有独特的理论贡献。1954 年他主张中国猿人的上肢骨完全具有现代人的形式,下肢骨虽然也已经具有现代人的形式,但是还保留若干原始性质,而牙齿和头骨则远比现代人原始,具有明显的两性差别,脑量远比现代人小，等等。他还进一步提出这表现出人类进化中体质发展的不平衡性，认为这样的状况充实了恩格斯"从猿到人"的理论，说明最初是由于劳动，由于使用而使手足发生分化，脑子随着发展起来。这种观点对认为脑的发展在人类演化过程中起着先驱者作用的传统观点形成了挑战。1961年7月裴文中先生在《新建设》杂志上发表关于曙石器和中国猿人文化的文章，开启了我国古人类学和考古学界的一场关于什么是人的讨论。汝康师独排众议，提出自己的

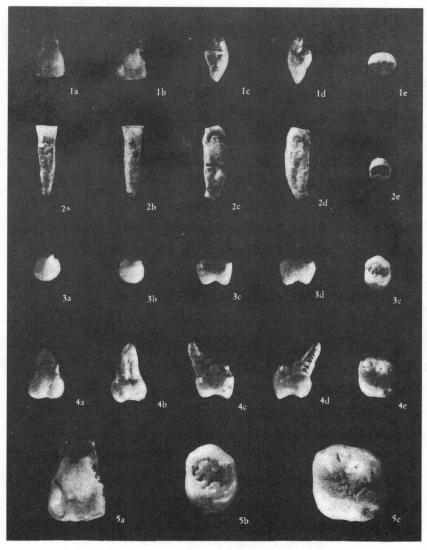

湖北郧县猿人牙齿化石

观点,以后又做了发展和补充。他主张人类的各种重要特征不是同时起源的,从猿到人是一个漫长的过渡过程,过渡时期开始的标志是直立行走,完成的标志是开始制造工具和形成社会。过渡时期的生物是人科中的"前人"或生物人,能够直立行走,经常使用天然的木棒和石块来获取食物和进行防卫,长期的原始群的生活实践导致脑子发展以及意识和其外壳语言的萌发,终于学会制造工具和形成社会成为真人或社会人。他受恩格斯《自然辩证法》中关于"除了'非此即彼!',又在适当的地方承认'亦此亦彼!'"的论断的启发,1974年起多方阐述关于在人类进化过程中存在"亦人亦猿"阶段的观点,主张在从猿到人的过渡时期中,既保留猿的旧质,还出现人的新质。尽管他提出的一些名称未能被广泛接受,而他的这一系列创见却得到后来古人类学发现和研究的实物证据的支持,现在认识的进化格局是,600万—700万年前人类已经以直立行走作为经常性的行动方式,而到330万年前才出现人工制造的工具。其间的古人类还有猿的不少特征。他还在1959年与苏联切博克萨若夫(Цебоксаров)发表论证中国古人类连续进化的论文。

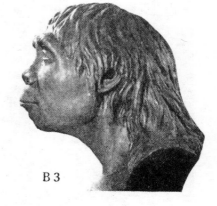

吴汝康等1959年复原的中国猿人女性头像

汝康师在大连参加了中国民主同盟,1957年在北京参加了中国共产党。在"文化大革命"被游街、抄家和关"牛棚"一年,汝康师心态平和,利用在"牛棚"只允许劳动和学习马列、毛泽东著作的机会通读了恩格斯《自然辩证法》和《反杜林论》以及马克思《资本论》的前部。

"文化大革命"前期,一切科技书籍和刊物被停止出版。赫胥黎的《人在自然界的位置》的中译本是第一本开禁的书,上级指定由汝康师和周明镇先生重新翻译此书,造反派不得不从"牛棚"中解放了两位先生。

1977 年汝康师被任命为中国科学院古脊椎动物与古人类研究所副所长,直到 1983 年,其间在刘振声

腊玛古猿头骨化石

副所长的大力协助下组织了"北京猿人遗址综合研究"项目并于 1985 年组织出版了同名的专著;1978—1986 年担任中国解剖学会理事长,1980 年当选中国科学院学部委员(院士),1982 年创建《人类学学报》;2000 年获得何梁何利基金科学与技术成就奖,还获得中国科学院和中国社会科学院颁发的多种奖项。他除丰硕的科研成果外,还发表了大量科普著作。

总之,汝康师一生不计名位,以有书可读、有事可做为乐,踏实科研,思路活跃,虽达学术高位但仍平易近人,虽经历人生三大不幸:幼年丧父、中年丧妻、老年丧子,却都以平和心态处之。笔者忝列先生门墙 54 年,深受恩师人格和治学态度的感召,谨以此文纪念恩师百年诞辰,如有不当之处敬请读者指正。

原刊于《化石》2016 年第 4 期

贾兰坡(1908—2001)

贾兰坡: 走向人类祖先的奋斗者

文 / 潘云唐

贾兰坡

1908 年,时值 20 世纪之初,统治中国 200 多年的满清王朝已是气数将尽,风雨飘摇。这年的 11 月 25 日,河北省玉田县城北约 7 公里的穷山村——邢家坞,一户贫困村民——贾连弟家,降生了一个男孩。那时谁也不会想到这个穷山村会飞出"金凤凰",那位农家子弟会在世纪之末成为我国荣膺三顶"院士"桂冠的著名古人类学家、旧石器考古学家。他便是贾兰坡。

优秀品质　受之父母

古人云:"身体发肤,受之父母。"对于生长在贫苦农家的贾兰坡来说,除了这层意思之外,他体会更深的却是:优秀品质,受之父母。

在清贫、艰苦的农村环境里成长的贾兰坡除跟着大人劳动以外,从小养成了对大自然的爱好。他喜欢和小朋友们一起到地里逮蝈蝈儿、捉蜻蜓、捕小鸟。他们最喜欢"红靛颏""蓝靛颏"这两种鸟,凡是他们网到的鸟,除了这两种留着关在笼子里欣赏以外,其余通通放生。他家村后有两个山洞,一大一小。他爱和小朋友们一起去探洞玩，多半爱钻小洞，大洞深不可测，他们不敢走进去太远。他们也爱到山坡上去，把石头打成圆球，从山上往山下滚着玩。没想到他后来研究石器，思考石球的打制过程和用途时，还真的从童年经历里得到若干启迪哩！

贾兰坡的母亲叫戴明，虽未上过学，但天资聪明而知晓大义。她喜欢听别人讲故事，常向别人借书来读，不认识的字和不懂的地方就向别人求教。通过刻苦自学，她认识了很多字，知道了很多故事。她常给小兰坡讲故事，教他认字，她成了小兰坡的启蒙老师。母亲给小兰坡讲的故事多半是"岳母刺字""孟母三迁"之类，边讲边教导他要学好人、行好事。母亲还要求小兰坡生活俭朴，所以小兰坡总是穿着与穷家孩子一样的粗布衣裤。穷家孩子在玩的时候都背着扒篓，边玩边拾柴。母亲叫他也背上一个，不要求他拾多少柴，主要是让他与小朋友们打成一片。

他家每天早饭是玉米渣粥加咸菜，午饭和晚饭是玉米面贴饼子加上一锅菜，有时是小米饭。为了给祖父下酒，有时母亲炒一份肉菜，祖父心疼小兰坡，总叫他一起吃。母亲阻止道："小孩子家，吃喝时间长着呢！不在这一口两口。"过年时，亲戚朋友给的压岁钱，都得如数上交。母亲说："孩子花惯了钱对他一点好处也没有。"后来贾兰坡到北京汇文高等小学堂读书，父亲领他去交伙食费时，分好、坏两个等级。收费人说："差不了几个钱，还是叫孩子吃好的吧！"父亲说："还是次一等的吧，不在乎几个钱。小孩不能惯，不能叫他与别人家攀比。"贾兰坡心里虽不乐意，也只好听从。儿时的家庭教育造就了他吃苦耐劳、艰苦奋斗的习性，这为他一生的生活与事业做了最好的准备。

机遇：向着有准备的人

贾兰坡的父亲经人介绍，到北京的英美烟草公司做广告工作。贾兰坡 13

岁那年跟父亲到北京读书。1929 年,也就是 21 岁那年,他从汇文中学高中毕业。父亲无钱供他上大学,他只好在家自修。这期间他经常到北平图书馆去看书。这里读书条件好,也有充足的白开水无偿供应。他吃罢早饭,带上两个夹咸菜丝的馒头,就去图书馆,一泡就是一整天。清晨他就进去,直到傍晚闭馆才回家。他畅游在文山书海里,他的求知欲渐渐聚焦到了《科学》《旅行杂志》等面向自然的期刊和书籍之上。他不但阅读,而且做笔记。图书馆工作人员都慢慢熟悉了这位年轻的"老读者""老主顾",很为他的求学精神所感动。他有时逛旧书摊,遇到便宜而实用的书就买回家中细读,也详做笔记。通过一年多的自修,他逐渐变得"满腹经纶"。

老家的一位表弟叫高焕,到北平常住贾家。高在崇文门附近的一家缸店有股份,常去该店。掌柜姓裴,裴掌柜有一位岁数比他小得多的叔叔,叫裴文中,1927 年毕业于北京大学。他因于 1929 年 12 月 2 日在周口店发现第一个北京猿人头盖骨而闻名于世。裴文中常去缸店串门,与高焕很熟。有一次闲谈中,高说:"我有个表哥,高中毕业后无钱上大学,只在家中闷头读书。"裴文中说:"我们实业部地质调查所正在招考练习生,他要是感兴趣,不妨去试一试。"高焕回到贾家一说,贾兰坡正中下怀,全家也都很高兴。

贾兰坡兴冲冲地跑到西四缸瓦市兵马司胡同 9 号实业部地质调查所去报考。考试那天,贾兰坡对主考人徐光熙的问题对答如流,他在汇文中学、北平图书馆、旧书摊刻苦学得的知识果真没有白费,他以优异成绩被录取了。所长翁文灏召见他时,问道:"'这种工作很苦很累,你为什么要干这个呢?"他不假思索地答道:"为了吃饭!"翁哈哈大笑地说:"说实话好,好好干吧!"

你们吃狗肉　我要狗骨头

贾兰坡考入实业部地质调查所当练习生后,被派往北平西南郊周口店"北京猿人"发掘现场。他在那里承担了最苦最累的工作:买发掘用的物品,与来访者(考察者)到各处去看地质,和工人们一起去挖掘化石。他利用各种机会,在工地上向有经验的工人请教,跟专家在山上跑就跟专家学知识。他逐渐熟悉了整个发掘工作,对地质学、古生物学知识也了解得更多了。

负责领导周口店发掘现场的著名古脊椎动物学家、古人类学家杨钟健、裴文中等见贾兰坡机灵能干、刻苦好学，就热情地指导他。杨特别告诫他说："做学问就像滚雪球，越滚越大。"贾兰坡根据自己的体会，在后面加上 4 个字："不滚就化。"那时古脊椎动物学、古人类学在中国刚刚起步，图书、文献几乎全是外文（以英文为主）。有一天裴文中为他借来一本英文书，名叫《哺乳动物骨骼入门》。这是大部头经典著作，他抱着字典慢慢啃。刚开始每天只能读半页到一页。但他坚持用了大半年工余时间，硬是把那本书啃完了。

贾兰坡并不满足于书本知识，他时刻想到要躬亲实践。正巧，周口店发掘工人打到一条大野狗，大家七手八脚扒皮、掏内脏，放到大锅里烧出了香喷喷的狗肉，一饱口福。贾兰坡并没急于去争食，几次三番地大声喊："不要弄坏了狗骨头！""不要啃坏了我需要的狗骨头。"大家吃得杯盘狼藉以后，他把大大小小的狗骨头统统捡回来。用水再煮一遍狗骨头，剔去骨头上的筋筋脑脑，再用碱水煮一遍去掉油脂，亲手装成一具完整的狗骨架。他在骨头上不同部位涂上了不同的颜色，把那本《哺乳动物骨骼入门》书上各图中的骨骼名称一一对应写在骨头上。这样"看骨架识字"，使他学的骨骼的知识以及英文名词术语知识都更加牢固。他还把他自制的狗骨架与研究室内的狼骨架做了对比，找出异同，这样的学习比书本更直观，记得更清楚，掌握得更扎实。

他有一次去东安市场逛书店，见到美国古脊椎动物学权威奥斯朋写的一本书《旧石器时代人类》时，爱不释手地翻阅，高兴得几乎跳起来，但当得知书价是他月工资的三分之一时，只好恋恋不舍地放下。但对他来说这书实在太有用了。第二天他跑回书店，咬牙把那本书买了下来。他后来又收藏了裴文中先生给他介绍的那本《哺乳动物骨骼入门》。他很爱惜这两本书，宁可做笔记，也舍不得在书上做眉批；书翻散了又重新装订几遍。这两本书与他相伴终身，成了永不相离的朋友。

自学成才之路上的跑步冠军

大家知道，学者的职称是要按级别一步一步晋升的。现在我国按规定是 5年一个台阶。不满 5 年就晋升，被称为"破格"。而当年适逢周口店发掘工作良好机遇的贾兰坡,奋战在科学研究第一线,刻苦努力,又得名师指点、扶掖,创下两年一个台阶、6年三个台阶的记录,从一个高中毕业生而跻身具有高级职称的研究人员行列,为"自学成才"者树立了良好的榜样。

1933 年初,杨钟健交给贾兰坡一大盒哺乳类动物牙齿标本,让他鉴定完后写出结果。他写了中文标签,又写出了外文(拉丁文)标签和目录。杨钟健一看,高兴地笑了,心中思忖:"这小伙子简直可以大胆放手地独立工作。"不久,贾兰坡从练习生晋升为练习员(相当于大学毕业生)。这事在地质调查所引起了轰动,一些大学毕业生对他说:"你赚大发了,高中毕业才两年,就跟我们一样了!"然而贾兰坡不自满,继续努力学习,努力工作。他每天除了跑地点、查看发掘情况、做记录、照相、填日报表外,还要采购发掘物品,给工人做工资表,发工资等等,每天忙得不亦乐乎。他还忘不了一件事,那就是晚上加班也要读几页奥斯朋写的那本《旧石器时代人类》。

1935 年裴文中去法国留学,大胆放手地把周口店发掘现场交给贾兰坡负责。就在这时,他被晋升为技佐(中级职称,相当于现在的工程师、讲师、助理研究员)。

贾兰坡在 1936 年发现 3 个北京猿人头盖骨,取得突出成绩,1937 年又被破格晋升为技士(相当于高级工程师、副教授、副研究员)。这一年,他只有 29 岁。

轰动世界的考古成就　魏敦瑞高兴得穿反了裤子

说起贾兰坡发现 3 个头盖骨,还有一段曲折离奇的故事。贾兰坡 1935 年晋升技佐,接替裴文中主持周口店发掘工作后,一开始并不顺利,新分配去的两名大学毕业生没呆多久,就先后离去了。直到 1936 年初,工作也没见大的起色。资助他们的大老板——美国石油大王洛克菲勒的基金会只给了他们半年的经费,扬言若 6 个月后再无新的发现,可能停止资助。当时作为实业部地质调查所新生代研究室负责人的德国犹太人魏敦瑞为此十分着急。

贾兰坡处变不惊,照样兢兢业业,与工人们继续努力发掘。当年 10 月 22 日,终于发现了一副已破碎成几块的人头下颌骨,他们小心地烘干、粘接。第二天,将这下颌骨送到魏敦瑞手中时,他紧锁的愁眉终于舒展开来。11 月 15 日,他们在雪地里艰苦发掘,竟先后挖出两具猿人头盖骨。第二天一早,消息传到北平城里时,魏敦瑞还躺在被窝里,一听喜讯,高兴得从床上跳起来,急急地呼唤夫人、女儿一起去周口店。兴奋之余,他竟穿反了裤子,夫人连忙帮他脱下重穿。

贾兰坡领着工人们打翻身仗之后,并不满足,他们再接再厉,在 11 天后的 11 月 26 日,又发现了一具头盖骨。11 天内发现 3 具头盖骨(也就是继 1929 年裴文中发现第一具头盖骨后的第二、三、四具),消息传遍国内外,新闻媒体纷纷登载消息。贾兰坡成了英雄,成了新闻人物,负责人特为他拍照,放大100 多张,满足新闻媒体发表之需。后来英国一家剪报公司通知他,说他只需付 50 英镑,就可以把该公司搜集到的世界各地发表的、有关发现 3 个猿人头盖骨的 2000 多条消息的剪报给他。贾兰坡虽无钱购买,但却知道已发表了 2000 多条消息! 这真不是个小数字。

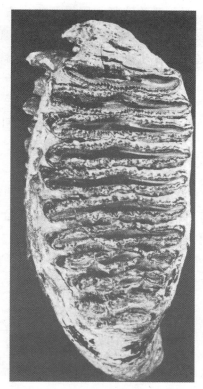

桑干河阳原县丁家堡水库全新统中的印度象右上第三臼齿

日本侵略兵眼皮底下的"贼"

就在贾兰坡的古人类学科研事业达到第一个巅峰不久,1937 年"七七事变"爆发,日寇大举侵华,北平沦陷了。日本侵略者杀害了 3 位周口店发掘现场的工人,发掘工作被迫中止。贾兰坡南下欲去大后方受阻,又返回北平。1941年底,太平洋战争爆发。贾兰坡的另一工作地点——协和医学院,也被日军占领。他们大肆摧毁宝贵的图书文献和标本实物,尤其令人痛心的是北京猿人头骨化石等珍品失踪了。站岗日本兵对上下班人员严加盘查,绝对不许携出任何东西。贾兰坡每天用很薄的半透明的棉纸把有用的图件描摹下来,揣在兜里,像手纸一样,偷偷带回家。他发现日军对书检查不是很严,又把发掘工作照片底片夹在书中带出去。他这样,就为日后的研究工作做了一件极大的好事。

为新中国科学事业大展宏图

贾兰坡一直在古人类科学领域里辛勤地耕耘.他熬到了日寇投降,熬到了新中国成立。在新中国时期,他的聪明才智终于得到了充分的发挥。最初他在中国科学院古脊椎动物研究室工作,后该室改称"古脊椎动物与古人类研究所",他任研究员。他和同事们一起发现了丁村遗址、匼河匼遗址、西侯度遗址等。特别是在 20 世纪 50 年代末、60 年代初,发现了比"北京人"更早的人——"蓝田猿人"化石。1964 年以贾兰坡为首的考察队在蓝田县公王岭发现了"蓝田猿人"头盖骨、上颌骨、牙齿、石器及脊椎动物化石等。

20 世纪 30 年代,德籍荷兰古人类学家孔尼华在香港和广州中药铺里买到 3 颗巨大的猿牙齿,比现代人牙齿几乎大 4 倍,他将此类猿命名为"巨猿"。新中国成立后,探寻"巨猿"原来生活的地点就成为一个科研课题。1956 年初,以裴文中、贾兰坡为首的考察队前往广西调查。他们先在省会南宁的供销合作社查看收购的"龙骨",果然发现了"巨猿"牙齿。这使他们对在广西找"巨猿"化石原产地具有信心。然后他们兵分两路。裴率一组往北,贾率一组往南。贾兰坡一行先到崇左县供销社,果然又发现了"巨猿"牙齿,一问才知来自北边不远的大新县。他们去到大新,从供销社收购站找到更多"巨猿"牙齿,并问明了产地——榄圩区正隆乡那隆屯。这样"顺藤摸瓜",目标越来越小、越具体。他们去到那隆屯,挨家挨户向村民打听。当走到一位老大娘家时,她的小孙子拿出一个装有"龙骨"的箩筐,里面果然有"巨猿"牙齿。一问来历,小男孩往屋后一指,原来就在后山一个叫"黑洞"的洞子里。他们冒着雨,拽着树稞儿,艰难地爬上陡峭的石板岩山,到了离地面约 100 米的"黑洞"洞口。他们循着窄道往里走,果然有洞穴堆积物,虽被村民挖"龙骨"挖去不少,但还保留了一部分。他们边测量洞子,绘平面图与轮廓图,边发掘化石,终于在洞穴堆积的下层红色黏土中发掘到"巨猿"牙齿。

广西来宾麒麟山人类头骨化石

不久,裴文中率领的北组也在柳城县长曹乡新社中村楞寨山的"硝岩洞"发现了"巨猿"下颌骨和若干牙齿。他们爬山涉水、走村串户、攀岩钻洞,终于出色地完成了"巨猿"考察、发掘、研究的任务。

不懈的追求　无畏的进取

贾兰坡对"细石器"(即细小的石器,有的小到不足 1 克重)的起源很关注。他于 1974 年以 66 岁高龄去宁夏、甘肃考察,取得重大成果。1976 年,他又应国家文物局局长王冶秋之请,去内蒙古考察。从呼和浩特市乘车去东郊大窑村时,发生严重车祸,他身受重伤,晕迷不醒,送往医院抢救。脱险后,又休养了几个月,才痊愈出院。

贾兰坡于 1980 年当选为中国科学院学部委员(院士)。1993 年 8 月 26 日,我国第七届全国运动会期间,他光荣地在周口店点燃了"文明之火"的火种,交给第 13 届国际数学奥林匹克大赛金奖得主周宏,由他开始传递,一站站传到天安门广场,传到江泽民总书记手中。1994 年贾兰坡当选为美国国家科学院外籍院士。1996 年又当选为第三世界科学院院士。1998 年在中国科学院古脊椎动物与古人类研究所举行了庆祝"贾兰坡院士九十华诞暨国际古人类学学术研讨会"。中外学者向这位老科学家致以最热烈的祝贺和最良好的祝愿。1999年10月12日，"1999北京国际古人类学学术研讨会暨纪念北京猿人第一个头盖骨发现70周年大会"在北京人民大会堂隆重开幕，贾兰坡亲临讲话，表现出对古人类科学事业进一步发展的强烈关注。

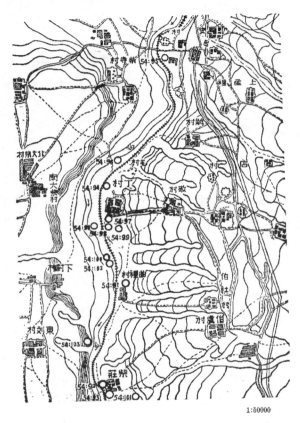

1955年贾兰坡发表的丁村附近旧石器及化石地点分布图

这位科学老寿星在荣誉和鲜花面前，仍保持清新的头脑和不懈的追求，他说："'春蚕到死丝方尽'，我在有生之年，仍会在我的事业上奋斗不已，为发展我国的古人类科学、旧石器考古学奉献光和热。"

原刊于《科技潮》2000年第3期

令人怀念的裴文中先生

文／贾兰坡

裴文中（1904—1982）

我和裴文中先生在一起工作的时间甚久，对他的为人知道较详。从1931年春我参加周口店的发掘起就开始打交道，即使在他赴法留学或因其他原因离开新生代研究室时也未断绝来往，还经常通信或相聚在一起，畅谈往事。估计在我手中保存下来的信件中，以他和杨钟健先生的来信为最多。

他最大的优点是对人和蔼，从不"拿大"，吃苦耐劳，乐于助人。和他在野外一起调查时，多难走的路也走，多难爬的山也爬；到穷乡僻壤，对吃喝住行从不挑剔。据我所知，他除了本职工作之外，并无什么其他嗜好，也未见他进过剧院或电影院等场所；当时的收音机虽已盛行，但在周口店一个也没有。其实，他并非沉默寡言，而是好说好笑，有时语调还带点苛刻、调侃，逗人发笑。

在我们的多年交往中，他逛过两次天桥，那还不是自愿而是碍着面子被迫的。大概是1934年夏秋之季，燕京大学有一位搞社会学的教授，现已遗忘其名（可能是李安宅先生），到北平协和医学院娄公楼新生代研究室来找裴先生，请他一起去逛天桥，说天桥是包罗万象的小社会。裴先生没有办法，即拽上我也跟着去。当时我对天桥也不熟悉，还是我十三四岁的时候，由父亲的朋友领着我逛过水心亭和城南游艺园，细节早已记不清了。

裴先生到天桥去了两次就不去了，嘱我陪同这位教授前往。天桥人声嘈杂，乱哄哄的，你推我挤，亦觉乏味；而这位教授却对此津津有味，颇感兴趣，还对艺人问这问那，看着一位四十多岁穿绸袍的壮年人带着一位穿洋服的青年，有的艺人也向他谈谈他们的身世，全是贫苦人家儿女，为了混碗饭吃，不得不出来卖艺。

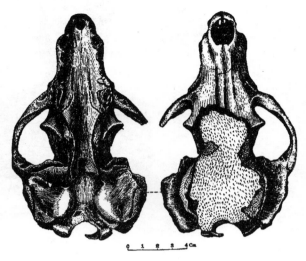

广西洞穴中的猪獾化石

裴先生对工作管理抓得很紧，每天从早到晚都不停地工作。在周口店发掘期间，既无星期日，也没有休假日。工人们也是日出而作，日入而息，没有钟点，过着"原始"生活。包括我在内的所谓"先生"阶层，工作时间就更没有一定的了，当天的事情当天做完，由早干到晚，不管有几个地点发掘，裴先生总是东奔西走，到各地点检查发现物，唯恐失漏标本。因为当时对发掘负责人要求很严，如果把化石（特别是人类化石）运到北平修理时再发现，就得算是漏报。在周口店发掘期间，每天都写"日报"寄到北平，报告重要发现。

他发现北京人头盖骨时，人类化石虽然在世界上已有几处发现，但在周口店还是首次。在周口店当时连个对比材料都没有。1929年，杨钟健和 P. Teilhard de Chardin（德日进）去晋陕各地调查新生代晚期的土状堆积，周口店的工作即由裴先生负责。第一个头盖骨的发现处，即所谓之"下洞"，相当于现在的八九层。当时天色已晚，洞内漆黑，点着蜡烛发掘。首先见到这个人头骨的是技工刘义山，他叫嚷"是个圆家伙"。"下洞"离已发掘过的坚硬地层之下的软土层数米，有辘轳往上运土，裴先生即拽着辘轳上的绳索而下，一看像是人的头盖，拿到上边又和书本上的图比来比去，当他确定之后，才打电话通知北平。当晚即在炉台上把化石烘干，再糊上棉纸和石膏，第二天即亲自送到北平。

裴先生的知识面很广，发现北京人的第一个头盖骨之后，接着又发现了石器、骨器和用火的遗迹——灰烬、烧骨和烧石，从而使"从猿到人"的理论得到国际上大多数人的承认。过去所发现的人化石都没有伴随着文化遗物，难免使人犹疑不定。

裴先生于1927年毕业于北京大学地质系，进入地质调查所后，并未分配他做地质方面的工作，而是学绘图。据他自己说，翁文灏先生原打算培养他为测量员。由李捷和瑞典人 B. Bohlin 先生领导下的周口店的大规模的发掘工作虽于 1927 年开始，但他们参加的时间不长。1928 年李捷先生改任中央研究院地质研究所研究员；B. Bohlin 先生也在这一年参加了西北科学考察团的工作。也就是在这一年，中国人学习古脊椎动物的第一人杨钟健先生 1927 年在德国慕尼黑大学获博士学位后，回国参加地质调查所工作，和裴文中先生一起接替那里的发掘任务。

1928 年裴文中在周口店（自左至右：裴文中、王恒升、王恭睦、杨钟健、诺林、步达生、德日进、巴尔博）

我记得他从 1932 年起对周口店的食肉类化石就产生了兴趣，一边翻阅文献，一边拿现在的兽类骨骼做对比，夜以继日地工作，不到两年的时间竟写成一本名为《周口店猿人产地之肉食类化石》的巨著。他的勤奋好学，给我的教育很深。他和杨钟健先生对彼此的工作在口头上有过分工：杨先生的研究工作范围趋向于老，后来即研究了恐龙；裴先生的研究工作趋向于新，因而只研究了周口店和其他地方的第四纪哺乳动物化石，这和他们当初的默契有关。

裴先生虽然在学术上由于受到 P. Teilhadr de Chadrin 先生的影响，对某些问题在看法上和我有所不同，但那是学术上的争论，并未影响我们彼此之间的关系,说明他为人正直,襟怀坦诚。由于人类化石和文化遗物在过去发现得还很少,有这样或那样的看法是不足为奇的。他为人有三勤,即口勤、手勤和腿勤。他每年都跑野外调查,搜寻标本。每到一处,即到药材收购站或中药铺寻找"龙骨"(即哺乳动物化石)出处的线索,从不拿别人的材料作为自己的研究资本。1955年初,他带领我们许多人到广西各地调查和寻找巨猿的原产地。在南宁我们进行了分工,他带队到南宁以北调查,我到南宁以南调查,估计我们一共钻了有300多个洞穴,结果从地层中找到了巨猿的牙齿和下颌骨。

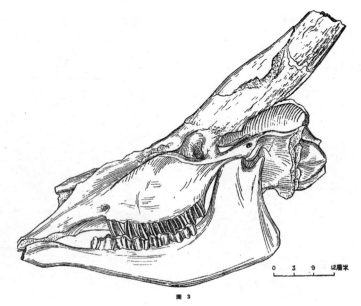

汾河羚羊头骨素描图

我在周国兴等主编的、由北京科学技术出版社于1992年出版的《北京人第一头盖骨发现60周年文集》一书所写的序中,最末尾有这样几句话,可作为本文的结语:"裴先生最使我敬佩的是他心胸开朗,他的思想好像一潭清水,明澈到底,连其中的沙粒都使你看得清清楚楚,有事摆在明处,不会耍手腕,当面一套,背后一套,当你不注意的时候,从背后使绊子,甚至捅你一刀。"

原刊于《第四纪研究》1994年第4期

周明镇（1918—1996）

怀念导师周明镇院士

建所—著述—理论—体系四重功勋的
古哺乳动物学家

文/李传夔　王元青

2009 年 6 月 15—21 日，中国科学院古脊椎动物与古人类研究所为纪念周明镇院士（1918—1996）主办了东亚陆相古近纪生物区系及地层学国际研讨会。与会的国内外学者一致赞扬、怀念明镇先生一生为古脊椎动物学事业所作出的杰出贡献和他的为人。会议过后，我们，一个是追随先生 40 年的老学生，一个是先生的博士生，总觉得言犹未尽，还应当把先生的事业成就简要记述出来，与同仁、同行及关心古生物学事业的人来共同追念这位建业、建所的功勋专家。

新中国成立后老一代的"海归"创业者

1950 年 6 月朝鲜战争爆发。此时，有两位在美国西部落基山瓦沙克盆地采集始新世化石的青年古生物学家。毛雷斯（J. W. Morris）对刚在理海（Lehigh）大学取得博士学位的周明镇说："明，您要回中国，我们不会在朝鲜战场上见吧！"而此时的周明镇一心只想等在中国台湾的家属回归大陆后，就立即回国了。先生是 1951 年 2 月经日本、澳门回国的。当时中国科学院成立不久，古脊椎动物与古人类研究所前身的新生代研究室还隶属中国地质工作计划指导委员会（地质部前身）领导，杨钟健先生主要在中国科学院编译局任职局长，裴文中先生在国家文物局，研究室处于过渡状态，缺房少人，南北分治，难有必

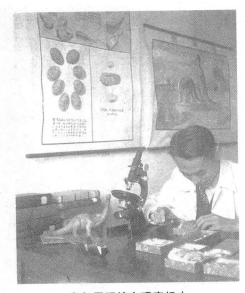
青年周明镇在观察标本

要的研究条件。这样，周明镇只好于1951年5月应聘于山东大学。当了一年的地质系副教授后，于1952年5月4日正式调入中国科学院古生物研究所古脊椎动物组。1953年4月1日，古脊椎动物研究室在北京正式成立，新址迁到地安门二道桥一座典雅的四合院中，杨老也全力投入了研究室的领导。33岁的周先生此时如鱼得水，甩开两膀大展宏图地开始了他为之奋斗终生的古脊椎动物学事业。建室之初，周先生是新中国成立后唯一从国外归来的高级研究人员（吴汝康先生1955年调到所里），杨老自然诸事多依赖于他，尤其在规划、外事和图书情报方面，并让他兼任了研究室学术秘书。

作为一个古生物学的研究单位，图书和标本是系命根本，标本是要漫长积累的，而图书其时尚可在国际市场上去搜寻。当时研究室自地质部分出后，仅有老新生代室1937年留下的主要为周口店研究的些许老书，无法适应古脊椎动物学全面研究的需要。周先生在两年多的时间里，几乎是魔术般地从荷兰旧书商（Junk Antiquus）手里采购回近20套自19世纪开始的国际上最重要的古生物学刊物，其中包括美国的《Bulletin of American Museum of Natural History》（vol. 2，1887—）、《Journal of Paleontology》（vol. 1，1927—），英国的《Proceedings of Zoological Society of London》（1865—）、《Quaterly Journal of Geological Society of London》（vol. 8，1881—）、《Philosophical Transaction of Royal Society of London，B》（1887—），法国的《L'Anthropologie》（vol. 1，1890—）、《Annales de Paleontologie》（tome 1，1906—），德国的《Palaeontographica》（band 1，1851—），意大利的《Palaeotologica Italica》（vol. 1，1872—），印度的《Palaeontologica Indica》（1872—）以及大量的19世纪和20世纪上半叶的古生物学经典著作等，一下就撑起了一个在国际上都很像样的古生物学图书馆。1956年周先生随杨老访苏，除了慧眼识英才，为研究所招进了张弥曼、邱占祥、赵喜进三位留苏学生（前两位是后来的所长和院士）外，回国后还在杨老的主持下，创办了当时国际上唯一的古脊椎动物学专业期刊——《古亚洲脊椎动物》(《Vertebrata PalAsiatica》)，周先生出任五人编委会［杨、周、裴、吴、刘（东生）］的编委兼秘书。有了自己的刊物，周先生凭借他在美国自然历史博物馆进修和在普林斯顿师从 Glenn L. Jepsen 教授做助教的经历与见识，向全世界数以百计的研究单位和个人发出期刊，为研究室持续不断地换回大量的书刊和抽印本，不仅节省了国家大量外汇，而且进一步扩大、增加了所图书馆的收藏。直到今天，除近 20 年新进的书刊外，研究所图书馆的收藏全都是周先生亲手创建的。如今研究所内青年学子从图书馆借出成摞成抱的图书，又有哪位会体会到周先生当年的心血和积劳！

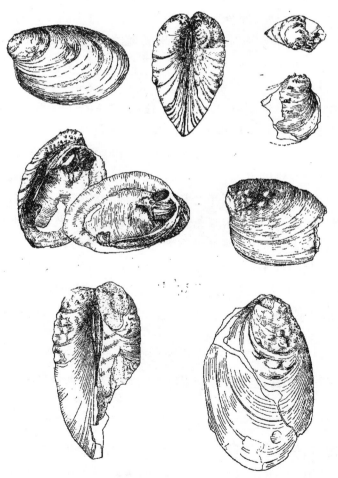

产自安徽五河县第四纪的淡水腹足类 *Lamprotula spirusa* 化石素描图

访苏的另一成果是中苏双方共同组织一个为期 5 年(1959—1963)的考察队,考察从内蒙古直到苏联的哈萨克斯坦等地的古脊椎动物化石。前三年在中国境内,中方队长责无旁贷的又只能是周先生。1959 年在他的领导下,在二连盆地(晚白垩纪)发掘到巴克龙、小型肉食龙、鸭嘴龙、鸟脚类恐龙等共 690 多箱。在伊尔丁曼哈地区中始新世地层中发掘到雷兽骨架、下颌 60 多个。在乌拉乌苏中始新世地层中发掘到小巨犀完整骨架 1 具,古鼷鹿完整骨架 37 具,雷兽骨架 3 具、头骨 10 余个、下颌 17 个,两栖犀等犀牛头骨 5 件,貘类、肉食类、啮齿类、鸟、龟等化石。在通古尔中中新世地层中有乳齿象 1 具,乳齿象完整头 2 个,犀牛头 4 个,下颌 10 个,还有羚羊、食肉类、啮齿类等。1960 年毛尔图地点白垩纪地层中发掘到大部分属于鸟脚类恐龙一新科的 4 个骨架及蜥龙类和肉食类恐龙的颌骨、脊椎等。考察的结果无疑给研究所积累了大批标本财富。可惜碰上了"文化大革命",把这批财富"革"了个七零八落,37 具古鼷鹿如今保存在所内的只剩 1 架了。

先生倜傥多才、思维敏捷,自 1954 年任《古生物学报》编委、1955 年当选中国古生物学会理事起,凡是国内地学界、生物学界的学术大事几乎都要他参与。国家的五年计划(从"一五"到"七五",1953—1990 年)和 1956 年的十二年科学规划,他都是理所当然的参与者。有关古生物学的规划他是执笔者之一,而古脊椎动物与古人类研究所的五年计划和规划他自然成了最主要的撰稿人。今日看来,规划、计划受政治影响难免有浮夸之处,但当时做起来还是相当吃力认真的,不了解国际进展、不吃透领导意图是无法下笔的。这 40 年,周先生花在计划、规划上的精力并不亚于科研者,有时候他的科研工作简直是在规划缝里插空完成的。难怪有人开玩笑地说:"周先生做规划所费的劲,两本古生物志也写出来了。"着实不假。

论著二百　涉猎广　重点在古近纪

在我们新编的《周明镇科学文集》中,收录了除他的 3 本专著以外的 141 篇学术论文(其中凡中、英文双投稿仅选其一,大量科普论文未收,若统计论著全数有近 200 篇),涉及古无脊椎动物、古脊椎动物各门类及石器和地学各方面,在中国古生物学界是继杨老后鲜有的全面专家。但先生始终以古哺乳动物学为自己的主业,他改变了前辈们随所得材料只能做个题研究的局面,而是持续追究中国古哺乳动物系列成果,他在古哺乳动物学上的成就是多方面的,但其突出贡献还应当归诸古近纪,尤其是古新世的研究。

古新世是恐龙绝灭后哺乳动物大爆发的重要时期,但化石主要集中在北美。在亚洲只蒙古国有少量发现。1960年,先生记述了我国境内第一件古新世化石——新疆的原恐角兽(*Prodinoceros*)。之后,在他的领导和参与下,于上世纪70年代开展了历时10年的大规模华南红层考察。在广东南雄、安徽潜山、湖南茶陵、江西池江以及内蒙古四子王旗等地发现了数以百计的具有亚洲土著特色的古新世哺乳动物化石,从而大大地改变了人们对早期哺乳动物发展历史的认识。先生领衔的专著《广东南雄古新世哺乳动物化石》直到现在也是学者必须参考的经典著作。1977年由他亲笔撰写而以华南红层队的名义在《中国科学》上发表的总结性论文《中国古新世哺乳动物群》,至今仍是研究中国古新世哺乳动物群和陆相地层的基础。

始新世古哺乳动物学是先生研究的另一重点。早在上世纪二三十年代美国中亚考察团在蒙古高原考察时,发现了相当多的中、晚始新世哺乳动物化石地点,但在我国内地中始新世化石几近空白。1957年先生率队在河南卢氏进行了研究所的第一次大规模始新世化石发掘,采集到门类众多、数量可观的化石。1959年中苏考察队在内蒙古又发掘到大量的始新世化石。这些都成为后来我国始新世哺乳动物化石研究的基础。40年间先生先后研究了河南、内蒙古、云南、山东、江西、新疆等地发现的始新世化石,发表了35篇论文,不仅发现了中亚考察团所没有找到的两个亚洲早始新世化石新层位,还详细讨论了中国始新世哺乳动物群的组成、主要属种的形态特征、系统关系、它们的时代及洲际对比等问题,使中国和亚洲始新世哺乳动物群的研究成为国际上不可忽视的新成果。

中国象化石的研究主要是先生在"文化大革命"前的成果。他自1957年起,就积累我国的象化石的资料。到1974年,他已系统观察研究了我国南、北方出土的大量象化石,领衔出版了总结性的专著《中国的象化石》。三十几年后的今天,这本专著仍是国内外专家必须参考的重要文献。

开拓中国中生代原始哺乳动物的研究领域是先生一贯追求的目标,诚然有了一个良好开端,可惜先生"生不逢时",他没能赶上近十几年在辽西、新疆发现

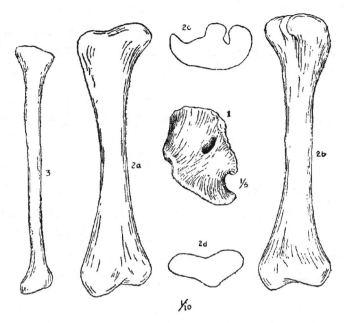

山东莱阳晚白垩世恐龙化石素描图

大量完美中生代哺乳动物化石的难得机遇。如今每当我们在记述这些保存精美的化石时,总有点替先生感到遗憾。其实早在 1953 年,先生就著文讨论中国仅有的、由日本学者记述的两种中生代哺乳动物化石——远藤兽(*Endotherium*)和满洲兽(*Manchurodon*)。可惜自 1953—1993 年的 40 年中,仅在四川、新疆、辽宁的 4 个地点找到了屈指可数的 5 块不完整的下颌和牙齿,但它还是代表了至少 3 个大的门类。这些化石全部由先生研究发表。其中蜀兽(*Shuotherium*)依其具有假跟座等奇特性状,代表着早期哺乳动物演化的一个新的分支。这一发现引起世界学者极大关注。

第四纪,特别是与人类共生的哺乳动物群是先生的另一研究领域。他至少有 15 篇论文对中国与人类化石共生的哺乳动物群的许多问题进行了讨论。以他为主撰写的与蓝田人下颌共生的陈家窝动物群以及与蓝田人头骨共生的公王岭动物群的论著,至今仍是研究我国与人类共生的哺乳动物群的核心参考读物。此外,1959 年研究所高等脊椎动物研究组(室)在他的主持参与下撰写的《东北第四纪哺乳动物化石志》是研究我国东北和华北第四纪哺乳动物化石的基础,1964 年他还就中国第四纪动物群迁徙与演变提出了精辟的见解。

化石的研究自然离不开地层和层位对比。建立中国新生代陆相地层划分框架及与洲际对比这一综合性大课题,只能是先生指导着我们两代人去持续完成。1953年前,除中亚考察团对内蒙古古近纪地层划分较为详细和德日进、杨老对陕、晋及周口店地区的三趾马红土及以上地层做过较深入的研究外,中国广大地区的新生代陆相地层研究几近空白。在先生主持领导下的古哺乳动物研究室和新生代研究室的全体同仁经过数十年的共同努力,逐渐建立起一个中国陆相新生代地层划分的基本框架。而先生本人则于1958年首先在印度古生物志上发表了《华南第三纪和第四纪初期的哺乳动物群及其对比》,1963年以他为主撰写的《中国的新生界》的第三系部分,则是当时中国第三纪地层的系统总结。1978年延迟发表的《陕西蓝田地区第三纪哺乳动物群》和前述的《中国古新世哺乳动物群》都是建立中国新生代陆相地层划分框架的基础。此外,先生在新近纪的研究上同样也有重要建树,如他合作发表的《"下草湾系""巨河狸""淮河过渡区"——订正一个历史的误解》,澄清了自50年代初期以来影响颇大的所谓第四纪有个"大河狸—四不像鹿"的淮河过渡区的错误概念。先生所作出的这些贡献,无疑为下一代科学家进一步对中国陆相地层做更为详细的划分打下了坚实的基础。

当之无愧的"理论古生物学家"

先生在美国读完地质学博士后,曾想再念一个生物学的博士学位,可惜由于朝鲜战争而中止。当时他的志愿是"将来成为一个以古脊椎动物为基础,兼通地质和生物进化论的理论古生物学家"。40多年的经历,证明先生这个"理论古生物学家"称号是当之无愧的。早在上世纪50年代以前,我国的古生物学研究多以形态、分类为主,很少注重进化理论的研读和运用。50年代他首先以当时古生物学界泰斗辛普森(G. G. Simpson)的综合进化理论教育学生。辛氏的《Major Feature of Evolution》和《The Principles of Classification and a Classification of Mammal》两本书是他要求学生必读的。70年代新兴的"板块学说"和"分支系统学"逐渐取代了"陆桥""综合系统学"等传统概念。先生始终紧跟这一革命性的转变,不断充实着自己,也引导着学生。早在70年代初期,先生就在尹赞勋院士评介板块学说的基础上在所内及各自然博物馆、院校讲解板块学说对古生物学的意义和影响。

分支系统学(cladistics)的出现是生物学界的一场革命。周明镇是把这一学派完整介绍到国内的第一人。他敏锐地抓住时机,与张弥曼等组织编译了《分支系统译文集》,该书翻译了 10 篇当时世界上最有影响的论文,较全面地介绍了分支系统学派与综合系统学派各自的概念、原理和方法,以及争论的焦点所在,并邀请了大英博物馆的 P. L. Forey 撰写了《分支系统学评介》一文,全面系统地为中国读者介绍了这一学派的基本观点和方法。该书的出版,把中国的古生物学者,尤其是年轻一代,带到了一个崭新的思维领域,大大地缩短了国人与世界同行间的理论差距。

1996 年先生又主持编译了《隔离分化生物地理学译文集》,介绍了新兴的隔离分化生物地理学派的基本概念,即现代生物区系分布的总体特征是由地理变化导致祖先区系分化所决定的。这本译著的发行为中国的生物、古生物、地理工作者及时地注入了新的思维方法和研究手段,又一次推动了国人理论水平的提高和创新能力。

培育两三代人,建立起中国古哺乳动物学研究体系

如果以德日进 1942 年发表的《Chinese Fossil Mammals》作为当时中国哺乳动物化石研究的总结,人们可以发现,1942 年或新中国成立前中国古哺乳动物研究,除少数几位国人外,几乎全都由外国学者完成。自 1953 年先生主持、领导古哺乳动物研究室的 40 年间,他不仅培养造就了一支包括院士在内的专业梯队,而且在全国众多的院校、博物馆也培养出一批骨干力量。1959 年中国科学院提出"五定"时,先生就高瞻远瞩,有计划地从哺乳动物系统分类角度安排了研究室的青年科研人员各自的重点发展方向。通过这种方法培养出一批能独当一面且目前已在国际上颇为知名的中国古哺乳动物专家队伍。改革开放初期,先生痛感"文化大革命"结束后我国与国外研究水平的差距拉大的现实,着力推荐了一批有条件的学生赴国外著名大学攻读学位,以期尽快缩小差距。经他推荐的一大批优秀学子,至少有 32 名。回国者大多已成为学术骨干、

学科带头人,甚至院士;一部分滞留国外的学子,如今也都成为国际知名的专家。他们虽身居国外,可依然与研究所或国内其他专业机构有着不可分割的联系,承担着国内重要的科研合作项目,推动着中国古脊椎动物事业的发展。先生就是带领这支队伍在半个世纪中开创出了一个令世界刮目相看的中国古哺乳动物研究体系。

上述四项算是先生的主要功勋,其他方面若细讲起来真难以计数。譬如先生在国际学术交流与合作、培养教育学生、主编学报和古生物志、促进古生物研究规范化、自然博物馆事业、科普著作等诸多领域都卓有建树。先生一生还长期兼任北京大学、南京大学、中国地质大学和中国科学技术大学教授,1982—1996年兼任北京自然博物馆馆长。他曾任国际古生物协会副主席、中国古生物学会理事长、古脊椎动物学会理事长、中国兽类学会副理事长、中国自然科学博物馆协会理事长、中国第四纪地质及冰川学会副主任、北美古脊椎动物学会荣誉会员、莫斯科自然博物馆协会外籍委员、美国人类起源研究所名誉研究员,长期担任《古生物学报》副主编、《古脊椎动物学报》和《中国古生物志》主编。先生1980年当选为中国科学院学部委员(院士),又先后获国家自然科学三等奖一次,中国科学院自然科学一等奖两次、二等奖一次及多次的中国科学院重大科技成果奖和全国科技大会奖。1993年获世界古脊椎动物学界的最高荣誉奖:北美古脊椎动物学会罗美尔-辛普森奖章(R. S. Romer-G. G. Simpson Medal),成为北美以外学界第一人。先生正因为这些光辉的业绩,才赢得了这些荣誉,这也是当之无愧的。

先生1996年1月4日逝世于北京,算来已十三载有余。举办纪念学术会议,不论是古近纪的,还是两周前在研究所召开的另一个亚洲新近纪陆相哺乳动物生物地层学及年代学国际学术会议,都是为了继承他的遗志,把中国古哺乳动物学事业推向一个更加接近国际水平的新高度。我们写这篇短文也是为了缅怀先生,把他一生所作的贡献,尤其是科研论著以外的业绩概述出来,让同辈有所追思,更让后来者知道饮水思源。建所功勋,除奠基人杨老之外,又怎能忘记周明镇院士!

原刊于《化石》2009 年第 4 期

第四章

微体古生物学家

郝诒纯(1920—2001)

大地的女儿
记中科院女院士郝诒纯

文／夏莉娜

献身地质学

　　看上去，郝诒纯是一个普普通通的人，言谈举止、衣着打扮，没有什么特殊

郝诒纯

的地方，完全是一个和蔼可亲、文雅、谦虚的知识分子女性。从她那矍铄的神情和还算硬朗的身体上，我们似乎又会发现一些不平凡的东西。是的，年轻时郝诒纯是西南联大女子篮球队和女子排球队的校队队员，还时常出现在田径场上。虽然你很难将当年那矫健的身影和眼前这位面带慈祥笑容的老人联系在一起，不过，在与她交谈之后，就可以感觉到这位已是古稀之年却精力充沛的郝先生所独具的魅力。青年时代，她读小说，诵古典诗词，也喜欢听古典音乐。可是这些爱好，都渐渐地被挤掉了，因为忙。

　　忙什么？忙于寻找"虫子"。具体地说，就

是寻找"有孔虫"和"介形虫"的化石。别小瞧这小虫虫的化石,"有孔虫"是微体古生物,它的化石产生于古生代及其后的海相沉积中;"介形虫"属于古节肢动物甲壳纲,也是微体古生物,它的化石产生于寒武纪晚期到新生代的海、陆相沉积中。这两种"虫"的化石,不仅可以用来鉴定地层时代,而且对石油地质的研究有特殊的价值。

60年代初,郝诒纯参加了大庆找油会战。为了祖国的石油工业,为了得到科学的依据,她顶风雪冒严寒奔走在大庆的荒原上,候立在石油钻井机旁,沉迷在实验室里。从陆相介形虫化石和其他微体古生物的研究中,证实了这片古老的荒原下,石油蕴藏在地层的深处!1974年,郝诒纯与其他人合作的专著《松辽平原白奎—第三纪介形虫化石》出版了。但是郝诒纯并不满足,因为还有海相地层呢。从1974年到80年代初,她三进塔里木盆地,调查盆地西部的白垩纪和第三纪地层,研究其中的有孔虫化石及其地质学意义,发表了有关专著。1980年,郝诒纯又主持出版了《有孔虫》一书。然后她又带领研究生向新的课题——微体古生物学微型电子计算机辅助研究系统进军。1987年,这个辅助研究系统建成并与"新生代浮游有孔虫自动化鉴定软件"一同通过部级鉴定。

郝诒纯院士(后右一)与年轻教师、研究生在新疆科学考察(1981)

郝诒纯怎能不忙呢!从1956年的《古生物学》,到1988年的《冲绳海槽第四纪微体生物群及其地质意义》,她或独自或与其他人合作,共完成地质学、古生物学专著8部及学术论文数千篇。与此同时,她还执教鞭于高等学府的课堂,先后教授过光性矿物学、工程地质学、普通地质学、地史学、地层学、古生物学、微体古生物学及微体古生态学等课程,又培养博士生、硕士生、进修生,还参与某些厂矿涉及生产的科学研究。

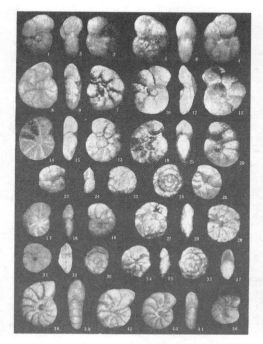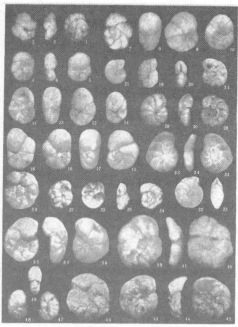

《新疆喀什盆地早第三纪有孔虫》一文的图版

少年向往革命

郝诒纯立志于地质学,是在青少年时代。

*郝诒纯原籍湖北咸宁,1920 年 9 月 1 日生于湖北武昌。她在一个进步的、革命的家庭里成长。其父郝绳祖是清末秀才,既是法律工作者又精通中医。早年曾加入同盟会。第一次国共合作的大革命时期是国民党左派,与著名的共产党人董必武、李汉俊、詹大悲、邓初民等在湖北从事秘密革命工作。北伐战争初期,在武汉国民政府之下的湖北省政府担任过司法厅厅长兼高级法院院长。郝诒纯很小就受到革命气氛的熏陶。

* 1927年"四一二"反革命政变后,郝绳祖遭国民党政府通缉,带着家人,辗转逃亡。1930年,落脚于北平,以行医为生计。次年,"九一八"事变发生。郝诒纯从父亲那里听了很多民族英雄岳飞、文天祥的故事,从学校老师那里也受到很多爱国主义教育。1935年,上初中的郝诒纯积极投入"一二·九"抗日爱国学生运动中,并于1936年初加入了中华民族解放先锋队(简称"民先"),且被选为区队长。同年底,她光荣地加入了中国共产党。

　　在师大女附中上学的时候,郝诒纯就受地理老师的影响,开始热爱地质学。她的老师说过,中国的落后是因为工业不发达,而要发展工业首先要有充足的矿产。这些话深深印在郝诒纯的心里。不过这只是一个契机,埋在心底的种子发了芽——这就是她对这片热土的热爱和对抗战胜利的信心。她想到的是抗战胜利以后的事情,她要为新中国的经济建设奉献自己的毕生。她要去找矿,要改变祖国的矿藏(如大冶、唐山等)被帝国主义霸占、掠夺的状况。

　　1938年7月底,按照组织上的指示,他们准备转移到武汉,然后到延安去。因为陆路不通,郝诒纯和几位同志乘英国船假道香港。船走得很慢,好不容易到了香港,又遇上同行的人患重病。此时战事又紧,日本侵略军狂轰滥炸,切断了粤汉路的交通。她们接不上在广州的组织关系,香港又不是久留之地,郝诒纯便和黄元镇等人一起来到昆明。郝诒纯进入西南联大历史系,课余活动中曾随高年级同学访问过早年参加西北科学考察的袁复礼教授。受袁教授的影响,"自己开发矿产,不让外人掠夺"的壮志促使她改学地质。上大学期间,她与家庭联系中断,经济困难,靠帮人洗衣服、刻蜡版、抄写东西、当家庭教师挣点钱坚持学习。在昆明,她仍然是学生运动的积极分子,是西南联大党的外围组织——群社的发起人之一,连续两年当选为西南联大学生会主席。学习地质,对于野外工作的艰苦和生活上的困难,她是有思想准备的。然而,女孩子学地质毕竟是相当艰难的,她那个年级进校时全班有6个女生,到最后只有她一个坚持下来了。不光是苦,在那兵荒马乱的年月,云南土匪又多,要出一趟野外考察有时是要冒生命危险的,那时确有过地质队员被土匪杀害的事件。不管危险多大,郝诒纯仍被那神秘的大地吸引着。虽然一个个的女同学都走了,她却执拗地留下来,她不信女的就注定当不了地质学家。

中科院女院士

几年后，郝诒纯迎来了新中国的诞生。1952年，她调到新组建的北京地质学院任教。

1957年，郝诒纯到苏联进修，主攻微体古生物学。微体古生物学是古生物学中一门新兴的学科，它研究的对象为古植物中的轮藻、硅藻、钙灰藻和孢子、花粉及古动物中的有孔虫、介形虫、苔藓虫、牙形刺、放射虫等门类的化石。这些化石，对地质学和石油地质的意义非比寻常；对于

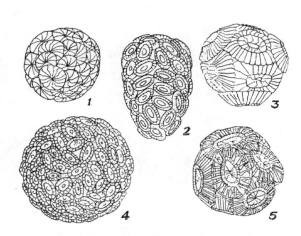

几种完整的颗球，组成颗球的圆形或椭圆形单元即为颗石

她——一个从小就立志为祖国寻找地下财宝的人来说，自然也是非比寻常。她要充分利用这次出国进修、考察的机会。

那是在高加索和黑海北岸的原始森林里，天光从茂密的枝叶中透射下来，暗幽幽的脚下是发软的、厚厚的朽烂树叶，不时地可以闻见一股股霉烂的气味。郝诒纯和两名亚美尼亚籍五年级大学生一道，钻进无际的森林里填制五万分之一比例尺的地质图。有时她们会迷失方向，如果走不出树林，夜晚会给她们带来许多恐惧。

郝诒纯和伙伴们来到黑海海边。海边的悬崖峭壁，是观测地质剖面的理想地带，然而这是需要冒风险的。郝诒纯顾不上许多，和苏联同行们一道在崖顶打桩，然后腰缠皮带，用绳索将自己悬挂在陡峭的崖壁旁，逐层观察、描记、采样。郝诒纯已经忘了身在几十米的高空，偶尔向下望去，巨浪冲击着崖石，令人头晕目眩。1959年秋回国前，郝诒纯用俄文写了《苏联克拉斯诺达尔边区诺沃

罗西斯克—带白垩—第三纪有孔虫及其地层意义》的论文,并在莫斯科大学学术委员会上宣读,受到了苏联专家的一致好评。

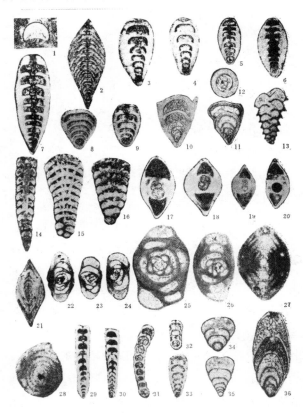

《论粤、桂、湘、鄂二叠纪有孔虫的组合特征》一文的图版

温暖的家庭

"文化大革命"期间,北京地质学院几经搬迁,最后改建为中国地质大学,包括北京和武汉两个分校,郝诒纯任该校教授,1980年被选为中国科学院院士。

郝诒纯不喜欢谈"文化大革命"中个人或家人所遭受的不公正待遇和种种苦难。她说,一个科学家最大的痛苦,莫过于失去科研的权利。她喜欢说她如何到塔里木盆地去搞勘察,如何在大港油田开展科学研究。五六十个春秋,郝诒纯与爱人分离过多长时间?不知道。她去过多少次野外?不知道。就在郝先生65岁以后,还带着研究生到新疆塔里木野外考察,研究新生代海相地层及其有孔虫化石,并第一次建立了鉴定及研究它们的计算机程序。每当她和伙伴们找到含油地层的佐证时,就会兴奋得彻夜难眠。能够在西北、东北、华北、华中这些储油、产油的地方留下她的足迹、心血和汗水,她已经是心满意足了,更何况她对生活要求并不高。

走进她的家你便会知道,这是一个最最普通的家。不像是一个院士的家,也不像是全国人大常委、全国妇联副主席、九三学社中央副主席、北京市人大常委会副主任的家。客厅的沙发旧了无暇更新,老古董般地躺在那里,如果谁猛地坐下去,恐怕会要散架。她的家里一切家具摆设都非常简朴,尽管她和同为学者的老伴黄元镇一道,吃了大半辈子的食堂,可是你千万不要以为这位女科学院士不会理家。有时候,小保姆不在家,郝先生就自己去买菜、烧菜,或者依旧到食堂去打饭。为了支持在美国读书的儿子、儿媳拿到学位,她帮助儿子把孙子带到6岁,又亲自带了孙女两年。

尽管黄元镇也很支持夫人的事业,但他对家务一窍不通,不会做饭也不会买菜,郝先生笑着告诉记者,他的先生会收拾房间。我们向里间看去,黄老正在伏案书写他的回忆录。

夏日的黄昏,人们常看到郝诒纯和她的老伴一道散步,人们也常看到他们一道骑着自行车外出,就仿佛当年他们在茫茫的原野上,寻找着为祖国

郝诒纯院士(右)任《科技进步法》全国执法大检查福建组组长,在福建时与全国人大常委会副委员长卢嘉锡院士(中)合影(1997-09-15)

效力的梦。也许他们自己忘却了,但 50 年金婚的纪念日,却悄悄地向他们走来,银丝也悄悄地染上了他们的两鬓。郝诒纯老人并没有瞩目的头衔和桂冠,但在她的手下,我国的微体古生物学形成了系统的学科,钙质超微化石的研究被开创,计算机技术被引进到微体古生物学的研究领域……

古稀老人郝诒纯,依然很忙。她放不下新的科研项目,这两年她带着 5 个博士生、3 个博士后,现在还有 3 个没有毕业,还有那么多的社会活动等待着她去参加呢。

让我们把一束迎春花,献给为祖国地质科学发展作出重大贡献的郝诒纯先生的第 75 个春天。

原刊于《发现》1995 年夏季号

其中第二部分第 2、3 段(标 * 的)补充自原刊于《化石》2004 年第 4 期中潘云唐的《革命者、科学家、教育家———深情缅怀著名地质古生物学家郝诒纯院士》一文

微体古生物学的大家 二叠系研究的旗帜

纪念著名地层古生物学家盛金章院士

文 / 杨群

盛金章(1921—2007)

　　尊敬的盛金章院士于 2007 年 1 月离开了我们。这段时间我时常想起盛老师生前给予的种种教诲和他身体力行的工作作风,感触良多,似乎越来越清晰地感受到了一位真正的学者的高尚品格,一位学风严谨、学术道德高尚的老教授的正直,一位成果享誉国际学界的科学工作者的质朴。他在我的心目中,永远是一位关心国家和科学事业的爱国者,一位博学、睿智的研究者和学术领军人物,一位热情的良师益友,一位谦虚、谨慎、淡泊名利的知识分子,一位敢于批评和自我批评的勇者,一位乐于关心人帮助人的贤者。这里借《微体古生物学报》编辑盛金章院士纪念专集的机会,从个人角度追忆老师在科研、育人和生活方面的一些事迹,谨表对他的景仰和怀念之情。

　　盛金章院士在䗴类有孔虫和晚古生代地层学方面的学术成就是卓越的。美国学者西华盛顿大学地质系的 Charles A. Ross 在他的纪念文章中指出,盛教授是一位杰出而闻名世界的微体古生物学家和生物地层学家,他在有孔虫古生物学和生物地层学方面的著作大量发表在中国和国际学术刊物上,并被国际学者广泛引用;作为几代古生物学与地层学领域的导师,他的许多论著是他和学生的共同成果。盛教授在这些论著中详细描述并澄清了中国广大地区石炭纪和二叠纪的化石动物群及生物地层序列,为国际同行深刻领会中国古特提斯及邻区若干古生代动物区系奠定了基础,这些研究也极大地帮助到国际同行理解晚二叠世的地层记录,尤其是乐平统、吴家坪阶和长兴阶的含义。在盛老师领导的研究团队的攻关下,"长兴期"的名字首次于 1989 年作为第一个中国起源的年代地层学单位名称被列入国际地质年代表；也为其后在他推荐的国际二叠系地层分会主席的接班人——金玉玕院士带领下，我国二叠纪地层研究方面取得进一步突破奠定了坚实基础。

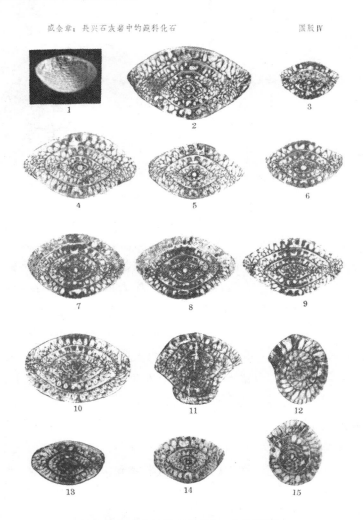

盛金章：长兴石灰岩中的蜓科化石　　　　　　　　图版Ⅳ

《长兴石灰岩中的蜓科化石》一文的图版

1982年初我进入南古所学习不久，盛老师引导我踏入了我后来研究的领域——放射虫古生物学与生物地层学，这是盛老师首先在中国开辟的一个新的研究方向。1976年发表的《珠穆朗玛峰地区科学考察报告》中，盛老师创造性地运用有孔虫切片的方法，首次报道了放射虫这类硅质微体古生物在喜马拉雅地区的存在。上世纪 80 年代初,盛老师带领王玉净研究员首先开展了对于中国南方二叠纪地层中的放射虫的分析研究。学术界后来认识到,放射虫化石对于揭露板块缝合带和古海洋的地质历史极为重要。70 年代后期,放射虫古生物研究在全球范围内兴起及其在大地构造等地质领域中的广泛应用,印证了盛金章院士对于学科发展的敏锐性和前瞻性观察。

由于盛老师长期主攻的方向是蜓类有孔虫,所以他根据当时研究所的需要

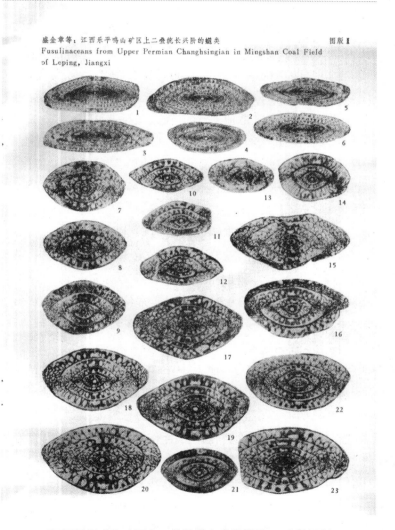

《江西乐平鸣山矿区上二叠统长兴阶的蜓类》一文的图版

和国际学术界的发展趋势,决定培养年轻人专门从事放射虫研究。我很幸运成为盛老师指定研究方向的培养对象。他选择了两所美国大学,并亲自为我分别向那两所大学的两位著名放射虫专家写推荐信。在准备出国期间,盛老师要求我先在研究所内有所准备,包括阅读指定的外文资料和熟悉我们研究所的一些分析技术,为日后在国外学习打下很好的基础。盛老师用心良苦,为培养年轻人费了不少心血。

盛老师在育人方面非常认真,他对年轻人极为关心爱护。盛老师在学术指导方面以身作则,言传身教,"严"字当头,强调"认真"二字。他告诫我们在工作上、学术上一定要高标准而不得有半点马虎了事的意识,包括对于科学概念的准确理解和科学语言的精确表达等等。他时常会为年轻研究者逐字逐句地解释科学术语、纠正写作内容。而在生活上,盛老师则要求大家低标准,不铺张浪费,尽量为国家节约资源。但是他对于年轻人生活上的困难又是那么的关心,他非常爱护年轻人。例如,盛老师领导的研究小组中有位年轻成员的爱人工作调动存在问题,他就亲自过问,并且通过自己的熟人帮助落实工作单位。有一次,盛老师发现有位年轻人的医院体检报告上存在问题,他担心年轻人害怕影响工作而不向单位领导汇报,便亲自找到领导,建议研究所领导要关心年轻人的身体健康,有病一定要医治后才能让其承担科研任务。还有一位日本年轻学者对盛老师的研究成果有兴趣,就写信向他索取资料和化石样品;盛老师回信鼓励那位年轻学者,并托人为那位年轻人送去参考标本。由此可见,盛老师在培养人才、教育后辈和关心爱护年轻人方面非常认真热情,令人钦佩;这也在许多亲历者当中树立了很好的榜样。很多得到过盛老师培养指导的科技人员后来成为他的终生合作者和朋友。

盛老师给我们讲过一个故事,他上中学时遇到一道作文考试题目——"一个将被解剖的西瓜"。他说他当时没有理解题意,考砸了,从此激发了学习时事、关心国家大事的决心。盛老师讲这个故事的意思是鼓励大家要关心国家大事,培养爱国心。他时常鼓励我们在国际合作领域一定要以国家利益为重,维护民族尊严。实际上,他自己也是这么做的。中国改革开放以后的80年代,盛老师负责组织了一个华南二叠系-三叠系界线对比国际工作组。当时,国外学者对中国了解不够,认为这项工作必须一切从头开始。言外之意,即中国人以前的工作不能算数。盛老师感觉不妥,立刻严肃地表达了自己的观点,他说,如果我们以前的地层古生物学工作做得不够好的话,可以通过进一步工作加以完善,但不是从头做起。国际同行立刻明白原来自己的说法侵犯了合作者的尊严,因此双方也就顺利地开展了合作。结果证明,中国地层古生物工作者以前完成的工作是扎实的,而中国同行在沉积地层等方面也吸收了许多国际同行的优秀工作,合作是富有成效的。我遇到过一个国际同行,他对盛老师的个性很是赞扬,称他具有"敏锐的反应,文静而鲜明的幽默感"。盛老师在国际交往中是个很讲原则的人,他既能掌握分寸,又不失礼仪,是我们学习的榜样。

正如 Charles Ross 所说的,盛金章教授在国际学术界建立了威信。他被国际同行推选为国际二叠系分委会主席(1984—1989),并在国际二叠系研究中开展了富有成效的组织工作。1989 年,他被美国库希曼基金会授予库希曼有孔虫研究奖,以表彰他在晚古生代䗴类有孔虫研究方面的杰出成就;这是该领域的国际最高荣誉,仅授予国际知名学者,如著名的美国微体古生物学家 Helen Tappan 和 Alfred R. Loeblich Jr.,俄罗斯古生物学家 Dagmar M. Rauser-Chernousova 等。

盛老师亲自指导和参与了《微体古生物学报》的创刊工作。盛老师为学报创刊和发展付出了大量心血。作为首任主编,他在编辑队伍的组建和人员培养等方面做了许多工作。盛老师亲自选聘和培养年轻编辑人员,鼓励青年人在编辑业务和专业知识上一定要打下坚实的基础,要他们努力提高编辑的质量和水平,并且常常亲自找年轻编辑谈心指导,要求他们在编辑工作中精益求精,为刊物出版做好服务。盛老师十分关注学科领域的发展和学报的发展走向。90 年代开始,由于国内地质领域科研队伍的缩减,《微体古生物学报》遇到了稿源不足等因素的困扰。他指出出版工作也要符合学科领域的发展,需要进行调整。为了推举年轻研究人员,他早在 1998 年就主动从主编位置上卸任。盛老师是一位思想开明解放、胸襟开阔的学者。

盛老师一生六十多年的专业生涯中,为我国地质古生物事业作出了重要贡献。他发表了 8 部专著,60 余篇学术论文。主要代表作有《中国的䗴类》《中国的二叠系》《广西、贵州及四川二叠纪的䗴类》《中国南部的长兴阶和二叠系与三叠系之间的界线》《云南广南小独山石炭-二叠系界线地层及䗴类分带》《中国䗴状有孔虫研究的进展》等。他作为主要成果完成者曾 3 次获得国家自然科学奖:《辽宁太子河流域地层》获集体三等奖(1956),《中国各门类化石》(包括《中国的䗴类》)获集体二等奖(1982),《广西、贵州及四川二叠纪的䗴类》获四等奖(1987)。盛老师发表的多项成果已经成为国际相关领域的经典之作。

盛金章(1963)《广西、贵州及四川二叠纪的螳类》一文发表的标本薄片

　　晚年的盛老师依然关心我国地质古生物事业的发展,关心研究所的学术动态。对于研究所的各种请求,他只要身体情况允许,从不推辞。他对研究所的工作提出了许多真知灼见,直到生命的最后。他积极支持和培养年轻学术接班人,推举年轻研究人员,为学科发展操心出力。他是一个具有大局意识、关心集体、将集体置于个人之上的好学者、好职工。

　　盛老师具有很高的学术道德,他对学问的一丝不苟可以称为学术界的楷模。他在学术方面的严谨也是国内外同行所熟知的。他经常告诫我们,写科学论文一定要严肃认真,不可草率;他说,白纸黑字的文章如果不认真对待的话,自己将来发现问题时会后悔莫及的。他经常在指导年轻人写论文时会逐字逐句地找错误,有错必纠。盛老师还经常对于一些学术不端的行为或工作中不够严谨不够认真的行为展开批评。他的严谨而高标准的科学风格常常会令同事和学生们对他产生一种敬畏,这使我感悟到,盛老师的工作作风才真正反映了一名科学家的品格。

　　盛老师对于功名利禄很淡泊,他有积极的人生观。他总是谦虚谨慎,生活俭朴;虽然学术地位很高,却竭力推荐年轻同志担任学术职务,甘为人梯。有一次,为了配合兄弟单位申报国家科学奖,盛老师表现出很高的风格,他以崇高的集体主义意识,不强调个人意见,甘做配角,以一个老科学家的身份、高尚的道德情操协调促成了报奖工作的顺利进行。盛老师利用自己在国际学术团体中的地位和影响,培养推举年轻科学家进入国际组织,引导培育了一个个学术新人。

盛老师晚年体质很弱,但是对科学和对生活的热情从不衰减。70岁时他写下了这样的诗句:"淡淡平平七十秋,萧萧白发已盈头;新苗喜看年年绿,万马奔腾蹄不休。"这句话充分反映了他积极的人生观和对年轻一代的期盼与信任。

虽然盛老师已经离开了我们,但是他留下的学术成果、科学精神和人格魅力将会对地质、古生物学界的人们和学科的未来产生深远的影响。

原刊于《微体古生物学报》2007年第24卷第4期

杨敬之(1912—2004)

一位兢兢业业的古生物地层学家

纪念杨敬之教授

文／潘云唐

2005 年 3 月 30 日，是著名古生物地层学家、中国科学院南京地质古生物研究所研究员杨敬之先生逝世一周年纪念日，他的光辉成就与崇高品德永远值得我们深深地缅怀。

从耕读之家到最高学府

杨敬之于 1912 年 6 月 4 日生于河北省曲阳县文德村一个贫苦农民家庭，他有三个姐姐、两个哥哥、一个弟弟。他的父母亲含辛茹苦、省吃俭用，也让子女受到很好的教育。他们兄弟姐妹都学有所成。他的二姐后来文化程度很高，嫁给同乡的著名古生物地层学家赵金科［1906—1987，曾任中国科学院南京地质古生物研究所所长，1980 年当选为中国科学院地学部的学部委员（院士）］。杨敬之 1932 年毕业于保定市的河北省立第六中学高中部，考入河北农学院林学系。1933 年，他深深羡慕北京大学地质系在国内外的盛名，于是甘愿牺牲一年学籍前去投考，一举考中。他从此踏上了 70 多年的地质科学生涯。

北京大学地质系名师云集，学术空气浓厚，莘莘学子真是得益匪浅。他们班赶上了中国地质科学事业主要创始人丁文江为新生开的最后一届"普通地质学"课程（1934 年丁即调任中央研究院总干事）。他们还听了著名地质学家葛利普、李四光、杨钟健、谢家荣等讲授的古生物学、地史学、岩石学、矿床学等课程。他们1937届的学生共有17人,其中12人后来坚持在地质科学战线工作,且取得重大成就,占总人数70%,有4位成为泰斗级地质科学大师(卢衍豪、叶连俊、岳希新、郭文魁)。宋应曾任地质部部长,佟城曾任第二机械工业部三局副局长,他们都是早年参加革命的中央首长,又从事地质科学事业管理工作。吴景祯后来定居美国,曾任美国联邦地质调查所和伍兹霍尔海洋科学中心教授。杨敬之和其余几位(赵家骧、李树勋、王述平、勒凤桐等)都在中国科学院、地质部、海军、冶金工业部等系统有卓越的建树。

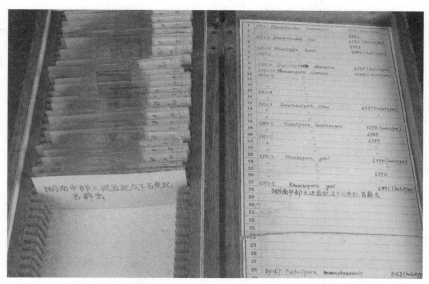

《湖南中部上泥盆纪及下石炭纪苔藓虫》一文的标本薄片

在北京大学地质系1937年以前的19届毕业生中,1937届人数是较多的,虽不是最多,但若与总人数比它多的1922届(22人)、1923届(30人)、1924届(22人)、1925届(30人)、1926届(18人)相比,那么它里面坚持地质科学事业岗位的百分比,以及产生泰斗级科学家(院士)的人数与百分比,都是首屈一指的,说明这一届学生发展较整齐、较稳定。与此对应的是,上述各届毕业生中坚持地质岗位的不过百分之二三十,产生的院士多为2名,只有1923届为3名。杨敬之在他这一届同班同学中,学术成就应该算是中上等的。

四川省地质调查所的"开国元勋"

　　1937 年夏,杨敬之从北京大学地质系毕业,去山西太原晋绥矿产测探局工作。"七七事变"后,抗日战争全面爆发,日寇很快攻陷太原,杨敬之与该局矿产课课长侯德封及该课的任绩等离开太原。1938 年初,他们到了湖南长沙,参加了在那里举行的中国地质学会第 14 届学术年会。当时经济部地质调查所刚迁到长沙不久,这是国难时期全国地质人员一次难得的聚会。他们还参加了会后去湖南湘乡的地质旅行。在会上他们见到留德归来的李春昱,李告诉他们,他已按经济部长翁文灏的旨意,筹创成立了四川省地质调查所,并任所长,所址在重庆城里,建所伊始,人员很少,热烈欢迎地质学者去该所工作。杨敬之就与侯德封、任绩等一同去了重庆该所。后来该所在重庆西郊小龙坎白果湾建了新房,他们也迁到那里。杨敬之与李春昱、侯德封、常隆庆、李贤诚、苏孟守、任绩等堪称该所的"开国元勋"。

　　杨敬之在该所整整工作了 8 年,先后任副技师、技师。杨在该所主要仍与自己过去的老领导侯德封一起工作,他们去彭山、犍为、绵竹、平武、江油等县区调查地质及金矿、煤矿、芒硝等矿产。1942 年,李春昱应经济部长翁文灏、政务次长秦汾、常务次长潘宣之(作者之父)的聘请,调任该部中央地质调查所所长。四川省地质调查所所长由侯德封继任。1944 年,侯德封的女儿侯佑堂毕业于重庆大学地质系,进入该所工作。杨敬之与侯氏父女在工作中建立了深厚的友谊,几年后就成为至亲,一同为祖国地质事业奋斗终生。

敢填空白,开拓我国苔藓虫层孔虫化石研究

　　1945 年,抗日战争胜利结束。1946 年,经济部中央地质调查所迁回南京。该所所长李春昱又邀请侯德封、杨敬之去该所工作。于是,他们二人于 1946 年 7 月调到南京中央地质调查所,侯为技正(相当于研究员)、杨为荐任技士(相当

于副研究员)。

1947年1月,杨敬之奉派去美国深造,在俄亥俄州迈阿密大学进修,他瞄准了国内研究较薄弱的环节——微体古生物学。他特别选择了国内尚无人研究的苔藓虫化石为主攻方向。经过一年半的努力,他以《美国俄亥俄州依屯地区中奥陶统的苔藓虫》一文通过答辩,获理学硕士学位。此后,他又花了三个多月的时间在华盛顿美国自然历史博物馆观摩标本,查阅文献。同年底,他回国后,仍在经济部中央地质调查所工作。次年初,他在南京与侯佑堂结婚,后来他们生有一子一女。

就在杨敬之回国成家之际,正值人民解放军兵临南京城下,国民党反动政权危在旦夕。经济部中央地质调查所所长李春昱坚持爱国进步的立场,与该所各级领导尹赞勋、

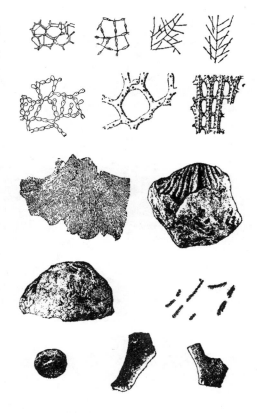

常见苔藓虫化石的素描图

周赞衡、侯德封、程裕淇、李善邦、高振西、叶连俊等共同领导了抗迁护所斗争。杨敬之也和绝大多数员工一起,团结在所领导周围,参与此一斗争,直到南京解放。该所完好无损地交到人民政府手中,成为新中国地质事业腾飞的重要基地,发挥了巨大作用。

新中国成立后,随着地质机构的调整,杨敬之、侯佑堂夫妇都于1952年调入位于南京鸡鸣寺旁的中国科学院古生物研究所(以后相继改为该院"地质古生物研究所""南京地质古生物研究所")。杨敬之以苔藓虫古生物学为后半生的主攻方向。他一生共发表学术论文和著作近100篇(部),古生物地层学占绝大多数,关于苔藓虫的即达40篇(部),约占总数的40%。

他于1950年发表了综述文章《关于中国的苔藓虫》,对以往外国学者在我国做的关于苔藓虫化石的零星研究做了总结。同年又发表了《湖南中部上泥盆

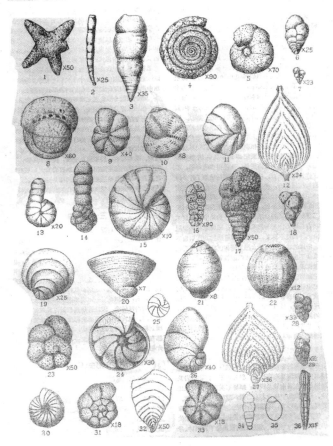

常见的有孔虫素描图

纪及下石炭纪苔藓虫》,这是中国学者发表的第一篇关于苔藓虫的学术论文,为后来的研究工作打开了局面。到 1962 年,他与陆麟黄发表了《祁连山古生代苔藓虫》大型专著,系统描述了 22 个属 100 个种,建立了我国西北地区石炭-二叠纪苔藓虫化石的系统剖面,阐明了其动物群关系和地理区系。同年,他出版了与胡兆合著的《中国的苔藓虫》一书,这是我国古生物学第一轮总结——《中国各门类化石》中的一种。他又于 1965 年出版了与陆麟黄合作的《古生物学小丛书》中的《苔藓虫化石》一书,都是总结性著作。1986 年,第 7 届国际苔藓动物学协会会议在美国西华盛顿大学举行,杨敬之和陆麟黄提交了《中国古生代苔藓虫化石序列》和《中国新生代苔藓虫》两篇总结性论文,向全世界同行展示了中国学者的研究成果。杨敬之也就成为国内外公认的中国苔藓虫古生物学的最高权威。

层孔虫是一类已绝灭的动物,早期我国对其研究亦很薄弱,只有计荣森在1940年发表过一篇描述我国西南地区志留纪、泥盆纪层孔虫化石的文章,另外就是日本学者有过零星的记述。杨敬之也兼顾开拓层孔虫化石研究的重任。他于1962年与董得源联名出版了《中国的层孔虫》一书,也是我国古生物学研究第一轮总结——《中国各门类化石》的一部分,以后,他又发表了论文《贵州独山中泥盆统鸡高寨段中的层孔虫》(1963)、专著《广西中东部泥盆纪层孔虫》(1979,与董得源合著)等,他建立了适应我国层孔虫化石实际情况的新分类系统,先后建立了6个新属,近200个新种,并基本树立起了我国很多地层的层孔虫生物地层柱子。他也成为大家公认的我国层孔虫古生物学的重要学科带头人。

从一专多能的地层学家到石炭系地层学权威

杨敬之早年从事区域地质、矿产地质的调查和研究,他涉及了从前寒武系到第四系的所有地层。在他的后半生,研究重点集中在晚古生代地层,特别是石炭纪地层。他出席了1959年在北京举行的第一届全国地层会议,并担负起总结石炭纪地层之重任。1960年,他发表了《中国石炭纪地层》这一总结性文章。1962年他又与盛金章、吴望始、陆麟黄合作出版了《全国地层会议学术报告汇编:中国的石炭系》专著,此文此书堪称我国石炭纪断代地层学的经典之作。他紧接着冲出国门,走向世界,于1963年出席了在法国巴黎召开的第5届国际石炭纪地层地质大会,全面介绍了我国石炭纪地层和地质历史的研究成果,引起国际同行的极大兴趣,扩大了我国在这一领域的国际影响。

杨敬之与很多同志联合发表了很多关于石炭纪地层之研究成果,特别提出了石炭系二分的观点。1983年,他出席在西班牙马德里召开的第10届国际石炭纪地层地质大会,提出上述观点,受到国外同行普遍重视,他也在会议上被推举为石炭系内部分界工作组成员及国际石炭纪会议常设委员会委员,并被确定负责筹备1987年在中国召开的第11届国际石炭纪地层地质大会。此会于

1987 年 8 月在北京召开,他担任大会学术委员会主席,圆满完成了任务,大大提高了我国在地层地质学界的国际地位,为祖国增光添彩。

乐育英才,探讨古生物学发展战略

杨敬之在中国科学院南京地质古生物研究所长期担任学术委员会委员等领导职务。他很重视青年科技人员的培养,亲自培养了 10 多名青年科技人员,还培养了 7 名研究生,他们都成为了我国著名的古生物地层学家。

杨敬之还担任过中国古生物学会常务理事、中国地质学会地层古生物专业委员会副主任委员等学术团体领导。他多次发表文章,阐述古生物学的发展战略,指出古生物学而今面临着方法的改进、技术的革新,要从外部形态和内部构造的描述与探索,走向与周围环境的综合研究,走向与其他相关学科的综合研究。这些精辟见解为广大古生物科学工作者指明了方向。

原刊于《化石》2005 年第 2 期

怀念恩师侯祐堂先生

文 / 杨藩

侯祐堂（1919—2010）

　　我认识侯祐堂先生，始于 1954 年秋。当时，我刚从学校毕业不久，受石油管理总局地质局的指派，到南京古生物研究所进修古生物，师从王钰先生学习腕足类。上世纪 50 年代中期，该所的科研人员基本上可以分成两部分：一部分是新中国成立前就在前中央研究院地质研究所和前中央地质调查所工作的专家学者，另一部分是新中国成立后刚从大学毕业分配来所工作或由外单位来进修古生物的年轻人。我们这些年轻人彼此都直呼大名或以绰号相称，而对新中国成立前即事于此的老前辈均敬称"先生"或"老先生"，侯先生是其中唯一的女性。我对侯先生最初的印象是：这是一位平易近人、能和我们小字辈谈笑风生的女"先生"。后来，我改学介形类，和侯先生相处时间长了，这种印象也就更深刻、更清晰了。

　　1955 年秋，我从石油管理总局地质局调到青海石油勘探局。由于柴达木盆地石油勘探的重点是陆相中、新生代地层，腕足类化石在柴达木盆地已无用武之地，我局领导与南古所领导商定，让我和晏春林（他和我一起被总局地质局派到南古所进修古生物）改学介形类，指导老师便是侯先生。

　　一天，时任南古所副所长的赵金科先生领着我和晏春林两人来到红楼二楼侯先生的办公室，在向侯先生说明来意后，侯先生笑容满面地接纳了我们俩。也许是早有准备吧，她把我们俩领到一间较大的房间里说："你们俩就在这屋上班。"紧接着，她又抱来一摞介形类专业文献，作为学习教材，让我们阅读。她笑着对我们说："有问题就提出来，我们一起讨论。"听了这话我感到惊讶，因为这不是一些老师对学生布置作业时常说的那句"有问题提出来，我给你们讲解"，倒更像是一位大姐在辅导其小兄弟之前所做的安排。她的口气是那样的谦和，一句"我们一起讨论"，顿时使我局促的心情放松了许多，原有的那一点拘谨也如烟消失。其后的事实表明，就是在这样宽松的气氛中，我们两人在侯先生的指导下，顺利地按计划完成了进修任务。

尽管侯先生平时为人随和，与我们这些学生相处时有说有笑，但在指导我们治学时，却是一位严师，对我们严格要求，从不含糊。其中，如何正确对待国外文献的引用，就是一个例证。

学习介形类之初，适于我俩学习的文献不多，为了满足我们学习鉴定的需要，侯先生曾把她为《中国标准化石　无脊椎动物第三分册》一书中介形虫亚纲部分撰写的手稿（当时尚未发表）交给我们阅读应用。当时，世界上已刊陆相中、新生代介形类的文献相当少，比较系统的专著更是寥寥无几，与我俩此前学习腕足类时查阅的国外文献无可比拟。因而我曾在侯先生面前反映外文文献过少，有如之奈何之感。听了我的抱怨，侯先生用关切而又严肃的口气告诫我说，中、新生代陆相介形类外文文献少是事实，却表明此领域的研究程度低，正好需要我们努力。你不要只依赖外国人的文章，更不要迷信洋人，要立足于自身的实际材料，从这些实际材料中总结出规律，应用到工作中去。在这以后，侯先生又曾多次通过书信重申这些观点，直到 2009 年的一天，当我在电话里向她汇报我近期工作内容，提到国外同行对我们过去所定某介形类属的分类地位持异见时，她再次提醒我不要轻信外国人的定名，还是要从自己的标本特征来考虑问题。

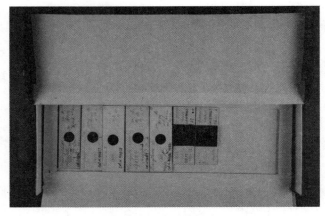

侯祐堂研究过的标本

作为我国介形类学科的开拓者和奠基者,侯先生十分关心我国介形类化石研究工作的发展。她曾不止一次地告诉我,在我国古生物研究工作中,陆相中、新生代化石的研究是赶超世界先进水平条件最好的学科,我们从事此领域的人都应该为实现这一目标而努力。她指出,为了赶超国际水平,首先要重视基础资料的搜集,要对大量的化石资料进行分析,从中总结出规律,上升到理论。几十年来,侯先生对我们这些学生是这样要求的,而她自己则更是身体力行追求这一理想。她不辞辛苦地深入到全国许多油田的勘探、研究基地和现场,搜集和掌握了大量第一手基础资料,用以指导完成了多项合作项目。1978年夏,已经年近六旬的侯先生,不顾高原反应带来的重重困难,坚持在海拔过2 800 m的

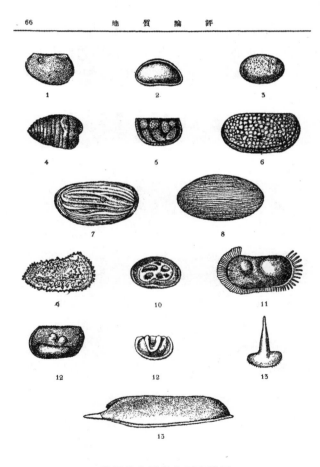

常见的介形类化石素描图

柴达木盆地冷湖基地进行显微镜下观察介形类化石标本的工作,还深入到海拔3 000 m以上的盆地西部花土沟地区野外实地勘察露头剖面,并在考察行程结束后促成了南古所与青海石油局勘探院的合作。在她的指导下,大家对历年积累的介形类化石标本进行描述、照相、鉴定和分布规律进行了总结,出版了《柴达木盆地第三纪介形类动物群》的专著。

我在南古所侯先生门下学习介形类前后共两次,自1957年7月返回青海油田后就很少有机会亲聆她的教诲,但从她的教诲中所受润泽却从未中断。除了抓紧各种与侯先生会面的机会(例如参加会议)向她请教外,还常写信求她帮助解决一些疑难问题,而侯先生则几乎是有求必应,有问必答,每次回书颇长,为我们解惑答疑,只有一次例外。那是在1985年,我拿了一篇准备投稿的论文请侯先生修改,她拒绝了,说:"这方面我真不擅长,最好请别的老先生润色吧。"尽管她没有帮我改稿,但我心中还是充满敬意,因为我相信她不是借口推托,而是谦虚谨慎。但作为导师,面向自己的学生坦承在某个领域未臻精通,实非易事。这件事使我深受教育,又一次感受到了侯先生严谨治学的风范。

侯先生很关心我工作中有关介形类生态、古生态方面的研究,热切期待我们取得新成果。每当我们在应用介形类解释和再造古环境方面取得一点进展时,她都要来信或来电给予支持和鼓励,同时也指出存在的问题,建议改进。2009年3月,我把自己主笔刚发表的一篇文章寄给侯先生,请她指教,次月就收到她的一封长信,信中除指出文章内容的不足之处并提出努力方向及期望外,还对文章取得的成果特别是结合生境分析定种的成果给予支持和肯定,使我深受鼓舞。尤其使我感动的是,她在信尾告诉我:"这封信写了半个多月,主要因年老之故。"读到这里,我猛然想起:侯先生已是步入期颐之年的老人了。50多年来,她老人家一直在默默无私地帮助我,今天她虽已颐养在家,却一如既往地指导我。这是一位多么令人敬重的老师啊!但当时绝未想到的是,这已是我最后一次接受恩师的教诲了!

侯祐堂先生已离开我们,但她辛勤培育后辈的高大形象将永远铭刻在我们的心上!

原刊于《微体古生物学报》2011年第28卷第1期

春蚕到死丝方尽

缅怀陈旭教授

文／微体古生物学报编辑部

陈旭(1898—1985)

我国著名地质古生物学家、教育家、首届中国微体古生物学会理事长、南京大学地质系教授陈旭同志离开我们已经一周年了。他是于 1985 年 2 月 12 日被病魔夺去生命的，终年 87 岁。陈旭教授从事教育和科学研究工作达 60 年之久，为祖国培养了大批建设人才，撰写和翻译了数十篇（本）学术论文、教材和书刊，对我国的古生物学和地层学，特别是䗴类的研究作出了重要贡献，在他逝世一周年忌日到来的时候，谨以这一期学报敬献给他，以寄托我们的深切怀念。

陈旭教授字旦初，1898 年 4 月 4 日诞生于浙江省乐清县鲤岙村。1921 年入北京大学地质系，1925 年毕业并获理学士学位，留校任教一年。1926 年返乡，在浙江省温州农民办事处任职。1927 年到 1936 年任中央研究院地质研究所助理研究员。1936 年赴美国耶鲁大学进修，研究䗴类和腕足动物。1938 年回国，在前福建省建设厅地质土壤调查所任技正。1942 年应已经搬迁到四川的中央大学地质系之聘，赴重庆任教，并兼任重庆大学地质系教授。抗战胜利后，随校返回南京。新中国成立后，继续任南京大学教授，直至病逝。

陈旭教授热爱祖国，热爱人民，坚决拥护社会主义，拥护中国共产党。新中国成立以后，他自觉地参加政治学习，对我国国际地位日益提高感到由衷的高兴，曾经深有感慨地说过："只有共产党，才能救中国！"他对祖国的社会主义建设事业非常关心，积极参加校内和省内组织的各种活动以及对我国一些地质和古生物学科重大的科学研究项目的研讨。在教学上，他努力贯彻党的教育方针和政策。在"文化大革命"期间，他受到了很不公正的待遇，但他顾全大局，不计较个人恩怨，始终相信党和人民。

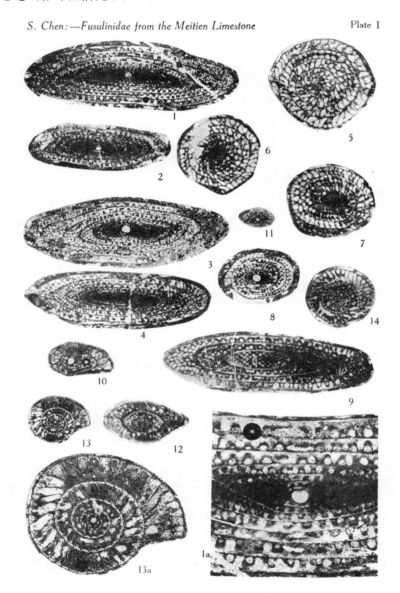

S. Chen:—Fusulinidae from the Meitien Limestone   Plate 1

梅田灰岩的蜓

陈旭教授是国内外知名的古生物学家，特别在蜓类研究方面，成绩卓著，是我国蜓类学科的奠基人之一。先后发表过《蜓科化石之研究》（1929）、《黄龙灰岩及其动物群》(李四光、陈旭,1930)、《扬子江下游石炭纪及二叠纪灰岩中蜓科化石之分布与重要化石带》(1931)、《二叠纪蜓科化石之研究》(1934)、《广西黄龙灰岩及马平灰岩之蜓科》(1934)、《湖南宜章梅田灰岩中之蜓科化石之一新种》(1934)、《中国南部之蜓科Ⅰ》(1934)、《中国南部之蜓科Ⅱ——中国二叠纪茅口灰岩的蜓科动物群》(1956)、《中国石炭二叠纪标准蜓科化石层位的对比和分布》(与盛金章合作,1957)、《华东栖霞灰岩蜓类组合特征和新属的发现》(1964)、《中国石炭纪蜓类化石带》(与盛金章合作,1965)、《广西宜山地区晚石炭世马平组蜓类》(与王建华合作,1983)等蜓类论文和专著,建立了不少新的属种,对蜓类的分带和分类作出了重要的贡献,获得了国际古生物学界的重视和同行们的赞赏。除与蜓类有关的石炭纪和二叠纪地层外,陈旭教授还对三叠纪地层做过较深的研究。他所著的《福建之海相三叠系》(1940),奠定了福建海相三叠系研究的基础。此外,他还认真编写工具书、翻译参考书和教材,曾先后参加《中国标准化石》(1955)和《辞海》的编写,并参加苏联的《古生物学教程》(1955)、《普通地质学》下册(1956)和法国的《地层地质学》(1965)等书的翻译工作,对推动我国当时地质科学事业的发展起了积极的作用。

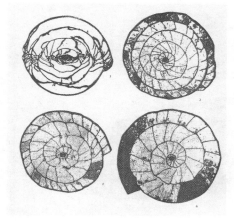

Schwagerina princeps

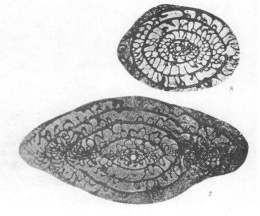

Pseudofusulina gallowayis

　　陈旭教授对党的教育事业忠心耿耿,是一位循循善诱、诲人不倦的教育家。在大学执教40余年中,特别是新中国成立以后,他为我国高校筹划古生物地层学专业、制订专业教学计划、开设专业课程、培养专业人才等方面做了大量工作,他先后编出《古生物图谱》《古脊椎动物学》《蜓类专题》等教材,指导《古生物学》的编写工作。开设过"古生物学""地史学""高等古生物学""第四纪地质学"

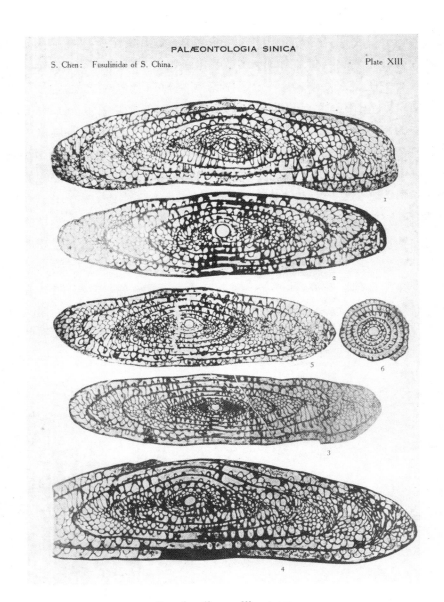

PALÆONTOLOGIA SINICA

S. Chen: Fusulinidæ of S. China.   Plate XIII

Parafusulina multiseptatas

"微体古生物学"等课程。其中,有的是因为教学急需而突击开设的新课,但陈旭教授总是认真对待,勤勤恳恳,任劳任怨。他十分重视培养青年教师,帮助他们开设新课程和进行科学研究,耐心解答他们提出的业务问题。他悉心指导研究生搜集资料、撰写论文,现身说法,十分亲切。陈旭教授重视理论与实践相结合,在他古稀之年,仍坚持带领学生出野外,进行地质考察。他严于律己,生活俭朴,使同学们深为感动。目前,奋战在地质战线上的中青年骨干,有不少是他的学生,有些还担任了重要的领导职务。

陈旭教授治学严谨、一丝不苟。他晚年的著作《广西宜山地区晚石炭世马平组蜓类》,早在1966年即已基本完稿,由于"文化大革命",手稿散失,薄片破损,自己又身陷困境,不得已中断工作。粉碎"四人帮"后,虽然出版社重新安排出版计划,但他认为10年间国外资料不断增加,需要补充修改。当时他已年迈体弱,仍坚持查阅大量文献,重新核查标本,对文稿进行认真修改,一直坚持到患病卧床不起。

陈旭教授襟怀坦白、刚直不阿、勇于直言,认识事物强调以事实为依据,从不人云亦云,遇有对他的过誉之词,或当面纠正,或书面澄清,而对某些不正之风,则深恶痛绝。

陈旭教授曾任中国科学院南京地质古生物研究所兼职研究员、江苏省第四届政协委员、中国古生物学会名誉理事、中国地层委员会委员、江苏省古生物学会副理事长及《中国古生物志》《古生物学报》和《地层学杂志》编辑委员会委员。

陈旭教授在地质古生物学界辛勤工作60个春秋,真是"春蚕到死丝方尽"啊!他不愧为年轻一代地质古生物工作者的学习榜样。陈旭教授离开我们一周年了,我们要学习他热爱党、热爱祖国、热爱社会主义的鲜明立场,学习他对科学和教育事业的负责精神,学习他严谨不苟的治学态度,学习他孜孜不倦的工作作风,学习他严于律己的高尚风格,为我国地质古生物学的发展努力地工作。

原刊于《微体古生物学报》1986年第3卷第1期

第五章

古无脊椎动物学家

（上）

中国地层古生物学奠基人孙云铸教授

文／王鸿祯

孙云铸(1895—1979)

　　孙云铸，字铁仙，1895 年 10 月 1 日生于江苏高邮的一个仕宦家庭，在兄弟中年龄居长。1910 年离家赴南京读中学，受"实业救国，科学救国"思想的影响，立志学习理工科。1914 年考入天津北洋大学堂专科，1916 年升入本科采矿系。1917 年北京大学地质系恢复，他于 1918 年转入北京大学地质系。1920 年以优等成绩毕业，留校任教，同时任职于农商部地质调查所。1926 年孙云铸赴德国留学，1927 年获哈勒大学博士学位，回国后任北京大学古生物学教授。1935 年他趁休假之便再度访问欧美，1936 年回国，任广州中山大学地质系客座教授。1937 年北京大学南迁，成立西南联合大学，孙云铸任地质地理气象系主任。1946 年北京大学迁回北平，他继续任地质系主任。新中国成立后，1950 年成立中国地质工作计划指导委员会，他兼任委员。1952 年地质部成立，他任教育司司长。1960 年中国地质科学院成立，他任副院长。

　　1922 年成立中国地质学会，孙云铸是创立会员，以后他多次担任书记、理事长。1929 年他倡议成立中国古生物学会，并任第一任会长。1952 年中国海洋湖泊学会成立，他是第一任理事长，1978 年被选为名誉理事长。他还曾当选为国际古生物协会副主席(1948—1952)。1958 年他当选为苏联古生物学会名誉会员。

　　1955 年中国科学院成立学部，孙云铸补选为生物地学部委员，其后为地学部委员。他还曾任第三届全国人民代表大会代表，第二、三届中国人民政协全国委员会委员。自 1952 年起，他担任九三学社中央委员。1979 年 1 月 6 日在北京因病逝世,终年 83 岁。

　　孙云铸教授是中国著名的古生物学家和地质学家,是中国古生物学和地层学的奠基人之一,同时又是一位影响深远的地质教育家。孙云铸教授自 1918年入北京大学地质系起,到 1979 年逝世,在中国地质界的活动超过 60 年。他对古生物学和地层学的贡献是多方面的,在不少领域中他的工作是开创性的。他在地质教育方面的贡献有深远的影响。他在北京大学执教 30 余年,几代地质学者都受教于他。中国有名的地层学家和古生物学家大多数是他的学生。

孙云铸(中左五)与中国地质事业的奠基人——章鸿钊(前左一)、丁文江(前左二)、翁文灏(前左四)等地质界前辈及外国学者葛利普(前左三)、德日进(前右一)合影(1933)

　　孙云铸教授在学术上的主要贡献是在古生物学和地层学方面。他长期从事教学和科研活动。他总是把教学和科研两个方面很好地结合起来,做到既出成果,又出人才。

　　在科研方面,孙云铸治学的特点是善于把点上的深入同面上的扩展很好地结合起来,又善于从总体上把握一门科学的现代发展及其与相关学科之间的关系。他的科研活动可以分成 4 个阶段:第一阶段自 1920 年至 1927 年,第二阶段自 1927 年至 1937 年,第三阶段自 1937 年至 1949 年,第四阶段为 1949 年以后。第一阶段他将主要精力用于三叶虫的研究,但他最早发表的论文之一是关于古生物学在科学上的地位(1923)。1924 年他的《中国古生物志》专著是中国学者的第一本大型专著。他的工作并不限于古生物,1926 年他代表中国参加在马德里举行的第14届国际地质大会,提出了概括论述中国下古生界的论文。这是中国学者首次提交国际会议的有分量的论文,引起了国际上的重视和好评。

他留欧期间,在德国哈勒大学从学于著名地质学家瓦尔特(J. Walther)教授,博士论文是有关三叠纪菊石的形态及功能研究。在这一时期,他还曾访问英国帝国学院的著名古生物学家瓦兹(W. W. Watts)教授,并与斯塔布菲尔德(C. J. Stubblefield)博士等互相切磋。当时他已是较成熟的古生物学家,得到瓦尔特和瓦兹两位名家的指引,受到他们的渊博学识和学风的熏陶,使他扩展了国际学术上的交往,对他以后在中国地层古生物方面所作的广泛贡献有重要的影响。

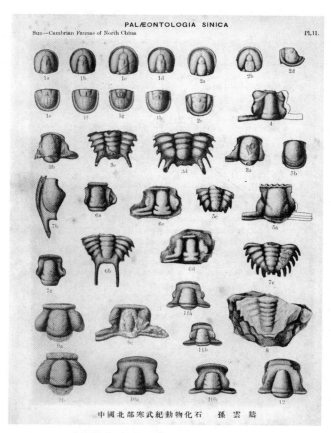

《中国北部寒武纪动物化石》(1924)图版

孙云铸(1924)研究过的三叶虫标本

1927 年以后,孙云铸在古生物门类的研究方面扩展到笔石、头足类和棘皮类等,同时更加注意到古生物和地层的综合研究,从范围上扩展到中国南方。1931 年他发表有关笔石的论文是对中国含笔石层的全面概括。在这一时期,他完成了有关三叶虫和笔石的几本《古生物志》专著,其中 1935 年的中国北方上寒武统三叶虫,是在李四光教授蜒科著作后的最详细的生物地层著作。1937年所著关于内角石归属的论文在角石演化方面有重要的意义。此外,他还两次(1929,1937)总结论述了中国古生物学研究的进展。1935 年他再次访问欧美,不仅访问了许多古生物地层方面的知名学者和重要研究机构,还对欧美著名的古生界地层剖面进行了实地考察。特别是他在马堡大学结识了卫德肯(R. Wede-kind)教授,相互讨论了生物地层学和地史学的理论问题及珊瑚古生物学问题。

从 1937 年至 1948 年,由于战争的影响,地质科研工作处于困难阶段。北京大学南迁昆明,孙云铸在这一阶段中的研究主要围绕云南及邻区的地层问题。他一方面对三叶虫、菊石、笔石和棘皮动物继续进行研究,发表论文,一方面提出了综合性或总结性论著,涉及更广泛的学科和领域,标志着他学术成就的一个新阶段。在地层的理论和总结方面,他提出了(1943)中国古生代地层时代划分的三项原则,把地层接触关系同古地理演变和构造运动联系起来,同时概略论述了云南古生代地层问题(1948)。在地史发展和大地构造方面,他提出了中缅(滇缅)地槽在早古生代的范围和性质(1945)。在生物群演化和生物古地理方面,他在第 18 届国际地质大会上提出了(1948)太平洋是早古生代生物的主要演化中心的见解。此外,由于学校南迁,图书、仪器、资料均感缺乏,他就组织大家更多地进行野外工作。他不仅在大量实践的基础上,总结了云南的志留系和泥盆系,还领导了保山地区的区域地层和地质制图工作。在所有这些工作中,他都是把本科生和研究生的教学以及青年教师的培养结合进行的。

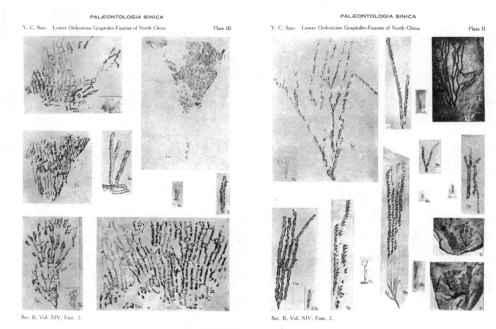

《中国北部下奥陶纪之笔石》图版

新中国成立以后,孙云铸的学术著作相对集中于各时期地层界线的论述和对一些基本地质问题的思考。他从多方面论证了寒武系的下界及其内部界限。同时,根据晚泥盆世晚期乌克曼菊石(Wocklumcria)群的发现,在第 5 届国际石炭纪地质大会上,提出了中国石炭系的下界问题。他还从古生物群的混生和混合现象探讨了中国古生界各系之间的界限问题(1959),同时也从海侵的基本概念出发讨论了古生代各纪生物群的性质及地理分区问题(1963)。此外,他还阐述了葛利普(A. W. Grabau)教授的脉动学说,并从学科整体上论述了地层学与古生物学的关系(1951)。

总结起来,孙云铸教授的学术著作和论文超过 100 种。其主要著作和论文作包括古生物学 24 种,地层 16 种,生物古地理 3 种;大地构造 1 种,学科理论综述等 11 种。古生物著作中有《古生物志》专著 6 种,其中三叶虫 3 种,笔石 2 种,珊瑚 1 种。他长期担任《中国古生物志》编辑。这里应当说明,他早年很注意珊瑚研究,并积累了丰富资料。在他访问卫德肯教授之后,迅速完成了

（1937）中国泥盆纪四射珊瑚文稿，由于种种原因，直到1958年才在《中国古生物志》上发表。

在教学方面，孙云铸教授长期任教，从1920年至1952年从未间断。他是葛利普教授来华后第一个助手和同事，长期协助葛氏准备教材资料。1927年他旅欧归来，除与葛利普共同讲授古生物学和地层学外，还第一次开设了"中国标准化石"课程。当时他与地质系学生交往无间，参加和指导他们的学术活动，在北京大学《科学季刊》撰文介绍古生物学发展史。1929年倡议组织中国古生物学会，将生物学理论如进化论和达尔文主义吸收入古生物教学，列入古生物研究的内容。他一直兼任地质调查所的古生物研究工作，对后进指导协助，关心备至。

在1937年至1946年西南联合大学时期，生活艰苦，教学条件困难。他借此机缘引导广大师生重视野外工作，并鼓励大家自行采集和鉴定标本，短期内搜集了以云南为中心的较系统的区域地层和古生物标本，不但解决了教学上的急需，也锻炼了青年教师的工作能力，增强了他们的基本功。他十分重视教师队伍素质，多方聘请有名的学者到校任教或短期讲学，根据当时的条件，开展了多种形式的学术活动。他也非常重视动手的能力。他鼓励研究生同青年教师一起，克服很大的困难，短期集中到乡间实验室，在德籍教授米士的指导下，进行严格的岩石显微镜操作训练。这就使条件十分困难的西南联合大学地质系师生养成了注重野外和不畏艰苦、联系实际、勤于思考的优良学风。他本人在这一时期，除讲授古生物学、地史学外，还开出地层学原理、标准化石等课程，在科研方面更是拓宽领域，涉及区域地层和大地构造，使教学与科研相结合、古生物学与地层学相结合、地层古生物学与区域地质构造相结合，形成了教学、科研活动蓬勃开展、人才辈出的局面。回溯30年代末期到40年代中期，西南联合大学地质方面的学生和青年教师中，许多人成长为地质学各学科、各方面造诣很深的专家，其中有44位现为中国科学院院士（地学部）。他们之中有的是矿物岩石或其他方面的专家，但在当时，他们的第一项科研成果却是在孙云铸教授指导下写成的古生物论文。由此可以窥见他的育才之广和诲人之勤。

新中国成立之初，孙云铸积极响应并规划培训矿产地质以及有关外贸方面的人才。他在担任地质部教育司长期间，对全国高等和中等地质教育的建设及专业设置反复筹划，尤其是对地质教材建设十分关怀，并亲自领导写出了第一本中等地质学校用的地史古生物教程。1952年以后，孙云铸虽然离开了教育界,但在中国地质科学院工作时,对后进学者悉心指引,无限关怀,并坚持野外观察,亲自到一些野外地质区测队或工作队进行现场指导,予基层地层古生物工作者以很大的鼓舞。孙云铸教授堪称中国地质古生物界的一代宗师,也是中国地质界的一位良师长者。他待人以诚,平易近人,对后进者关切备至,数十年如一日,凡曾亲受教诲的学生无不深志不忘。

孙云铸教授的一生大半是在新中国成立前度过的。他为人坦直,刚正不阿。在新中国成立前,他洁身自好,不与反动势力合流,爱护青年学生,同情学生运动。他于1948年秋赴伦敦参加第18届国际地质大会后留英访问,即与留英的进步人士接近,并参加了进步的国际科学工作者协会。1949年北平解放,他毅然谢绝了到澳大利亚讲学的邀请,回到香港,经历了不少困难,绕道回到北京,他的政治态度是鲜明的。1951年孙云铸教授加入九三学社,1952年当选为第三届中央委员,1956年、1958年连续被选为第四届、第五届中央委员。他在50至60年代长期担任所在机构九三支社的主委,热心社务,在领导学习和健全基层组织方面做了大量工作。在此期间,他还曾当选北京市第一至第四届人民代表和第三届全国人民代表大会代表,并曾担任第二届、第三届全国人民政协委员,对新中国的政治生活表现出很大的热情,作出了积极的贡献。

原刊于《中国地质教育》1995年第3期,曾发表于《中外地质科学交流史》

怀念建猷夫子

文／顾知微

尹赞勋(1902—1984)

　　尹赞勋教授字建猷，在50多年的科学工作中，曾从事过古生物学、地层学、火山学、洞穴学、区域地质、大地构造学、板块地质学和自然科学史等许多方面的研究，工作领域宽广。

1982年黄汲清(左)、尹赞勋(中)、李春昱(右)在北京地质学院合影

　　就在古生物的研究工作中，他也涉猎较广。在他的第一篇古生物学论文（法国加尔和埃罗两省齐顿阶动物群的研究）中，所研究的化石即有甲壳类，软体动物的头足、腹足、瓣鳃三类，腕足动物，棘皮动物和腔肠动物等许多门类。1980年我们参观里昂大学时，曾受引导观看了他这篇论文的手稿和原始材料。

他后来还研究过鱼粪化石和 A. W. Grabau、孙云铸当时也不知为何物的二叶石 *Cruziana*。他早年所著的四册古生物志,表明他研究软体动物化石最多,其中一册系与许德佑合著,其原稿、图版和校样不幸毁于战火。新中国成立前建猷师曾将许德佑遗下未描述的

尹赞勋研究发表过的鱼粪化石

贵州西南部海相三叠纪双壳类化石交我补成,但后应国家需要,我改做淡水双壳类化石和陆相中生代地层研究,将此任务转交他人续做,至今未能如命完成,颇为愧疚。1976年建猷师还与骆金锭发表文章,介绍国际古生物学界的重大发现——古生物钟,以加强古生物节律的研究,可惜此后很少有后继者就我国化石材料加以阐明。

1980年尹赞勋院士(前中)与张文佑院士(前右)等接受国际地层委员会地层划分分会赠书与 H. H. Hedbery(前左)合影

在尹赞勋教授的地层学工作中,除第三系外,对显生宇的各系都曾研究过,其中对志留系着力最多。在此系地层的化石中,笔石甚为重要,也是他研究次

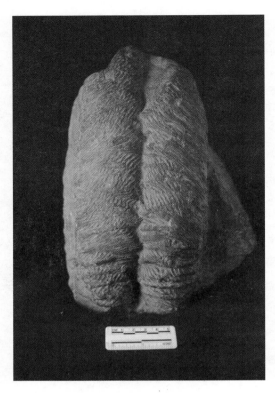

尹赞勋(1932)研究发表过的三叶虫遗迹化石

多的化石门类。1949 年他主要用笔石和珊瑚化石总结了中国南部志留纪地层的分类和对比;1965 年赴澳大利亚访问时,曾做了《志留纪之中国》的报告。所以同行中有人认为他是我国志留系研究的开拓者,赞誉他为"尹志留"。1956—1959 年他主编或合编了《中国区域地层表(草案)及其补编》及《中国地层名词汇编》,1966 年还与他人共同编著了《中国地层典(七)石炭系》一书,以供示范。为 1959 年全国地层会议而写的《中国地层工作的成就和地层学的发展》和《地层规范草案及地层规范草案说明书》,做了全国地层工作的首次总结;后者将群、组、段、带和界、系、统、阶等地层名词与代表时间的代、纪、世、期等地质时间名词分别规定了不同的用法,从此不再含混不清。这些足以说明尹教授对我国地层工作的全面重视。1979 年他在第二届全国地层会议上所做的《二十年来我国地层工作的进展》报告,是他多年的心得积累,更是他几十个夜晚奋战的结晶,文中全面、系统、精辟而恰当地评论指导了全国地层工作,当时赢得了国内外同行的高度评价。我事前为建猷师此文所提供的素材,在这一报告中分别得到采用和删除,受益良多。

他对我国地壳构造运动的名称,曾与黄汲清等合作,从地层学的观点进行过整理并提出意见。1978 年领衔发表《论褶皱幕》一文,在肯定德国 H. Stille 贡献的同时,有力批判了他的褶皱幕全球同时性、短暂性等错误观点,并对我国褶皱幕的命名、使用提出建议。对于 60 年代国际地学界出现的板块构造重要学说,即使在"文化大革命"期间遭受不应有对待的恶劣条件下,依然勤奋刻苦地将其引入我国,使板块构造研究后来在我国蓬勃发展。此外,他还引进了古地质学,1944年与谌义睿、秦鼐合著编制的贵州遵义、湄潭、绥阳间的古地质图,是我国最早的古地质图。

尹教授在我国的第一次野外地质工作,是1931年去哈尔滨顾乡屯发掘第四纪哺乳动物化石,当年即著文介绍,引起国内外学者关注。以后,他间断地对我国的第四纪地质做过观察研究,对第四纪研究相当关心。他写过洞穴喀斯特学文章4篇:1篇为对河北省房山县上房山云水洞的旅游纪实和地质记述,3篇为更广泛的科学解释和论述喀斯特研究工作文章。火山学的文章5篇,除1篇是书评(火山的英文字volcanism的字源)和另一篇论中国近期火山外,余3篇都是关于山西大同火山的。其中后两篇写作,起因于苏联岩石学家 B. И. 列别金斯基1958年错误地认为大同火山要近期爆发,从而引起大同居民的惊慌。这时他已73岁且正患感冒,但为了大同人民,仍旧冒着初冬的凛冽寒风重登大同群丘复勘岩石,复察他1933年文章的观察,结果进一步肯定大同火山是死火山,"终止于大约六七万年前的马兰中期"。他在三级干部会上告诉给当地干部和贫下中农代表。为此,县委书记曾一再表示,这一报告是给大同人民吃了"定心丸"。这样,他的工作制止了流言,安定了人心和人们的生产和生活,"作出了人民科学家应作出的贡献"。

新中国成立后,他在繁忙的组织领导事务和社会活动中,曾投入工具书的编写工作,"甘当铺路石",《中国区域地层表(草案)》《中国地层名词汇编》和《中国地壳运动名称资料汇编》,即是他和别人的这类工作成果。

尹赞勋教授大力培养后人,他的研究课题一旦有后来人出现,他便"毫无保留地将成果奉献给别人继续从事研究"。他将笔石和志留纪地层的研究转交给穆恩之,是这方面的典型做法,此外对许德佑、张守信和我,都曾有类似转让,他自认这是"立足培养青年人,以利科学的发展"。

建猷师归国后近20年的工作道路,看似顺当"腾达",而实际是不符他理想的,半生坎坷,终致认识科学救国之路不通,对旧中国的深刻认识,使他对新中国和共产党无限向往。

新中国成立前,在以副所长兼代地质调查所所长期间,据建猷师自叙:"……我已兼代所长一年有余,抱负不伸,业务荒废,苦闷之极,遂上书求免。内称:'承乏年余,所务了如指掌,渐知利弊兴革之道,而部长高高在上,发号施令,实难应付。迫不得已,请求另派高明。'据云,他(翁文灏)拆读此信,浑身哆嗦。事后,所中同仁名之为万言书。正如李白诗所云:'安能摧眉折腰事权贵,使我不得开心颜'。"在任江西省地质调查所所长期间,他自记:"除了初到时拜访熊式辉(省长)外,只向顶头上司……按时汇报请示。在南昌时一如既往,不参加地质以外的活动,不与闻外事,也不拜访当地高级官员。……所以当局在1939年下半年停发江西省地质调查所经费,其原因想必在此。"他鄙视权贵,暮年诗有"戡乱战犯脚下踏"之句,但却特书"万人景仰章夫子",对章鸿钊推崇备至。

尹赞勋(1938)研究发表过的三叶虫标本

　　他"回想起艰难的日子里,国民党达官贵人花天酒地,与广大群众和知识分子的清贫生活形成强烈对比"。40年代在北碚生活困难,许德佑"被迫出售专业外文书籍。知者无不叹惜'斯文扫地'。……我也……交拍卖行寄售美制英文打字机、皮大衣等换钱买米。值钱的书八大箱都丢在南京"。1944年古生物学人许德佑、陈康、马以思在黔西野外工作遇匪惨遭杀害,地质调查所和地质界震惊哀愤,建猷师在当时重庆《时事新报》上哀愤地说:"这是学术界的大丧,这是国家的大不幸。……今……为匪所凌辱,刀砍,枪杀,死者能不能瞑目?后死者发生什么感想?……我们宁愿渴死,饿死,爬山摔死,冰天雪地里冻死,决不愿和许先生等遭遇同样的命运。"当时地质调查所的侯学煜也在贵州调查,闻讯后前往料理后事。审讯凶犯后,在遵义附近蒋特巢穴几遭不测,回北碚后还有权威传言,要地质调查所忍耐为高,免吃大苦。1946年秋尹师自四川返回南京时,好容易由同事代为奔走买到轮船票,但"有票无舱,(全家六人)被指定日夜呆在狭窄的船舷靠外缘一面用稀疏钢条作栏杆的人行道上。任凭往来旅客船员践踏碰撞"。所以他慨叹:"重见天日,遥遥无期。……天朗气清春光明媚的图画,距离现实尚有十万八千里。"

在当时这样困顿的生活和工作条件下,尹师不仅不接受翁文灏给他的私人赠款,在被征调到当时重庆的"中央训练团"受训期间,多方推托对付,逃脱了被"劝说加入国民党"的麻烦,成为那期"受训"者的特别例外,与钻营上爬者适成尖锐对比。目睹旧社会的黑暗,他自然对国民党政治深恶痛绝,因而在解放战争取得彻底胜利时,尹师心底早已"准备箪食壶浆,以迎雄师"了。当时国民党当局勒令地质调查所迁往台湾,所长李春昱不愿迁去,但身为所长不便公开表态,这时在全所大会上尹师坚决主张留下,表示不再对国民党抱幻想。他的慨慷发言掷地有声,对全所职工除极少数人外影响颇多。

建猷师早已景仰共产党,解放当日在南京亲见晤谈解放军战士等"可亲可爱之人",使他"深深感到我确实是置(身)于一个全新的社会之中了"。因此1949年4月23日南京解放后,他5月19日即向南京军管会文教委员会刘尊棋提出早日加入中国共产党的愿望。"经过整整30年的磨砺和诚挚的追求",即使在"文化大革命"中受过不应有的对待,他终于1979年如愿以偿,成为中国共产党党员。入党前即已在大同火山的复勘中表现了全心全意为人民服务的品德,入党后更是夙夜匪懈,以致罹患不治的白血症,殁于1984年初去世。

建猷师对青年着意培养,不仅对马以思的殉难极为悲痛,还培养了穆恩之等很有学术成就的科学家,只我愧对尹师深望所成过少。但他为了公正避嫌,始终未设法推荐他云南行中的得力助手出国深造。

建猷师一生正直坚强,勤奋努力,但去世前还检查自己"功不多而过不少",一再认为他较之黄汲清先生"拿来"西欧学术施用于中国而愧所不及。

建猷师在我国地质古生物学界已树立了学人楷模,令人永远怀念。

夫子之风兮,山高水长;
夫子之望兮,令我心伤!

原刊于《第四纪研究》1994年第2期

云横秦岭家即在
黄汲清在地层古生物学上的卓越贡献

文 / 潘云唐

黄汲清(1904—1995)

　　中国地质学会理事长黄汲清教授是我国当代杰出的地质学大师。他主要以大地构造学家而著称于世。然而，他的成就遍及地质科学很多领域，尤其是他早期，在古生物学和地层学方面曾作出卓越贡献。

茅庐初出试锋芒　　西山地层谱新章

1928年秋，黄汲清(后排左)毕业时与北京大学地质系同班同学李春昱(前排左)、朱森(前排右)、杨曾威(后排右)合影

　　黄汲清1924年由天津北洋大学预科转入北京大学地质系本科，他在名师王烈、葛利普、李四光等教授精心培养下，刻苦用功，成绩优秀。1927年他23岁，上大学三年级时写出了第一篇学术论文《北京西山的寒武纪奥陶纪层》，发表在《中国地质学会会志》第6卷上。他首次把北京西山地区原来笼统称作"寒武奥陶系"的地层分开，又把新分出的下奥陶统与开滦地区对比，发现驻开滦煤矿的英国地质学家马休把因冲断层重复的下奥陶统地层分成了两个单元，从而纠正了马休的

错误。中国地质学会和实业部地质调查所为这篇论文特意颁发了 140 块银元的奖金予以表彰。黄汲清出生在四川省仁寿县偏僻山乡一个世代书香门第，家中不算富有，他于是课余常常创作科普小品、政论文章等，向《晨报副刊》及英文《北京导报》等供稿，还在文治中学等校兼课。而这次的 140 元巨额奖金无疑是对他学习的重大支持。

书五卷屡建奇勋 "黄二叠"中外驰名

1928 年，黄汲清以优异成绩从北京大学地质系毕业，在实业部地质调查所工作。他最初与王竹泉等调查了东北和华北的煤田地质，随后又与赵亚曾等去陕、川等地详细考察区域地质矿产。赵亚曾在云南昭通惨遭土匪杀害，他无限悲痛，双肩挑起考察任务。以后他下云南，入贵州，与丁文江、王曰伦等会合。有一次，他们在贵阳附近见到一处石灰岩变质较深，而定为震旦系，晚上回到旅店烤火时，丁文江陷入沉思，很不放心地对他说："老黄，今天这个震旦系也许靠不住，明天要出去重新打一打化石，否则弄不好会丢我们三个'大地质学家'的人。"次日他们终于找到了克拉拉蛤等化石，从而把地层准确地定为下三叠统。这事给了黄汲清很深的教育，使他深感化石的重要。他完成调查任务回北平后，在葛利普等亲切指导下，把自己和中外地质学家所采集的化石标本结合野外地层资料加以系统总结，完成

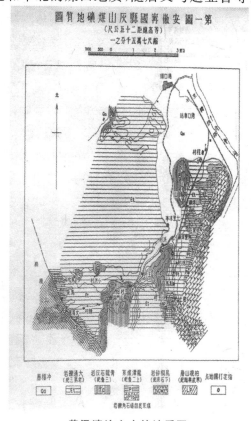

黄汲清论文中的地质图

了四大部《中国古生物志》专著:《扬子江下游栖霞石灰岩之珊瑚化石》(1932年,与乐森璕合著),《中国南部二叠纪珊瑚化石》(1932),《中国西南部后期二叠纪之腕足类》(1932),《中国西南部后期二叠纪之腕足类,下编》(1933);还完成了专著《中国南部之二叠纪地层》(1932)。

黄汲清治学严谨,一丝不苟。他很敬重自己的老师、学术前辈,但又绝不盲目迷信权威。他当时常去葛利普家中请教,葛利普患足疾,行动不便,在家中从事地质古生物学研究。有一次,黄汲清见葛利普的古生物论文中定了一个新种,他发觉有问题,再对一下标本,弄清了原来这与他本人所采的标本完全相同,应是一个旧种——"戴维氏长身贝"(*Productus davidi*)。他立即向对方提出,葛利普经过查证,完全同意了他的意见,取消了原定的新种。他敏锐的观察力和刻苦钻研精神,给葛利普留下了深刻的印象。

黄汲清的五大部专著奠定了中国二叠纪古生物学和地层学的基础,尤其是最后一部,是中国地质学史上第一部断代地层总结,是中国人第一次搞清一个系的地层全貌,它还纠正了前人若干错误。他的这项成果受到国内外地质学者一致的好评。1933年在华盛顿举行的第16届国际地质学大会上,美国地质学大师舒克特在他所宣读的世界二叠系总结报告中立即加以引用。后来,在1937年黄汲清到莫斯科出席第17届国际地质学大会时,参加二叠纪分组讨论会,被推为会议执行主席。

黄汲清不愧是我国二叠纪生物地层学的奠基人,他因此而赢得了我国地质界同仁赠送的"黄二叠"的雅号。新中国成立前与他齐名的古生物地层学家有"孙寒武"(云铸)、"张奥陶"(鸣韶)、"尹志留"(赞勋)、"田泥盆"(奇璃)、"计石炭"(荣森)、"许三叠"(德佑)等等。

不阿权贵求真知

黄汲清在二叠纪生物地层学上的成就,已使他中外驰名。他1932年至1935年留学瑞士,在浓霞台大学获理学博士学位,以后又遍访欧美各国,考察地质,访问地质科学机构,结识了很多杰出的地质学大师。在瑞典,他访问了著名古植物学家赫勒、乌普萨拉大学的诺林教授以及皇家学会的地学大师斯文·

赫定教授等,都受到热烈欢迎。

　　黄汲清到英国会见了著名珊瑚化石研究的权威斯坦利·史密斯。他在自己的珊瑚专著中,曾经指出史密斯以往一部二叠纪珊瑚著作厘定的一个新属新种有错误,这次史密斯见到黄汲清就正式表明,他原来所认为的新属新种实际正是黄所认为的"印度瓦根珊瑚"。

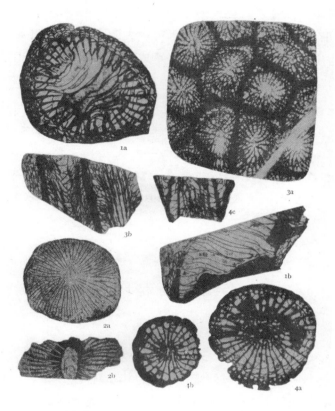

黄汲清发表的珊瑚图版,化石产自广西南丹县公鸡山,为丁文江 1930 年采集

　　黄汲清到美国不几天,由一家石油公司的地质学家陪同去得克萨斯州的"玻璃山"参观二叠系标准剖面,他在一天内采集到若干奇特的腕足类化石标本,经研究是"蕉叶贝"的新种,后来写了一篇文章发表在《中国地质学会志》上。美国同行们看到他们成年累月都视而不见的东西,这位中国的青年地质学家几天就从中有了可贵的新发现,不禁对他很佩服。

　　1936 年春,黄汲清载誉归国,很快被任命为实业部中央地质调查所地质主任。抗战初期,该所迁离南京,经湖南长沙辗转到了重庆北碚。黄汲清由代所长继而担任所长,实际领导着大后方的地质矿产资源考察工作,在煤炭、石油、铁等急需的战略资源寻找方面作出了很大贡献。然而黄汲清丝毫无心名利,他拒绝旧中国地质界权威高官厚禄的诱惑,于1940年毅然辞去所长职务,专心从事实际工作,他尤其潜心研究二叠纪地层。1942年8月,他与李陶、曾鼎乾再度登上华蓥山研究二叠系。夏天的早晨,海拔1500多米的高山顶上仍然寒气袭人,要披上棉袄。他们啃几个熟红薯,喝一大碗汤,就出去开始一天的辛勤工作。他以苦为乐,豪情满怀,在野外即兴草成了《青年地质学家山歌》数首,兹录一首如下:

> 手把锤头出大门,上高坡,下深谷,越大山,爬峻岭,前行前行复前行。美丽的化石,整齐的地层,复杂的是褶皱,逆掩的是断层,不论它花岗岩,不论它橄榄石,不管它矿产是金是银,一齐收入我背囊头,一齐写上我笔记本。风吹、雪舞、日晒、雨淋,还有毒蛇猛兽,老二强人,不必怕,不要紧,我们都是征服自然界的人。过流沙,驰草地,渡大江,穿茂林,前行前行复前行。

老骥伏枥志千里

1945年,黄汲清前半生的代表作——《中国主要地质构造单位》一书问世了。黄汲清批判地吸取当时国外流行的大地构造理论"地槽－地台学说",结合中国地质实际,提出了"多旋回构造运动学说",系统地划分出中国主要大地构造单元,阐述了其特征。这部作为中国地质学史上重要里程碑的总结性著作,使他跻身于世界一流地质学家的行列,并于1946年与李四光、杨钟健等一起当选为中央研究院院士,他当时仅42岁,是数十名院士中最年轻者。

1948年,他到英国出席第18届国际地质学大会,并再度游历、考察欧美等国。至1949年初,国内革命形势迅猛发展,蒋家王朝风雨飘摇。反动学阀傅斯年这时电邀他去主持台湾大学地质系,他严词回绝,毅然回到祖国,迎接了新中国成立。

新中国成立后,黄汲清受到党和人民的充分信任,起初他在重庆任西南地质调查所所长、西南地质局局长。1954 年,他赴京任地质部普查委员会常委,以后任地质部地质科学研究院副院长,中国科学院地学学部委员兼副主任。1979 年,他再度当选为中国地质学会理事长,并兼该学会构造地质专业委员会主任委员。他同时也是九三学社中央常务委员,第五届全国政协常务委员。

黄汲清在新中国成立后主要担负全国地质矿产普查的业务领导工作,并带领广大中、青年学者勇攀大地构造的科学高峰。然而,他仍然做了不少古生物地层学的科研工作。在 1959 年第一届全国地层会议上,他做了《中国地层区划的初步建议》和《煤、油、铁、磷、铝、铜六种沉积矿产与地层的关系问题总结》的报告。他根据对大地构造演化、沉积岩相古地理、古生物群等特征的综合研究,提出地层区划的原则,为编制地层表打下基础。他还强调地层对矿产的控制作用,特别为沉积矿产的普查勘探指明了方向。

20 世纪 60 年代,肖序常(左一)与黄汲清一起讨论地质问题

黄汲清最近还对笔者提起:"中国的二叠系研究大有可为,陕西镇安、贵州晴隆两个经典剖面地区值得大干特干,要详测地层厚度,逐层采集化石,好好综合研究它一两年,一定能赶超国际先进水平。"黄汲清以 78 岁高龄,不减当年之勇,他为"四化"勤勤恳恳、艰苦奋斗的崇高精神,永远是我们青年一代学习的榜样。

原刊于《化石》1983 年第 1 期

泥盆纪学说的奠基人

记著名地质学家田奇㻬①

文/田开镒

田奇㻬 (1899—1975)

　　有的人活着,他却死了;有的人死了,但他仍还活着。活着的人死了,死去的是灵魂;死了的人活着,活着的是精神。著名地质学家、中科院院士田奇㻬就是这样一位辞世多年却将献身地质科研事业的精神长留人间的科学家。

---

　　① 关于田奇㻬先生名字中的"㻬"字不同文献中有多种写法,其中本文原文为"镶"。考察田奇㻬先生发表过的文章,作者名多写作"㻬"(如 1924 发表于《地质汇报》中的《磁州及六河沟煤田地质》和《直隶临城煤田地层》,1936 年发表于《中国地质学会志》中的《Orogenic movements in Hunan》,1937 年发表于《地质汇报》中的《湖南宜章广东乳源狗牙洞煤矿地质》),但 1931 年发表于《中国地质学会志》的《The fengninian of central hunan, a stratigraphical summary》一文中作"瑂",1948 年发表于《地质论评》的《湖南雪峰地轴与古生代海浸之关系》和 1961 年发表于《中国地质》的《中国铝土矿床的类型、特征及其生成条件》两文中作"㻬",1938 年发表的《湖南泥盆纪之腕足类》和 1964 年发表于《中国地质》的《关于超基性岩的分类、代号、花纹及色谱的建议》一文中作"㻬"。其他文章以及网站上,田奇㻬先生名字中的"㻬"字更是写的五花八门,例如《国土资源导刊》侬农的《湖南国土资源 60 年简史》一文中作"隽",侯江在《地质学刊》2008 年第 4 期《抗战内迁北碚的中央地质调查所与中国西部科学院》一文中干脆写为"王隽",而徐瑞麟在《地质论评》1940 年 5 月的《广西西湾煤田地质》、郭金海在《中国科技史杂志》2011 年第 4 期的《1957 年中国科学院学部委员的增聘》、乔丽和黄冰在《科技导报》2018 年 12 月的《英文版〈中国显生宙腕足动物属志〉编著出版》两文中写为"瑂",中国科学院主办的《科学新闻》2015 年 5 月为纪念中国科学院学部成立 60 周年特刊中列出的《中国科学院历届当选院士名录》中也写作"田奇隽",王钰在《古生物学报》1956 年 3 月的《腕足类的新种Ⅰ》一文中写作"瑂"。周德忠在《地质论评》1958 年 1 月的《答田奇㻬同志对〈贵州万山汞矿矿床的地质特征〉一文的意见》中写作"㻬"。本书遵从田先生最早发表文章时署名的写法,选用"㻬"。——本书编者注

田奇㻪院士是我国地质界的杰出代表之一,20 世纪 30 年代开始在我国地质领域工作,1955 年当选为中国科学院学部委员(院士),1975 年病逝。田奇㻪为中国的地质事业特别是新中国核地质事业作出了杰出贡献,其开创的泥盆纪学说至今仍在地质领域闪烁着光彩。新中国成立后,他先后担任了地质部地矿司副司长、总工程师等重要职务,是第三届全国人大代表、全国政协委员。毛泽东等老一辈党和国家领导人曾亲切接见了他,周恩来亲切地称赞他为"没有留过洋的专家"。

<h1 style="text-align:center">少 年 才 子</h1>

在世界地质公园张家界境内的天门山,有一处充满神秘色彩的大自然景观——一个高 10 余丈,宽近 10 丈,能看到蓝天白云的山洞。从远处看,山洞就像镶嵌在半空中的一颗蓝宝石。这就是著名的天门洞地质奇观。山下不远的张家界永定区,有一处叫西溪坪村的地方,村中央坐落着一处四合天井式的封火墙土家建筑,在黑漆槽门的上方挂有清朝皇帝钦赐牌匾,看得出这里过去是一家显赫的官宦府邸。1899 年,田奇㻪就出生在这里。

田奇㻪在湖南地质调查所期间的全家福(紧靠其母站立者是其三子田开铭)

田奇瑀的曾祖父田昌典是清朝翰林院的学士,祖父田祚秩、父亲田运厚都是清朝进士。田奇瑀出生在这个世代书香门第之家,从小就受到文化熏陶和严格的教育。辛亥革命后,田奇瑀受科学和民主启蒙运动的影响,萌生了科学救国的理想。1912 年,13 岁的他远离家乡,赴长沙求学。田奇瑀学习刻苦认真。1917 年,他以优良的成绩考入北京大学预科,1919 年升入本科。由于学习成绩突出,连续 3 年荣获由湖南省教育厅颁发的奖学金,该奖学金每年只有 2 个名额,用以表彰在外省市高等学府学习、成绩优秀的湖南省籍学子。1922 年,中国地质学会成立,他以学生的身份被接纳为会友。1923 年初,他的实习论文《南口震旦系地层层序及古生物》在中国第二届地质年会上宣读,受到导师和代表的赞扬。

　　与田奇瑀的优异成绩形成鲜明对比的是,他的求学生活相当艰难。求学期间,由于父亲早逝,家境日趋衰落,在外求学的田奇瑀很难得到家中的接济,因此田奇瑀不得不和许多贫困学子一样,利用课余和假期勤工俭学。课余时间,他去商务印书馆打工做校对,兼任贫民子弟夜校的教师;假期时,他就到地质调研所当临时工,先后做过晒图员、打字员、磨片工、勤杂工等。

　　1923 年,田奇瑀大学毕业,10 月获得学士学位。因其大学阶段学习成绩突出,北京大学分配给他一个享受“庚子赔款”公费留学德国的名额。但是,因感染了肺结核病,同时不愿放弃一项重要的地质调查,他主动将这一难得的名额让给了他人,安心留在北京地质调研所工作,并成为中国地质学会正式会员。

奠基泥盆纪学说

　　1925 年,田奇瑀回湘工作。1927 年创办湖南地质调查所。回到湖南后的田奇瑀,一直在湖南从事地质调查和基础地质理论研究。他的足迹遍布三湘四水,对湖南的地层构造、区域地质特征、矿产资源分布了如指掌,因而在地质学界有“田湖南”的雅号。

　　在湖南工作的 20 年,为探明地质构造,寻找大地断层切面,田奇瑀始终坚持野外实践。他常常身背仪器、帐具、食物,穿林海、钻岩洞,在荒山野岭风餐露宿,与虎狼同行,与毒蛇、蚂蟥、蚊蝇为伴,实地勘察,采集动植物化石及矿石标本。野外调查归来后，他又忙于室内的研究，白天在车间打磨矿石标本，在实验室做化学分析，夜晚在资料室查阅资料文献，在办公室伏案撰写学术论文和地质调查报告。7000多个日日夜夜，他写出并发表了近百篇学术论文和地质矿产报告，有19篇论文和报告被译成多种文字，其中《湖南泥盆纪之腕足类》和《中国之泥盆纪》反映了当年我国古生物地层研究的最高水平，奠定了我国泥盆纪古生物地质学研究的基础。同时，他积极将研究成果转化为现实生产力，领导湖南地质调查所的科技人员艰苦奋斗，为湖南及边缘省份勘探和发现了一批名列世界前茅的大

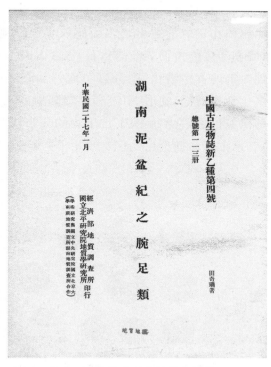

田奇瑰古生物学研究的代表性著作

型铅、锌、钨、锑、汞及其他有色金属矿藏。由于其成果突出，1934年，他获得中国地质学会"赵亚曾研究奖金"。

　　成绩并没有使田奇瑰止步。为了丰富自己的学说，田奇瑰仍沉迷于野外地质调查和地质理论研究之中。1935年的一天，田奇瑰外出地质调查回来，夫人见他肩扛手提箱，气喘吁吁地跨进家门，便替他接过那只手提箱，不料箱子太沉，没等把箱子移到方凳上就重重砸在地上，再也提不起来了。"箱子里装的是金子？怎么这么沉？"夫人问。田奇瑰小心翼翼地将手提箱搬到方凳上，说："你知道吗？里面装的是比金子还贵重的宝贝！"夫人目不转睛地看着他打开箱子，从里面捧出一个又一个布包和纸包。解开布包和纸包，是各式各样的石头。夫人生气地责备："我花钱买的皮箱不是为你装石头的，你怎么这样糊涂？"他笑着回答："多亏这个皮箱，这些化石标本才没有在颠簸和挤压中破碎。你看这些化石，上面那些小生物就是几亿年前统治地球的动物和植物。"他把夫人拉到放置化石的八仙桌旁，那里放着一块经粗加工的片石，上面密密麻麻显现出一群生

有薄壳、长有双翅的小虫，样子有点像在空中飞翔的燕子。夫人为这些小虫的美丽躯体和它们的数量之多而感叹不已。他又挑出几块面上有状似海螺、海蚌、珊瑚和蕨类植物茎叶的化石，告诉夫人，这些都是古生代、中生代、新生代等不同时期的古生物化石，来自于地下几百米深的矿井、海拔千米以上的高山。这些生活在海洋、湖泊、沼泽和潮湿陆地的无脊椎软体动物和植物化石具有重要的研究价值，它们反映了古生物的分布状态和种群发展历程，通过对它们的研究，可推算和推论出几亿年或几千万年前古地理和古气候的特征等。

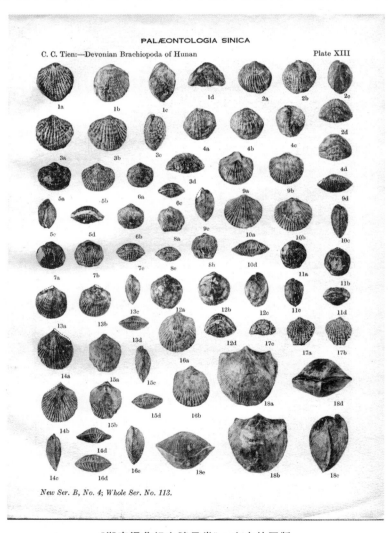

《湖南泥盆纪之腕足类》一文中的图版

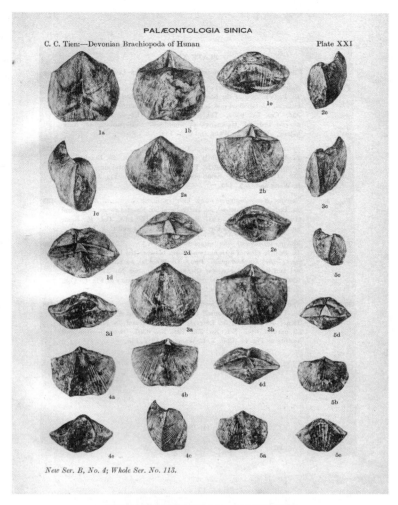

《湖南泥盆纪之腕足类》一文中的图版

　　田奇瑪在野外进行地质调查时，还曾几次遭遇土匪拦路抢劫，虽然被抢去怀表、钱包，但装着矿石和化石标本的牛皮手提箱基本完好无损。他说："舍去点钱财，无关紧要。只要标本和资料不丢失，人身平安，就是大吉大利。"因为箱内装的石头对田奇瑪来说无比珍贵，是他的事业和希望。

　　为推动地质事业的发展，培养地质人才，田奇瑪排除资金不足、资料短缺的困难，组织地质调查所的科研人员自力更生，艰苦创业，收集全国各地的矿物化石标本，整理编写资料，建立起一座当时国内少有的、仅次于南京中央地质调查所规模、颇有知名度的湖南长沙地质陈列馆。

1936 年，湖南省政府派他前往美国进修，因他正在潜心研究湖南泥盆纪的地层，不愿将研究半途而废，故再次放弃了出国留学机会。1940 年，田奇瓅获得我国首届地学界最高奖——"丁文江先生纪念奖"。正是因为这种永不言弃的不懈努力，田奇瓅对泥盆纪的研究日趋完善，并开始享誉国内外。他也由此得到地质学界"田泥盆"之美称。

与党亲密合作

新中国成立前夕，国民党政府把目标对准当时规模仅次于南京的湖南地质调查所，强令该所搬迁到广州，经香港转道台湾。1948 年冬，已与长沙地下党组织取得联系的田奇瓅，按照地下党指示，联络研究人员和职工，坚决不走，保护全所财产，静待解放。1949 年 8 月，长沙和平解放，当日省政府军代表就来到地质调查所，感谢大家保护了人民财产，勉励大家在原岗位上努力为人民工作。

1951 年，中南军政委员会中南地质调查所在武汉成立，田奇瓅调武汉任所长。1952 年该所撤销，成立中南地质局，朱效成任局长兼党组书记，田奇瓅任副局长兼总工程师。对于这一安排，他十分坦然，对夫人说："朱效成同志做事认真负责，很讲政策，平易待人，同这样的一把手合作，我十分满意！"

中南军政委员会工业部第三地质调查所全体同仁 1951 年春节合影，前排左五为田奇瓅

田奇瑀夫妇住在汉口洞庭街 55 号局机关宿舍,与朱效成局长家只一墙之隔,两位局长毗邻而居,合作共事,亲密无间。朱效成十分尊敬他,从不因他是党外人士而另眼相看,凡重要决策,都要请他参加研究,技术方面的事都交给他处理,处处帮助他树立威信。有一次,田奇瑀主持局工作会议,一位地质大队队长因工作意见分歧与他发生顶撞,朱效成知道后,把这位队长带到田家,当着田奇瑀的面严肃批评了他,这位队长也当面向田奇瑀做了检查并赔礼道歉。

当时,为了让进城干部尽快掌握技术知识,组织上号召党员干部向技术人员学习专业知识,并举办了地质知识讲座,请田奇瑀主持讲课。朱效成参加革命前是读师范的,为了工作需要,也抽出时间自学地质专业知识。他每期带头听课,还经常在星期天抱着一卷地质文献或工作报告敲门而入,向田奇瑀请教。在这样的日子里,两位局长家就成了业务知识研讨室,有时宿舍楼里的一些干部也被吸引参加,气氛十分活跃。朱效成经过刻苦自学,地质专业水平提高很快,后来成为党内领导干部中自学成才的地质专家。

一位是革命老干部、局长兼党委书记,一位是旧社会过来的知识分子、副局长兼总工程师,为了建设社会主义,为了祖国的地质事业,走到一起并肩工作,一位给另一位带来了党的关怀和温暖,另一位在党员干部的先锋模范作用激励下更加忘我地工作。40 年过去了,许多当年在中南地质局工作过的老同志回忆起这段往事,都很有感触。

勇挑新中国地质勘探技术重担

调武汉任职后,特别是担任中南地质局副局长兼总工程师后,田奇瑀的工作重点由地质科研移至地质勘探技术行政管理。20 世纪 50 年代,他先后参与指导了大冶铁矿、海南岛铁矿、江西永新铁矿、湘潭锰矿、平顶山煤矿的勘探和开发,以后还积极参与指导了湖南铅锌矿、江西钨矿的开发,江西东乡铜矿、河南和贵州两省的铝矿、安徽铜陵铜矿的勘探规划和资源评价,为第一个五年计划的实施和武汉钢铁联合企业所需铁、锰、煤等资源开发作出了积极的贡献。

1955 年,田奇瑀调京任全国矿产储量委员会副主任和总工程师,主持制定了我国首部矿区地质勘探原则等条例制度,成为我国矿产储量专业开创人之一。为填补我国铬、钼、铂、镍、锡、铋以及黄金等稀有金属的短缺,田奇㻪多次主持了全国铬矿、金矿等稀有金属的普查工作会议。为掌握第一手资料,会议前后他都要亲赴矿区调查,做矿床、矿脉的研究,对矿藏储量做出正确的评价,并在会上提出找矿、探矿、普查的重要指导意见。

同年,中央军委决定研制原子弹,发展自己的核工业。毛主席和中央军委领导同志紧急召见了地质部长李四光、部党组书记何长工,询问我国核原料特别是铀储量的资源情况。因当时铀矿的储量统计还是空白,李四光部长、何长工书记向部领导成员传达了中央军委的指示,成立了核工业矿产资源调查领导小组,负责铀等核原料的储量及矿产分布状况的调查,任命宋应副部长(兼全国矿产储量委员会主任委员)、刘景范副部长和苏联专家为正副组长。当时任全国矿产储量委员会副主任委员兼总工程师的田奇㻪也是技术核心组的成员。由于赫鲁晓夫拖延、违约,我国核弹研制计划被延误,与苏联专家合作的铀矿勘探工作进展缓慢。

1959 年,中苏两党关系破裂,苏联专家撤走,有关技术资料也被带走。中央军委决定自己独立研制核弹,自己进行核原料的储量调查及矿产开发。田奇㻪受命挑起我国核原料和铀矿储量勘测的技术业务重担。他依据中国大地层构造理论,划出含铀矿层区域,制定重点矿区调查和勘测规划。经专家组的讨论通过将工作方案上报部领导批准,经中央同意,由地质部统一领导,联合核工业部、冶金工业部、科学院地质所,还有中国人民解放军"黄金部队",紧锣密鼓地在全国开展了铀矿等核工业矿产资源的普查。为保证普查资料的准确无误,一旦发现铀矿,田奇㻪等专家即亲赴矿区进行检验。不久,全国矿产储量委员会向中央报告,中国铀矿资源充足,完全可以满足制造核弹和核工业生产的需求。这一喜讯极大地鼓舞了核科技人员的斗志和信心。

以田奇㻪为代表的中国地质学家,为新中国的核工业发展作出了不可磨灭的贡献。

可贵的品质

"大跃进"时期,各省都"以钢为纲"大办钢铁,根本无工业开采价值的铁、煤矿被违章开矿,不但矿产资源被破坏,还引发了一些工程质量问题,使人民生命和财产遭受严重损失。田奇瑪对这种不顾后果、得不偿失的做法深感痛心。1962年,田奇瑪以全国储量委员会副主任的名义,在地质部探矿工程专业会议上做了《关于工程质量的若干问题》的发言,分析了造成矿产资源浪费和引发质量问题的主要原因,批评了一些基层单位和个别领导不尊重科学、好大喜功的做法。

1970年,正是"文化大革命"期间,"四人帮"在全国掀起对"南粮北运,北煤南调"的大批判。田奇瑪长期主持南方地质勘探技术工作,又是全国矿产储量委员会副主任兼工程师,一贯支持"北煤南调",因此首当其冲受到批判。但他始终坚持自己的观点:"长江以南除少数地区外,大部地区缺乏成煤的古地质条件,虽然现在已发现有数的中小煤田,但其中不少是矿层薄、矿床分散、含硫高的臭煤和鸡窝煤,没有工业开采价值。特别是缺少工业用焦煤。如果南方工业建设不考虑煤炭资源布局,不研究开发新能源(水利发电,原子能发电),我们的工作就要犯极大的错误。"他认为:"粮食可以通过改进耕种技术提高单产,而煤是古生代植被,在特定环境条件下的古地层结构里经过数千万年才生成的,不是人主观想要就有的。"当时,田奇瑪已年逾古稀,身体一天不如一天,同志们劝他暂时委屈一下,不要公开坚持自己观点,以免遭受更大的批斗折磨之苦。他感谢同志们的爱护,摇头长叹:"我明白大家的好意,只是我不能昧着良心说假话。我不会说假话,说假话也真难开口啊!"说着已72岁的田奇瑪泪盈满眶。

田奇瑪生活一向简朴,他多次出国访问和进行技术交流,并有较长一段时间担任援外专家组组长职务。当同行者带回照相机和手表等物时,他则把所得外汇和节省下的生活费全部上交国家。多次出国,他除一次为在大庆油田担任石油物探技术员的儿子带回一箱参考书外,没带回过任何贵重物品。20世纪60年代,大批部队转业干部分配到地质部,因住房紧张而无法安置,他两次自愿将大房调为小房。他家住百万庄,上班地点在西四,组织上考虑他年迈,拟派专车接送他上下班,但他坚辞不受。当时,全国政协委员每年有一次携带家眷去海拉尔、北戴河或黄山避暑的机会,他一次都没去过。后来,他又主动申请取消了自己每月100元的学部委员补贴金。

没有留过洋的"洋专家"

田奇瑪多次应邀出国讲学和参加国际地质学术会议,1956年他应邀出席苏联伯力远东地质会议，做了《中国震旦系》报告，受到苏联地质学界重视，一位记者采访田奇瑞："贵国有名望的老专家和学者都是从西方留学归国的，请问您到哪个国家留过学？毕业于哪个学府？"他告诉记者："本人从未出国留过学，是北京大学毕业的，一生都在中国做地质矿产研究工作。"会后苏联报纸是这样介绍他的：田奇瑞同志是中国自己造就的第一代地质学家，他有近五分之二世纪的地质实践经验。

在著名地质学者中，田奇瑞是为数不多的几位没有留过学的学者之一，他认为出国留学或进修深造不是丰富学识、增长才干的唯一途径。他常说中国幅员辽阔，有数不尽的矿产资源等待我们去开发，有无止境的"新大陆"等待我们去发现和认识，只要我们兢兢业业追求真理，不为名，不为利，不贪图享受，不怕艰难，就能有所发现，也一样能干出一番事业。他是这样说的，也是这样做的，他从未因各种困难动摇过自己的信心。

1960年，周恩来、陈毅等中央领导在政协礼堂邀请全国政协委员中60岁以上的专家学者座谈，他被邀请参加。在与他面谈时，周恩来了解他的情况后，风趣地对陈毅说："有人说我国的老专家、学者都是留洋的，都是西方国家培养的，今天我们面前就坐着一位地地道道中国土生土长的'洋专家'。"

1972年秋，从江西干校返京的田奇瑞，不顾年高体弱写成《我国地质矿产资源勘察方向》《对首都钢铁资源的勘探建议》两篇文章，分别报送中央和北京市委。1973—1974年，他在病榻上写完《关于我国地质工作对几种重要矿产资源今后做法的初步建议》，力陈海相和找隐伏矿的重要性。1975年，田奇瑞再次患脑血栓住院。9月15日下午7时病逝，享年76岁。

1975年9月18日，国家地质矿产部在北京八宝山革命公墓召开追悼会，对田奇瑞一生致力于中国地层古生物学的深入研究，对湖南上古生代特别是泥盆系次层序的建立和为新中国地质事业作出的贡献进行了高度评价。

原刊于《湘潮》2005年第7期

回眸百年奉献彰显人生

世纪老人杨遵仪院士的光彩学术轨迹

文／陈宝国

杨遵仪（1908—2009）

2007 年 10 月的一天，中秋的北京风和日丽、天高云淡，散发出诱人的气息。中国地质大学（北京）学术交流中心内，欢声笑语、洋洋喜气。这里正在为中国著名的地质学家、古生物学家、地质教育家杨遵仪院士举行百年华诞的庆贺。杨先生精神矍铄，笑容可掬。这位德高望重、为人师表的百岁长者，耳目清新、谈吐优雅，不时唤来人们欢心的笑声，而他则更是在笑声中舒展着百年来不经意间留在额头上的岁月的印纹。

艰苦求索　问知科学

1908 年 10 月 7 日，杨遵仪出生在广东省揭阳县，他的父亲是一位医生，母亲是一位勤勉自持的知识女性。在揭阳，杨姓家族是一个大家族，这个家族信奉基督教。尽管他的家庭全靠行医的父亲维持生计，但他还是在潮安、澄海、汕头等地的教会学校读完了小学，而后在英国人办的教会学校——华英中学上了 3 年中学。然而，由于这所学校中途停办，加之他的家庭经济的拮据，学习无法维持下去，他只好辍学在家。面对这种情况，好学懂事的杨遵仪想到了自谋生计、以工养学的办法，到当时的《大新潮》报社做工当校对员，同时在该报社负责人办的学校——大中中学继续他的学习。生活虽然辛苦，但他乐此不疲，因为他收到了既学习又糊口的一举两得之效。他把读书视为头等之事,白天学习,晚上工作,学期结束时他的学习成绩在班里一直名列前茅。在中学和高中阶段,他有目的的学习和吃苦耐劳的精神状态为他之后的发展奠定了基础。高中毕业后,他留校担任英文教员,同时兼任学校图书馆图书管理员的工作。这项工作为他广猎书籍、接受新思想提供了条件。他如饥若渴地阅读校藏图书,在具有进步思想的语文老师的引导下,他阅读了《帝国主义侵略下的中国》《共产主义 ABC》等书籍,令他以一个关心国家命运、具有进步思想的青年和中国社会的现实更加靠近。当时"五卅惨案"发生,面对英帝国主义的侵略行径,他积愤于胸,思考之后,觉得中国之所以受辱于他人,主要是经济落后所致。由此他萌生了学习经济,为国家经济的发展服务的认识。他发愤学习,节衣缩食,积攒了 100 多块大洋用于继续求学。1929 年,他同时考取了南京第四中山大学(现南京大学)和上海暨南大学。权衡之后,他选择了进入暨南大学政治经济系学习。但学习了一年后,他感觉此校的学习不适合自己,便于 1930 年考入了清华大学经济系继续他学习经济学的理想。在清华大学,与他同宿舍的程裕淇是地学系的学生,在交谈中,他了解到地质科学的研究直接与国家经济建设和发展产生联系,毕业后还可以直接投入到为国为民、为国家经济发展的地质矿产调查中去。地质学作为自然科学门类中处于基础和前沿科学的门类,地质学的研究又是实践和理论联系十分密切的学科,这很适合他的计划和理想。另外,当时清华大学在著名的地质学家翁文灏的主持下,地学系办得有声有色,这也给他的重新选择增添了信心。经过慎重的考虑,他做出了转学地质的抉择。这一选择,使他与中国地质科学事业和地质教育事业结下了不解之缘。

在学习过程中,杨遵仪为了解决学习和生活上的费用问题,在学校图书馆找到了一个图书管理员的工作。工作的辛苦是自然的,但平均每月 10—12 元的收入则有效地解决了他学习所需费用的问题。同时,他还充分地利用图书馆的资源,除了阅读各科主要参考书之外,他还遍览与地质学有关的各类外文文献。他为自己定下了学习的计划和奋斗的方向,为了克服语言的困难,他先后选修了法语、德语,还熟练地掌握了英文打字技术。他在阅读包括英、美、德、法等有关地质科学书籍的过程中,坚持做记录,写卡片,积极思考,提出问题。在占有大量资料文献的基础上,用英文完成了题为《中国地质文献目录》的毕业论文。在这篇论文中,杨遵仪以地质科学研究所需的基本资料为出发点,遍查了当时所有能反映中国地质科学的文献线索,经过认真的整理、分析和归类,这篇论文成为了地质学者所关注的案头工具书。他在研究工作中详细而广泛地了解了地质学各分支学科的研究历史及现状，为自己的资料占有和学术研究奠定了基础。这篇论文被北平研究院评为1933年度地质矿产研究的获奖论文，并正式出版。著名地质学家王宠佑先生鉴于他的研究成果，为他的著作亲笔作序，在序言中称他为中国地质学界的"吉尼斯"（北美地质文献的编者），认为他的著作将会受到国内外地质界的关注。

1935年，杨遵仪考取了美国庚子赔款公费留学生，于1936年赴美国留学，就读于美国耶鲁大学研究院，在著名地质学家C. O. Dunbar教授门下研习古生物学和地层学。为了能够在留学期间更好地进行专业学习，杨遵仪在出国前到北京大学专门旁听了葛利普教授的四射珊瑚课程，并在杨钟健教授指导下对中国腕足类化石研究进行了分析和总结。3年的留学生活，他刻苦努力地学习，以出色的成绩获得了哲学博士学位，并被该校接纳为荣誉学会会员。1939年回国后，经孙云铸教授介绍，他受聘为中山大学教授，同时担任该校地质系主任和两广地质调查所所长。

求学的经历中，杨遵仪亲历了人生漫路的坎坷；求知的路程中，他深感科学技术的发达与否对一个民族和一个国家的重要。在当时，深处战争状态下的中国，科学的发展是十分艰难的，放弃成为一名经济学家的选择而在地质科学发展的路途上奋斗，杨遵仪深感一名地质学者的科学精神和社会责任的重要。抗日战争胜利后的1946年，他回到北平，继续在清华大学任教。面对中华民族的命运，作为一名具有正义感的学者，杨遵仪对国民党统治下的国运、民生历历在目，他开始思考科学的出路与国家民族命运的关系，他认为一名科学家必须具备民族感、爱国心、社会责任感。他在学校结识了许多具有进步思想的同仁、学生，他不满国民党的独裁统治，迫切地希望内战停止；他同情、支持学生的爱国行动，曾在国民党军警在校园内搜查时为进步学生保存了一箱被当局查禁的书刊，保护了学生；北平解放前夕，他和同仁一道轮流看护、保存显微镜等教学设备，迎接解放。北平和平解放后，杨遵仪在清华园听陈毅司令员亲自做的报告，报告中强调了共产党十分重视知识分子，要发挥知识分子的作用，并强调要加强爱国统一战线的政策，他备受鼓舞，于是在1950年参加了九三学社，在九三学社中担任支社委员，配合学校党委做了不少的工作。新中国成立后，中华民族走上了社会主义革命的道路，他和中国的知识分子一起走进了科学为社会主义革命和建设服务的春天。

勤研专精　成就卓著

　　杨遵仪百年华诞那天,他的数代弟子、同事、好友齐聚一堂,在镁光灯频频亮起的时候,大家簇拥着这位慈祥可亲的长者,杨遵仪则显得更加精神。国土资源部部长徐绍史在庆祝会上发表了热情洋溢的讲话,他说:"杨先生长期从事地质、地层古生物科研和教学工作,是我国杰出的地学大师和地质教育家,我国

杨遵仪、吴顺宝:西藏南部晚侏罗世及早白垩世的若干箭石　　　　　　图版 IV

《西藏南部晚侏罗世及早白垩世的箭石》一文中的图版

古生物地层专业的重要奠基人。杨先生不论做人、做事还是做学问,都堪称楷模。杨先生毕生求真探索,学识渊博,成就卓著。他亲自主持完成了许多国家级和部级科研项目,对无脊椎古生物的许多门类都有深入研究。尤其是对二叠—三叠系界线及层型的研究取得了重大的创新性成果,蜚声海内外。"杨遵仪在鲜花和红底烫金色寿字的映衬下笑容可掬,他以"人生百年,贵在抓住光阴,做人、做事、做学问,言为士则,行为世范,做出成绩,方无愧于天地人"的话语与大家共勉。

《海蛇尾纲在中国的发现》一文中的图版

在地质界,杨遵仪以专精的学术研究奠定了他在地层、地层古生物研究领域的学术地位,被人们誉为"古生物活字典"和"无脊椎动物化石活的教科书"。这形象的比喻,似有溢美,但名实相符。

杨遵仪对无脊椎古生物的许多门类都有深入的研究,对国内外各时代地层的系统发育和划分对比有深入的了解。这方面的成就与他学术研究追求严谨、研究思路系统开阔、学术思想兼收并蓄有密切的关系。

在古生物领域,杨遵仪对腕足类研究较多且深入,其次是软体类、棘皮类和节肢类。在这些方面,他的研究有许多新的发现和创新。

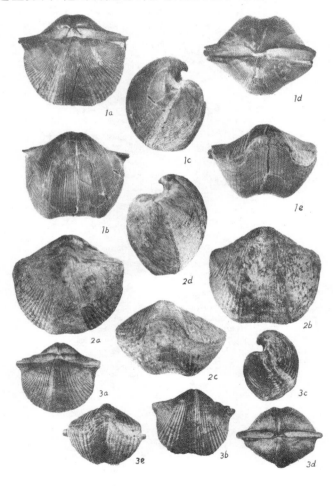

《黔东翁项区上泥盆纪早期生物群之发现》一文中的图版

腕足类的研究

早在 1927 年至 1932 年,我国著名地质学家袁复礼先生在中瑞西北科学考察中采集了大量古生物化石材料,这些材料不仅数量多而且种类多。1948 年,杨遵仪整理这些西北科考材料,对新疆乌鲁木齐东北石钱滩剖面中的腕足类化石进行研究,发现了 2 个新种和 2 个新变种,他还根据这些化石把石钱滩组地层划归于上石炭—下二叠世。20 世纪 50 年代后半期,为了适应国家经济建设的需要,地质部为了摸清矿产资源丰富的祁连山地质构造情况,成立了祁连山地质考察队。在考察中,杨遵仪研究了这一地区二叠—三叠纪腕足类,同时进行了地层划分和对比。他的工作为后来的区域地质调查、找矿奠定了基础。在古生物研究中,杨遵仪主要按种群和重演律来定种。所谓种群,是研究在同一地点、同一层位所产的同种化石,利用它们尽管形象稍有差异,但内部构造相同而同属一个种群的古生物特征,用以鉴定不同的种群,或者定出新的属种、亚种等。运用这种鉴定方法,在研究中避免了仅仅依据形象上的差异来定出新种和亚种的不足,从而使古生物的属种鉴定更为合理。从 1964 年起,杨遵仪和徐桂荣对大量澄江腕足类进行研究鉴定,他们所定的种属被各方面专家所引用。

在杨遵仪等人对腕足类的研究过程中,对一个属进行极为深入的研究是一个典型的例子。他们对藏北青南的 11 种,数量达 110 多块标本进行观察,还对 16 块标本,多达 400 个切片中的沟孔贝的内部构造和腕环进行定性和定量研究,并对其地理和地层的分布进行讨论,对其分类进行了修订和整理。藏北中侏罗世腕足类尤其是沟孔贝的发现及其分布研究,证明了藏北在中侏罗世时期处在一片汪洋之中。这对古地理的研究颇有新意。

杨遵仪参与并指导了中国地质大学西藏科考。在研究西藏阿里地区石炭—二叠纪腕足类化石过程中,他十分重视它们的生长环境(即古地理、古温度)的研究,并以此为依据将其按组合特征进行进一步划分,探讨各型的地质时代、古温度与古地理纬度,为古地理演变,特别是构造地块的运动提供了科学依据。

腹足类的研究

腹足类是软体动物门中最大的一个纲,最早出现于寒武纪并一直延续至现代。在腹足类研究中,杨遵仪对获得的国内资料进行了精深的研究。20世纪50年代中期,他与许杰、尹赞勋共同编著了《中国标准化石　无脊椎动物　第三分册　腹足纲》,这是一本不失为腹足类的标准手册。50年代末期,杨遵仪研究了甘肃酒泉北祁连山白杨河地区的软体动物群,并与其他地区进行了对比。他的研究为确定祁连山中奥陶统作出了贡献。在对西藏阿里地区腹足类的研究中,杨遵仪对这一地区的腹足类做了系统研究、鉴定,将其划分为14科,26属(包括1个新属),31种(包括12个新种、3个相似种、8个未定种),并逐一确定了地层时代、层位、地理分布等,为阿里地区地层划分对比奠定了基础。

此外,杨遵仪还在双壳纲的研究、头足纲的研究、棘皮动物门的研究、蠕虫动物门的研究、节肢动物门的研究、遗迹化石的研究等方面都进行了开创性的研究工作。

生物地层学、界线层型剖面、事件地层学研究

杨遵仪在进行古生物研究过程中非常重视中国二叠—三叠纪地层的研究,根据地层中所含化石进行生物地层带的划分和对比,注重研究生物与环境、化石带与岩相的关系。1962年,他对青海峻县德令哈巴音河地区的二叠—三叠纪地层的研究,为这一新地区的生物地层学研究奠定了基础;1982年,关于南祁连山三叠系的研究成果获地质矿产部科技成果二等奖;在对中国三叠系的研究中,他与研究小组共同发表的《中国三叠系》,是对中国三叠系研究全面而系统的总结。这一成果,作为《中国地层概论》的一章,获得地质矿产部科技成果一等奖。

20世纪80年代以来,杨遵仪积极参加并组织领导了有关国际合作项目,他的研究也着力于国际上关注的二叠—三叠系界线的对比研究。关于华南具有迄今已知世界上最广布的二叠—三叠系海相连续地层和最完整的化石带的研究,为寻找和确定二叠—三叠系界线层型剖面和点提供了良好的基础,成为80年代这方面研究最主要的成就之一,为把国际二叠—三叠纪界线层型剖面

和点确立在中国作出了重要的贡献。其研究成果——《华南二叠—三叠系界线地层及动物群》被国内外广泛引用,并获国家教委科技进步二等奖。

杨遵仪和他的研究集体,在事件地层学的研究中也获得重大的进展。他和他的同事经过努力,在联合国教科文组织、国际地科联、中国国家自然科学基金会的支持下,开展 IGCP203 项目"东特提斯二叠—三叠纪地质事件及其洲际对比"和"东特提斯二叠—三叠纪过渡期地质事件"的研究,取得了一系列的成果。研究成果《华南二叠—三叠纪过渡期地质事件》获地质矿产部科技成果二等奖;《东特提斯二叠—三叠纪事件与西特提斯地层划分及对比》及《环太平洋晚古生代、早中生代事件及其全球对比》等国际合作成果都反映了当前事件地层学研究的最高水平,由英国剑桥大学出版社出版。他和程裕淇、王鸿祯 3 位院士合著的《The Geology of China》(《中国地质学》)1986 年由英国牛津大学出版社出版,影响深远。

为人师表　享誉学坛

一位诗人用这样的诗句赞美杨遵仪做人、做事、做学问的质朴和平凡中显现不平凡的精神:

你是一位地质学家

终生都把为人类造福

看成自己的神圣天职

始终将社会家庭

个人集体和国家

民族的命运融合一体

也许正是这种信仰

这种支撑才有这样的

大气磅礴　豁达宽容

推动着你　穿越百年风雨

踏平关山万重……

在杨遵仪百年华诞庆祝会上，国务院总理温家宝委托学校领导向杨遵仪先生表示问候并亲笔致信祝贺，全国人大常委会副委员长、中国科学院院长路甬祥发来贺信，教育部部长周济、国土资源部部长徐绍史等领导及 30 余位中国科学院、中国工程院院士都前来参加庆祝会，并发表了讲话。

2004 年 97 岁的杨遵仪院士在韶关学院图书馆

在中国地质大学，每当人们提起这位老人，都会由衷地表达对他的尊重和爱戴。这不仅是因为他已届百岁，精神犹好，更是由于他"一生勤奋，学问渊博名传海内外；甘为人梯，呕心沥血无私育新人"的高尚品质赢得了大家的景仰。

人生百年，历经的风雨、过目的沧桑自然是非常多的。走过百年，杨遵仪以他爽朗的笑声和慈祥而会心的微笑面对以往。这样的感觉伴随着他，也感染着他周围的人。在中国地质大学校史馆里，可以看到一张杨遵仪穿着补了补丁的衣服，用一条扁担挑着行李走出火车站的照片。那淡定的神态、浅现的笑意表现了他对人生的态度。在 20 世纪中叶的"文化大革命"风雨中，杨遵仪以"反动学术权威"的身份被关进了"牛棚"，然而，他的心里很坦然，自觉一个襟怀坦荡的科学家，为国家服务应当没有什么错误，所以他在那特殊的岁月里始终乐观如初。在接受批判的同时，他利用难得的"空闲"，一有空就学习英、德、法 3 种文字的《毛泽东选集》，因为他知道作为交流工具的语言总会有用处的。果不其然，在 1971 年为了赴尼泊尔、苏丹等地考察石油，有人千里之外跑到湖北江陵请他审查考察石油报告的译稿。他的学生们都喜欢和他在一起"对口"劳动，因为他们可以随时向他学习请教。1973 年，他顶着"反动学术权威"的帽子，和师生一起搞科研跑遍了北京大的图书馆，查阅各种外文期刊，向地质学院的教师和地质科学院的研究人员系统地介绍国外地层古生物研究的新成果和新动向。他深知科学的发展需要相对稳定的社会环境以保持其连续性,在不正常的社会环境下,要有充分准备,创造条件为新的转机和开端的到来做知识的储备。为此,他亲自充当了外语教员的角色,在1973年为当时的北京地质学院的中青年教师开办了英语班和法语班。他的学生们回忆起那个时期,无不被他的人格魅力所感动。不仅如此,地质科学院古生物室的一些中青年,由于外语能力问题不能及时掌握国际上的学科前沿动态,杨遵仪不避当时全国上下批判"洋奴哲学"的形势压力,主动提出为他们办英语班,还应一些同志的要求办了法语班。那时候的他已经年逾花甲。

作为一位长期从事地质教育的学者,杨遵仪时刻把培养优秀的地质人才、为国家的兴旺发达服务作为己任。1976年"文化大革命"结束后,曾经为祖国的地质科学发展、为国家经济建设作出重要贡献,培养了大批地质人才的北京地质学院,因遭到严重摧残、学校外迁迟迟不能恢复办学能力。学校多年不招生造成了地质技术干部后继无人,他面对这样的现状心焦如焚。1978年5月他和原北京地质学院副院长袁见齐等8位老教授再次给邓小平副总理写信,建议"在新校址建成前,利用原北京地质学院的房屋(大部保留)、设备(大部在京)等条件和经常在京工作的师资力量创办研究生部,培养研究生"。5月15日,邓小平同志做了"好意见"的批示,让教育部商同国家地质总局处理。1978年9月,国务院正式批准成立武汉地质学院北京研究生部。经历了历史的灾难过后,看到科教兴国的春天又重新回归大地,这些为中国的地质科学和教育事业呕心沥血、不懈奋斗的老科学家们泪水充盈,脸上荡漾着春风拂面的笑容。

杨遵仪经常说:"做教师就是要培养人才。"他还说:"一个科学工作者只有把他自己与国家和民族的命运紧密地联系在一起,他的生命才会有价值,一生才会有作为,才会活得有意义。"

在地质界,杨遵仪的为人、做事、做学问是有口皆碑的。他乐于助人、主动助人的精神,如同他时时表露在脸上的微笑一样来得自然。有一次,时近深夜,他把修改出来的译稿亲自交到译者的手上,那位中年教师感动得热泪盈眶。他不仅对本校的师生如此,对外单位的同志同样如此。他不仅有求必应,而且还主动助人。有一次他看到对外发行的地质杂志英文摘要错误较多,就主动与编辑部联系,帮其校正、修改。有人说他这是自找麻烦,他却不以为然。在他看来,错误太多的稿件发出去,只会有损国家的声誉,这样的错误不纠正麻烦就更大了。他不仅对后学关心备至,对他的同辈学者也乐于为他们排忧解难。在与地质界几位因年迈或患病而精力不足的专家共事时,他总是乐于把较重的任务担起来,用他的话说:"我当他们的老助手。"

杨遵仪在长期的地质科学研究中,同国际古生物界有着广泛的联系和影响。他长期担任国际地科联地层委员会冈瓦纳地层分会、二叠系分会、三叠系分会、二叠—三叠系界限工作组等组织的委员。他曾是第一位在联合国教科文组织和国际地科联共同领导的地质对比计划(IGCP)项目中担任负责人的中国学者,曾任 203 项目组长,1988 年又担任 IGCP272 项目组长。他曾多次率领代表团参加国际学术会议,他的工作为推动国际合作和交流作出了贡献。1985年,应美中学术交流学会邀请,他在美国进行了为期 2 个多月的讲学访问活动,应邀出席了美国国家科学院第 122 次年会。在此期间,他多次接受美国记者的采访,美国几家报纸详细登载了他的谈话和活动。一位记者是这样评论的:"他的信仰坚定,认为经过半个世纪的考验和教训,中国现在有了一个稳定的、注重实际的政府,他充满信心地表示,10 亿中国人民正在团结一致向既定目标前进。""从最近的采访看出,杨教授不仅是一位优秀的学者,同样是一位代表他的祖国的令人信服的大使,他毫无拘束地谈到了所有方面的问题,包括家庭生活、政治生活和道德品质。"1992 年他被美洲地质学会选为终身荣誉会员。1992 年以后,已是八十高龄的他又多次出国参加国际会议和学术交流。有记者评论他:"他脸上的皱纹表示了他的年龄,但他的精神却像年轻人一样。"

2009 年 9 月 17 日,杨遵仪先生因病医治无效在北京逝世,享年 101 岁。

杨遵仪曾担任中国古生物学会副理事长、中国地质学会常务理事和北京地质学会副理事长,《中国科学》《科学通报》《地球科学》《现代地质》等多种刊物及《中国大百科全书》的编委,曾长期担任《古生物学报》(前 10 卷)主编,《地质学报》和《地层古生物论文集》的副主编。

1991 年杨遵仪被评为全国优秀教师,1997 年先后获得了何梁何利基金科学与技术进步(地球科学)奖和李四光地质科学荣誉奖,他还获得过美国耶鲁大学的克罗斯奖,被录入中国科学院主编的《中国现代科学家传记》和中国科学技术协会主编的《中国科学技术专家传略》。

原刊于《自然杂志》2010 年第 32 卷第 1 期

乐森璕(1899—1989)

探宝藏足迹遍西南　育英才桃李满天下

文／于洸

　　乐森璕教授是我国著名的地质学家、中国古生物学会创始会员和名誉理事,现任北京大学地质学系主任、中国科学院地学部委员、全国地层委员会委员、中国地质学会副理事长、第五届全国政协委员。乐森璕教授从事地质科学和教育事业已经 60 年了,1983 年又恰是他八十五寿辰。几十年来,他把全部精力贡献于我国的地质调查、科学研究和教育事业,兢兢业业,成绩卓著。特别是他严谨的治学态度,认真的工作精神,关心青年,热心教育事业和在无脊椎古生物学及生物地层学方面的建树,更为人们所称道。

(一)

　　乐森璕教授 1918 年考入北京大学,受"仰以观于天文,俯以察于地理"的启发,立志学习地质学,经过两年预科的学习,升入本科,1924 年毕业,获理学士学位。同年,考入农商部地质调查所当练习员,在谭锡畴先生指导下工作。这个时期,他赴南口进行了五万分之一地形地质测量,并翻译了安特生《甘肃考古记》、阿尔纳《仰韶时代的彩色陶器》两卷我国北方新石器时代考古学最早的文献,经章鸿钊先生校阅发表。

　　1927 年至 1934 年在广州两广地质调查所任技正,并在中山大学兼教学工作。曾赴广西南丹、河池、宜山、柳州、天河、融江、长安、百寿、桂林、富川、贺县、钟山、桂平、贵县、容县、北流、横县、南宁等县,浙江的金华、衡县、常山、江山及江西玉山等地进行地质矿产调查,特别对江山、常山一带"石煤"的使用做了调研。尔后,又调查了广东英德滃江石灰岩地区水力发电站的坝址,中山县花岗岩及所含的钨矿,广东东部丰顺的热泉,汕头、潮安、大埔、蕉岭、梅县一带的煤田,茂名的油页岩,海南岛的铁矿等。经过多年的工作,进一步了解了广西合山二叠纪煤田,西湾侏罗纪煤田,武宣泥盆纪锰矿,南丹及富、贺、钟锡矿的经济价值,也注意到了广东茂名油页岩、泥煤,海南岛铁矿,西沙群岛鸟粪沉积的经济价值。

1934 年乐森璕教授赴德国留学,先在格廷根大学从著名生物学家赫尔曼·斯密特教授(H. Schmidt)学习泥盆纪腕足类化石,后到马尔堡大学(Marburger Universität)从卫德肯教授(R. Wedekind)学习四射珊瑚与中生代有孔虫。1936 年获哲学博士学位。

1936 年秋回国以后,在中山大学任教,讲授古生物学及地史学,同时在两广地质调查所兼做地质矿产调查工作,决心搞清过去尚未解决的问题。不料次年抗日战争全面爆发,不能成行,遂转赴贵州与蒋溶等合作,普查煤、铁、铝、汞、铜、锰、金等矿产资源,诸多发现为贵州的矿产资源开发打下了一定的基础。

1950 年至 1953 年任西南军政委员会西南地质调查所副所长,与黄汲清所长一起组织西南的地质调查工作。

在长达 30 年的时间内,乐森璕教授奔波于两广、贵州、浙江的崇山峻岭之中,饱经风霜雨雪,与大自然为伍,以调查资源为己任。近年来,当他听到修文附近猫跳河水力发电、火法炼铝,以及其他建设事业进展的消息时,感到由衷的喜悦。他认为贵州自然资源不是贫乏而是富饶的,今后继续工作,不难大量开发。1981 年他已 83 岁高龄,还应贵州省委和省政府之邀,兴致勃勃地赴贵州参加"自然科学讲座",报告了《贵州煤矿的研究史》,继续关注贵州省的四化建设。

(二)

乐森璕教授在无脊椎古生物学及生物地层学方面做了大量的工作,在腔肠动物、腕足动物、晚古生代地层等方面有许多论著,尤其是在珊瑚化石及我国泥盆纪地层的研究方面,有很深的造诣。他是我国较早研究珊瑚化石的著名学者之一。早在大学毕业之初,就与现任中国地质学会理事长的黄汲清教授合作写成《扬子江下游栖霞石灰岩之珊瑚化石》,发表在《中国古生物志》乙种第 8 期上,这是我国学者第一次出版的有关早二叠世床板珊瑚、四射珊瑚及苔藓虫的古生物学专著,一直为国际学界所重视。此外,还著有《广西北部栖霞层新发现之珊瑚化石》《贵阳附近之二叠纪胁形贝动物群》《广西下石炭纪珊瑚化石之一新种》《广西下石炭纪一些新的四射珊瑚》《奉天直棣石炭纪管状珊瑚之新属》《浙江西南志留纪凤竹页岩中之网状珊瑚》等论文。

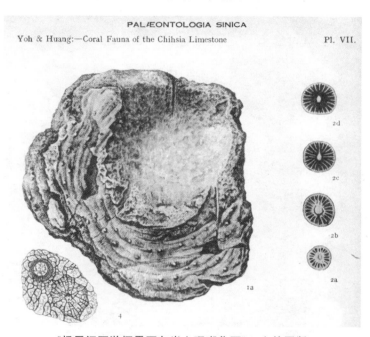

PALÆONTOLOGIA SINICA
Yoh & Huang:—Coral Fauna of the Chihsia Limestone
Pl. VII.

《扬子江下游栖霞石灰岩之珊瑚化石》一文的图版

1934—1936 年在德国留学期间,完成了《华南广西省中泥盆世四射珊瑚化石群》的博士论文,文中详细讨论了各个种的地质地理分布,并与莱茵地区的动物群进行了对比,基本上奠定了广西中泥盆世下部艾菲尔阶及上部吉维特阶的划分。接着又发表了《关于华南下泥盆统晚期及中泥盆统早期地层问题》一文,奠定了广西海相泥盆系生物地层研究的基础。

1937 年以后在贵州工作期间,对贵州区域地质及矿产有大量的著述,并在

1945年于贵州召开的"中国地质学会第二十届年会"上宣读了《贵州地质纲要》《贵阳附近地质构造》两篇论文。

　　1953年赴川西龙门山区详查泥盆纪地质时、在江油观雾寺附近发现的节甲鱼化石,交由古生物学家刘宪亭研究,这就是有名的"乐氏江油鱼",是胴甲目在我国的初次发现。他还对该地区泥盆系做了精细的工作,著有《四川龙门山区泥盆纪分层分带及其对比》一文。乐森璕教授1955年参加《中国标准化石手册　腔肠动物》的编写工作,1957年与俞昌民合著《中国泥盆纪拖鞋珊瑚的新资料》,同年还著有《黔东翁项上泥盆纪早期生物群的发现及其地层上之意义》一文,1959年著有《贵州奥陶纪珊瑚化石的新资料》,1964年著有《西藏南部中

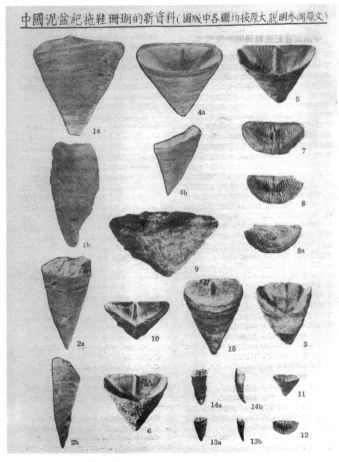

《中国泥盆纪拖鞋珊瑚的新资料》一文中的图版

生代六射珊瑚的新资料》，与侯鸿飞合著《中国南部泥盆石炭系分界问题的探讨》，并与吴望始合著《珊瑚化石》（四射珊瑚）一书，该书系统地介绍了四射珊瑚的基本知识，叙述了它们在地质时代上的分布规律，比较详细地进行了我国四射珊瑚带的划分，对四射珊瑚的古生态和演化趋向也做了初步探讨，对开展我国珊瑚化石的研究起了普及和促进作用。

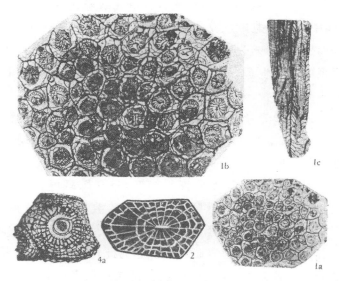

《中国石炭纪的一些四射珊瑚新属种》一文中的图版

1978 年与白顺良合著《广西象州大乐区泥盆纪地层》，1982 年为第一次全国珊瑚化石学术会议的召开与中青年同志一起撰写《中国四射珊瑚研究总结》，在外地休养期间还撰写《四射珊瑚类的起源问题》一文提交大会，介绍澳大利亚新南威尔士中寒武世早期四射珊瑚和床板珊瑚的新发现，以促进在寒武纪地层中继续发现和研究四射有盖珊瑚，并探讨古生代早期四射与床板珊瑚的演化问题。已完成初稿的论文还有《广西象州大乐区早泥盆世四排组上部四射珊瑚与床板珊瑚群》和《中国南部泥盆纪拖鞋珊瑚的新分类及其地质分布和演化趋势》。前者探讨"四排组"的层位和多年争论不休的时代问题，后者是对拖鞋珊瑚多年研究的总结。

（三）

乐森璕教授的大部分经历是与地质教育事业联系在一起的。早在 1927 年至 1934 年就在中山大学兼做过教学工作。1936 年回国后在中山大学任教,直至抗日战争全面爆发。1946 年以后在贵州大学兼课,并协助丁道衡教授培养了第一班地质系的毕业生。1950 年任西南军政委员会文化教育委员。1953 年调重庆大学地质系任教授,兼古生物学教研室主任,1954 年任系主任。1955 年当北京大学恢复地质学专业时,他又奉调入京,先后任地质地理系地质学教研室主任、古生物学教研室主任,1964 年任系主任。1978 年当地质、地理分开,重建北京大学地质学系时,他被任命为系主任到现在。

1955 年在北京大学地质学专业恢复初期,只有乐森璕、王嘉荫两位教授,另有两位助教协助,担当了组织教师队伍,开展教学工作,选择实习基地,购置图书、仪器、标本,建设实验室等繁重任务。当时,一切都需从头做起,工作量很大,困难很多。乐森璕教授与王嘉荫教授一起为此付出了极大的努力。一方面延聘各方面的专家学者兼课,同时他们亲自授课。乐森璕教授先后讲授过"无脊椎古生物学""地史学通论""床板珊瑚""四射珊瑚""古生物学研究法""生物地层学概论""矿产地层学"等多种课程。他教学认真负责,板书工整,分析透彻,编写讲稿、讲义一丝不苟,注意对学生进行热爱地质事业的教育。他严格的治学态度,为全系师生树立了榜样。青年教师第一次开课时,他总是热心辅导,有时还为他们修改讲稿,并亲自听课和组织教师互相听课,总结经验,改进教学。他还想方设法选送人员到有关单位及国外进修,亲自联系,对进修人员提出具体要求,检查督促。对古生物学教研室的教师,还逐个安排研究方向,具体指导答疑。对系里教师许多的科研成果,他都亲自审查,提出修改意见,热心推荐出版。他还带领教师亲赴野外选择教学实习基地,收集科研资料,撑着手杖上山,指导现场观察,有的地方岩层产状不易测量,但他决不放过,直到测准为止。所有这些都使青年教师深受教育,激励他们不断成长。

乐森璕教授十分重视加强基础和培养学生的野外工作能力,经常用地质界老前辈的事例教育青年。1979 年他已八十高龄了,还亲自参加欢迎新同学的

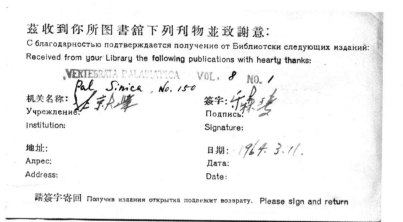

兹收到你所图書舘下列刊物並致謝意：
С благодарностью подтверждается получение от Библиотски следующих изданий:
Received from your Library the following publications with hearty thanks:

VERTEBRATA PALASIATICA VOL. 8 NO. 1
Pal Sinica, No. 150

机关名称： 北京大学
Учреждение：
Institution:

签字： 乐森璕
Подпись：
Signature:

地址：
Адрес：
Address:

日期： 1964. 3. 11.
Дата：
Date:

請簽字寄回 Получив издания открытка подлежит возврату. Please sign and return

代表北京大学接收古脊椎动物所赠书签名

集会，讲北京大学地质学系的历史、培养目标。教育学生要德智体全面发展，要求学生认识地质学是一门基础科学，要广泛学习其他基础学科的知识，培养自己成为基础扎实、思想开阔、有创造能力、适应现代化科学技术发展需要的人才。他精心指导研究生的学习，对学生要求严格，布置阅读的文献每周要书面汇报，定期答疑。对研究生的论文逐字修改，包括错别字和繁体字，甚至还为研究生贴图版以作示范。他指导的研究生已有 8 人毕业，目前还指导着研究生。为有利于同学学习，他不顾年事已高，还翻译了 H·W·马特斯著的《微体古生物学导论》(1981 年印刷)，供学习者参考。

乐森璕教授始终关心着北大地质学系师资队伍的建设和教学实验大楼的建设。每虑及此，夜不能寐。为此，他多次向国家有关部门写提案，利用各种机会提出建议。为了搞好基建设计，还亲自收集国内外实验楼的图纸和资料。他鼓励中青年教师大胆承担繁重的任务，他说："你们要把责任担负起来，不要怕，你们不干谁干呢？""我八十多岁了，为四化服务的时间不多了，仍有雄心壮志。""我的最大心愿就是把北大地质学系重建好；我的最大快乐就是为培养地质科学人才

乐森璕晚年

奋斗到生命的最后一息。"乐森璕教授为发展地质教育事业的负责精神深深感动着他周围的人。从中大到贵大,从重大到北大,60 年来苦口婆心,孜孜执教,可谓桃李满天下矣。今天党中央领导全国人民搞四化,四化靠科学,科学要人才,在庆祝乐森璕教授从事地质工作 60 年之际,祝愿他和他的学生们在祖国的各个岗位上作出更大的贡献!

原刊于《古生物学报》1983 年第 22 卷第 3 期

赵金科(1906—1987)

严于著述若金科

记古生物学家赵金科

文 / 周祖仁

"宽以待人成玉律,严于著述若金科",这副对联是一位朋友赠给地质古生物学家赵金科的。对联的绝妙之处并不在于它的对仗工整,而在于它非常准确地写出了赵金科教授对待事业、对待生活的道德文章。

一

赵金科,字子铭,河北省曲阳县人。1906年出生于文德村一个兼营副业的农家。他是大家庭第四房里的长子,作为支撑门户的栋梁被送进学堂读书。读书期间,他得到整个家庭的全力支持,他不负全家众望,顺利地结束了家乡曲阳县立第一高小和定县省立九中的学业。1926年他只身来到文化古城北京,以优异的成绩考入北京大学预科。经两年学习后升入地质系。

他就学时的北京大学地质系正值名师荟萃,世界著名地质学家、古生物学家葛利普及我国地质界元老李四光、孙云铸、尹赞勋、谢家荣等在此任教。4年的刻苦攻读与名师的循循指导,使他的学业大进,实际工作能力提高,成为同窗中的佼佼者。

1932年赵金科毕业留校,开始了为时5年的助教生涯。在协助葛利普与尹赞勋教授的教学之余,他利用北大良好的师资、设备条件和学术气氛,进一步拓宽知识领域。正如他所说，这一阶段，他"有良好的机会学习各方面的知识，为将来的科研工作打下了更为坚实的基础"。这一期间，他的学术思想受魏格纳的"活动论"和葛利普"泛大陆"概念的影响。通过对元古代基底与地槽区关系的分析，他提出了震旦纪地槽呈环状分布于极部泛大陆周围和内部的理论，即构造学者所称"极控"理论。这是我国地质工作者以活动论为基础解释大地构造的首次尝试。论文在我国地质学会志上刊出后，美国《泛美地质学家》杂志即予转载，受到国内外学者的注意。对这一理论和方法他后来虽然没有再深入研究下去，但就此也足以反映他对于新理论与新概念的机敏好学以及对于复杂事物的高水平分析与综合能力。

1937年秋，赵金科获得美国文化基金资助，赴美国纽约哥伦比亚大学，随国际著名的头足类大师米勒教授研习古生代头足类。进修期间，他本着自己的一贯主张去学习，即打好基础、扩大视野、注重实际工作能力的提高，而不是舍此去附庸当时颇为风行的追求高学位的时尚。因此，在课程选择上，他不但学习与专业有直接关系者，而且选修岩石、矿物等基础课程，并利用假期进行广泛的地质旅行。1938年暑假，他独自一人沿哈得逊河北上，至加拿大魁北克省，再返回纽约州，沿途考察了寒武系、奥陶系、志留系和泥盆系地层。在尼亚加拉瀑布附近他还专程去拜会了葛利普教授的胞弟。教授兄弟之间音容笑貌、行为举止，乃至足患的酷似，使他大为吃惊。

赵金科赴美时带的研究材料系谢家荣教授采自湖南湘潭谭家山一带的黄铁矿化头足类标本。菊石化石的外形，背中位的体管，八叶型缝合线具完整的腹叶，令米勒教授很觉奇异，以至他根据缝合线的"原始"属性坚持认为化石群的层位为下石炭统；葛利普教授则以多数菊石标本的缝合线叶基部齿化，呈"齿菊石式"，认为其层位应为三叠系；而化石采集者谢家荣先生则以清楚的层序，坚持化石层位为二叠系。关于这一层位的争议一时成为地层古生物学界的趣谈。这个情况表明我国南方二叠系菊石颇具独特性，另一方面也反映了赵金科在这一领域里的开拓是既艰巨而又极富学术价值的。

通过"学习—工作—学习"这样一个符合认识发展过程的交替，赵金科完成了更高层次的自身完善。怀着对沐血抗战中的祖国和人民的无限热忱以及对新的更艰巨的科研工作的渴望，他告别异国的师友，于1939年夏启程归国。

二

当时国内学校的教育经费有限,难以开展野外工作。助教们只能利用寒暑假向中央地质调查所申请些经费以充调查和采集之资。

赵金科"深切感到一个学地质的不做野外地质调查工作,是很难做出大的成绩的"。因此,在进修末期,他即致函中央研究院地质研究所所长李四光先生,要求归国后至该所工作。他就这样走上了漫长而艰辛的地质古生物学科研道路。

1939 年夏,抗日战争正紧,赵金科急于回国效力,就绕道香港回归。其时沪、宁失陷,地质研究所内迁至庐山,继而又迁至桂林。他由港直接赴榕与李四光先生会合。因为所内图书大部分遗留在庐山,单纯的古生物研究工作已经不能进行,所以所内的几位地层古生物学家如陈旭、俞建章、许杰等先后离所,分别至中央大学和重庆大学任教。赵金科虽然也在中央大学邀请之列,但他想多做些野外地质调查工作,遂留在地质研究所,任该所的副研究员。

在战时环境里,李四光所长就广西的地质工作拟定了两项计划。一是进行广西的煤炭普查,以解决战时后方的用煤问题;二是全面研究广西山字形构造的形态和发展历程。赵金科与张文佑被指定协助李四光先生完成这两项工作。赵金科分工负责西路,即湘桂铁路西北一侧。这项工作困难重重,但赵金科以他固有的坚毅精神和乐观态度,在人烟稀少、瘴疫盛行的大瑶山区以 1 个月踏遍 8 个县,绘制 4 幅十万分之一地质填图的惊人速度,圆满地完成了任务。特别令李四光先生称赞的是他查明了广西山字形在大瑶山一带的西翼反射弧和中轴的所在。因为出色的工作成绩,1942 年,赵金科升任研究员。

对广西的地质调查工作至 1943 年始告一段落。1944 研究所撤至重庆前,赵金科还在风尘仆仆地进行野外考察。他是与吴磊伯、徐煜坚先生合作进行湘黔铁路的工程地质和沿线的煤田地质调查。为了配合后方的国防建设,他们爬山涉水、餐风露宿,其报国之心,苍天可鉴。

1945 年抗战胜利后,赵金科随地质研究所迁回南京。在初步整理几年来野外成果的基础上,他连续撰写论文,建立了广西的地层序列,论述了广西的地层发育史,从地层发育角度论述了广西山字形构造的发育阶段,还报道了广西西部下三叠统的菊石新属。

今天,回顾抗战中这一阶段的工作时,赵金科谦虚而风趣地说,"路没少跑,文章不多"。事实上,这正是他的难能可贵之处。抗战期间他以自己开发大后方的矿业和调查线路工程的实际行动与全国同胞共赴国难,为国家的路矿资源提供了不少卓有意义的地质报告。这些贡献尽管鲜为人知,但其于国于民的实际价值当远在几篇一般化的论文之上。从另一方面看,也正是这几年的"跑路",为他后来对广西地质深入研究奠定了实践基础,在工作中对有关化石的着意采集,亦为他后来的下三叠统菊石的宏编巨制做好了研究材料上的准备。

1949 年,赵金科出于一个正直的科学家对中国共产党的信赖和对事业的忠诚,坚守在自己的工作岗位上迎接了南京解放。1950 年,他加入九三学社,并出任该社南京分社常委,为联系、团结学术界的知识分子做了有益的工作。

三

1950 年 8 月底,在南京前中央研究院地质研究所古生物研究室和前中央地质调查所古生物研究室、新生代研究室的基础上,中国科学院古生物研究所宣告成立。赵金科被任命为该所一级研究员兼副所长。新中国成立初期,他们的工作主要是配合国家的经济建设,为全国范围内迅速展开的地质勘探工作普及推广地层古生物知识,并组织科研力量进行区域性含矿地层研究。赵金科先是协助第一任李四光所长,以后是协助第二任斯行健所长组织了对太子河等野外队的室内研究、标准化石手册的编制及"标准剖面"的测制工作,并积极组织对古生物研究人员的培养和训练。

赵金科把相当大的一部分时间精力用于科研的领导和组织工作,用于很多的学术和社会活动。但在繁忙之中,他仍然根据国家建设的需要,抽出身来多次进行野外考察。他与张文佑先生合作考察宝成铁路的工程地质,与张恭先生合作考察广西南丹大厂的金属矿产。此外,他还对黔桂铁路和其他几处煤田地质进行了考察。这期间,他与张文佑先生合作整理出版了《广西地层概要》,与李四光和张文佑先生合作编制了 1:200 万的"广西地质图",撰写了《中国标准化石》第三分册的头足类部分。这些工作对满足当时迅速开展的地质勘探工作的需要是很有价值的。此外,他的大型学术著作《广西西部下三叠纪菊石》的手稿大部分是在这个阶段争分夺秒完成的。

1956年赵金科加入中国共产党,同年以中国古生物学代表团团员身份访苏3个月。访苏期间,他参观了苏联科学院,并与苏联晚古生代头足类研究大师、世界著名科学家鲁任切夫(B. E. Руженцев)亲切会晤。这一年他还出席了国务院主持的制定我国科学技术发展远景规划会议,会后积极组织并参与所内规划的制定。

1959年召开的全国地层会议是我国地层古生物学研究史上的一个里程碑。从大会的筹备,所内承担的几个现场会议的部署、组织,到作为大会文件的各时代对比表和说明书的编制等,赵金科都是重要的决策者和参与者。会上他当选为中国地层委员会的常务委员和三叠系的副组长。会后,他与陈楚震和梁希洛合作编写了大会文件汇编之一的《中国的三叠系》,该书全面地总结了截至大会以来的三叠系研究成果,对当时的区域地质调查和油、气等矿产资源的普查勘探起着指导性作用。同年,他的70万字的科学巨著《广西西部下三叠纪菊石》出版问世。该书从材料准备到著述出版,历时近20年,其间世事沧桑,几经变故,但他终于以坚韧不拔的顽强毅力完成了这一浩繁的著述。该书是我国关于早三叠世地层和菊石的最完整和最全面的论述,也是自斯帕斯(L. F. Spath,1934,1951)以来,关于早三叠世菊石的最重要的著作,具有很高的学术

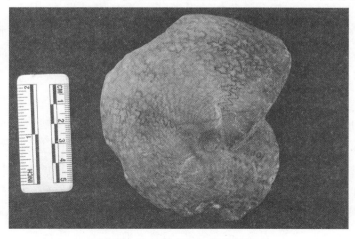

赵金科(1959)研究发表的菊石标本

价值。

1964 年赵金科被任命为古生物研究所所长。在繁忙的行政事务、业务管理与社会活动之余,他转向二叠纪头足类研究。这一方面是应我国南方二叠系煤田地质勘探开发的需要;另一方面,诚如他多次风趣地讲到,"研究二叠系,中国南方有得'地'独厚的条件"。华南二叠系菊石无论是在地层里的保存状态还是它的种类都比较特殊,这在他早年研究湖南湘潭的材料时即了解到这一点,并曾为此而感到困惑。经过长期的观察和化石材料的积累,他带领学科小组部分人员开始了这一课题的研究。作为阶段性成果,他在《中国科学》上发表了《中国南部二叠系菊石层》,这是对华南二叠纪菊石的第一次全面介绍。华南菊石群的独特面貌首次为世界学者所了解,长兴组(阶)所代表的地层内涵与最高地层层位始为外界所认识,特别是文末明确地指出了苏联鲁任切夫和萨里契娃(B. E. Руженцев 和 T. T. Cap,1965)在他们的卓勒法地区将二叠系上部的菊石层误定为下三叠统的错误,在国际学术界引起了很大的反响。尽管《华南晚二叠世头足类》专著的初稿很快得以完成,但随后的政治运动中断了这一著作的修订和出版。

不久,"文化大革命"开始。赵金科和其他科学家一样,失去了正常工作的权利,这对惜时如金的科学家来说是十分痛苦的,由那些莫须有的罪名罗织起来的对他的戕害亦是深重的。所幸的是,他以对党的坚贞信仰和本身的宽阔胸怀度过了那一段最艰难的日子。

随着形势的好转,赵金科急切地开始了一系列野外考察:1973 年赴浙江长兴和安徽广德考察长兴组;1974 年夏对江西中部的上二叠统和东北部下二叠统湖塘组进行了广泛的观察和化石采集;1975 年秋远征川西广元研究上二叠统,同年冬还考察了浙江桐庐冷坞一带下二叠统;1976 年底至 1977 年初至湖南中部考察早二叠世栖霞期地层和菊石,随后至广西来宾、合山等地考察上二叠统地层和菊石。直到 1978 年秋他生病前,还先后至浙江湖州和南京龙潭进行了两次野外工作。只要受到的禁锢得以松动或解除,他的工作热情就像火山喷发一样地高昂。1976 年的冬天,时令虽已入九,但那一年的湘中依然温暖如春。赵金科身着衬衣,健步行走在邵阳郊外的山间小路上,仿佛回到了他的青年时代。对工作浓厚的兴趣使他忘记了时间的流逝,他毫无倦意地在化石点所在的山坡上来回地埋头寻找着,希冀着新的发现。70 年代的野外工作条件虽然大有改善,但在崎岖的简易公路上每天行车 5 小时以上,有时多达 10 小时,这对一个年届古稀的老人来说绝不是轻松事。同行的中年人都感觉劳顿,而赵金科却始终精神饱满,这就不能不用他对事业的专注和一往情深来解释了。

赵金科(1974)研究发表过的多瘤细肋菊石标本

由上述野外工作所补充完善的研究成果分别于 1977 年和 1978 年出版问世。它们是与郑灼官先生合作的长篇论文《浙西、赣东北早二叠世晚期菊石》以及和梁希洛、郑灼官先生合作,经过扩充和修改后的重要古生物专著《华南晚二叠世头足类》。两种论著所述及的均为中外学者接触很少或未曾系统研究过的头足类动物,它们的刊出引起了国内外地质部门,煤炭、石油、建材、化工等产业部门和学术单位的极大重视。国际知名头足类学者、地质学家格林尼斯特(B. F. Glenister)教授、纳西却克(W. W. Nassichuk)博士和福尔尼什(W. M. Furnish)教授立即英译前一论文全文,并著文做出积极的肯定和评价。这种快速的反馈表明了他们的高度重视。《华南晚二叠世头足类》这一专著更以其高度的学术价值和受到生产部门广大地质人员特别是煤田地质工作者的欢迎,从而获得 1978 年中国科学院重大科技成果奖和 1982 年国家自然科学三等奖。

拨乱反正以后,赵金科的行政事务和各种会议又多起来了。1978 年,他拨冗组织了华南长兴阶和二叠系与三叠系之间界线的专题研究,这是一次多学科和多门类的成功的大型科研活动。在 1981 年出版的科研报告里他全面论述了二叠系最上部一个阶的生物地层学特征,详细论证了二叠系-三叠系在华南的连续性质,揭示了界线上生物的“混生”情况。这一研究直接导致浙江长兴煤山长兴阶剖面作为该阶世界候选层型剖面之一地位的确定。

1978年秋,赵金科终因劳累过度引起脑右侧血栓而病休。由于他素日体质强健,生性乐观,在医护人员的积极治疗下,他的恢复情况甚好。1980年,赵金科当选为中国科学院学部委员,并于同年进京出席了科学院第四届学部委员全体会议。

赵金科尽管因病离开了科研第一线,但他在病休中仍然关心所内大事、出席重要会议,还培养研究生。尤其令人感动的是,他在病中用他很不灵便的手修改发表了关于环叶菊石科的演化分类的重要论文。身体稍好一些的时候,他每天坚持下楼活动,阅读最新文献,结合自己多年的实践体会,把他所了解到的许多新资料和新信息推荐给在第一线探索着的同事们,为国家的科研事业发挥自己的余热。

四

赵金科在他长达半个世纪的社会实践和科研活动中,有30余年担任着重要的行政职务。在古生物研究所的成长过程中,自筹建开始,他就一直倾注着心血。在担任所长的这些年代里,尽管国家科技政策变化很大,政治运动频繁,但他始终顾全大局,团结同事,在全局安排上高瞻远瞩,不但保持了全所研究工作的长期稳定,而且在70年代末和80年代初使全所在研究手段、研究领域和学术思想上有了长足的发展。长期以来,他一贯主张到生产中去寻找课题,反过来再为生产服务,但绝不放弃作为本所根本的基础研究,并且还要有着自己的长远目标。在这一方针指导下,他与同事们不但为产业部门解决了一系列重大地层划分、对比问题和环境分析问题,为我国的能源开发、工程建设、矿山建设作出了积极贡献,而且为本所的建设和发展打下了坚实的基础。今日古生物研究所人才济济,科研成果累累,并得到国内外广泛的重视,这与赵金科自担任所长以来长期辛勤操劳,一直兢兢业业、恪尽职守是不可分开的。

赵金科作为我国老一辈地质古生物学家,作为我国古头足类学科的创始人和带头人,在学术上的成就是显赫和卓越的,在时间有限和研究材料稀少、搜求特别困难的条件下,能够取得他这样的成绩就显得更加难能可贵了。他常常诙谐地说,"研究菊石的工作方法犹如吃饭,要吃(在口里)、拿(在碗里)和望(在锅里）"。他认为进行头足类研究要十分重视标本的采集,要处理好工作的近期、中期和长远的关系。正是这样,他才能在困难的工作条件下,取得下自泥盆系上至白垩系、东起我国沿海地带、西至青藏高原的多时代、多地区的科研成果,反映出他十分全面的学术成就。

赵金科在学术思想上很活跃。早年倡导大地构造"极控"学说,随后膺服李四光先生的"地质力学"观点,晚年则专注于对地史上动物群分异机制的板块漂移学说。他从来不主张那种脱离地质背景的纯古生物学研究。在他的所长任内,力主筹建沉积室和同位素年龄组,这说明他对地层古生物工作的科学性质有着深刻的理解和远见卓识。实践表明,没有理论指导和脱离环境的地层古生物工作不仅难有建树,还大有误入歧途的危险。

赵金科治学很严谨。数十年来从事头足类研究,他发表了许多重要论著,具有丰富的野外和室内工作经验,但他在科研中始终保持谦虚谨慎的态度。对化石的野外产状,他总是尽量亲自查看,有时为了一个问题的查证,他不惜跋山涉水跑野外现场。他的学术论文都是在积累了大量标本、掌握了充分的资料和深入研究的基础上,经过多次反复修改才写成的。他的这种在科学上严肃认真的态度和一丝不苟的精神为他的研究成果经得起实践的检验提供了保证。

赵金科一直重视培养造就人才,热情关心扶持新生力量。头足学科的研究在古生物所成立时仅他一人在做,而今天已有一个由9位助研以上科研人员组成的小组在从事这一工作,这完全是他悉心培养的结果。他自1953年起共指导研究生5名,其中包括现任所长吴望始教授在内,现在都成为各自领域里的研究骨干。赵金科在日常工作中着眼于培养学生自由思考与独立工作的能力。在学术观点上从不强求与自己保持一致,而是极其尊重他人劳动。组内民主讨论的气氛活跃,皆出自带头人的民主学风。

赵金科生性乐观豁达,少有戚戚之容。国家动乱结束后,虽不见他说要颠倒年龄以夺回被耽误的时间这一类的豪言壮语,但他以实际行动说明,他是在抓紧时间努力拼搏着。

原刊自《中国现代地质学家传》(长沙:湖南科学技术出版社,1990)

石不能言最可人

记古生物学家王钰

文/金玉玕 李守军

王钰(1907—1984)

　　王钰是我国著名的古生物学家,在他刚进入大学地质系学习的时候,曾有人对他说:"只有冥顽不灵的人,才整天与顽石为伍。"他随口而答:"花如解语还多事,石不能言最可人。"洒脱之下,竟是一片对地质事业的炽热之情!

　　凭着这炽热的感情,王钰为我国的地质事业,真正是奋斗到了生命的最后一刻……

一

　　王钰于1907年10月出生于河北省深泽县城一个地主家庭。青少年时代,家庭经济条件比较丰裕,但他不贪求平庸安乐的生活,想干出一番自己的事业来。他酷爱大自然,以探求自然的奥秘为志趣,于1929年考入北京大学地质系。当时,学自然科学,特别是学地质科学、天天与石头打交道的人,很难为社会一般人所理解。但他不理会这世俗的偏见,以"石不能言最可人"的洒脱努力学习,并且乐在其中,较好地掌握了地质学的基本知识和野外工作的基本技能。1933年7月,他以优异成绩从北京大学毕业。

　　告别了学校,王钰即被设在南京的中央研究院地质研究所和农村复兴委员会合办的地下水研究室录用为调查员,从此开始了他50多年的地质古生物研究生涯。

二

30 年代初期,王钰主要从事地下水源和地质矿产的调查。在对江西、浙江和河南等地的地下水地质做过调查研究后,他于 1934 年和 1935 年分别与别人合作或单独完成了《江西南昌附近之地下水》和《河南安阳林县汤阴淇县濬县一带地下水》等首批论文。

1935 年 5 月,王钰转入中央地质调查所工作,把重点转向地层古生物研究。他对长江三峡一带和川黔地区下古生界的研究成果,如《中国南方特马豆克层的讨论》《关于半河系》《湖北峡东宜昌石灰岩的时代问题》等,尤为令人注目,为我国南方早古生代地层的划分与对比做了奠基性的工作。

30 和 40 年代,正是我国外遭侵略、内战纷起的时期。地质调查人员的工作条件和生命安全都难以保障,1944 年 4 月,中央地质调查所古生物研究室无脊椎古生物组主任兼技正许德佑先生(1908—1944)、技佐陈康先生(1916—1944)和练习员马以思女士(1919—1944)在贵州晴隆进行地质考察时,惨遭土匪枪杀。王钰作为许先生等的挚友,闻此噩耗,悲恸万分。他编录了《许德佑先生年谱及著作目录》,以表达他对共同奋斗过的朋友的深切悼念。

30 年代,在我国古生物工作者中,有几位是研究腕足动物化石的专家,他们编写了多册达到当时国际水平的专著。但后来他们有的改攻其他学科,有的则过早地离开了人世,著名的腕足动物学家赵亚曾先生也在滇北惨遭土匪杀害。由于后继无人,我国古生物界这一领先的科研项目面临止步不前的危险。看到这种情况,王钰下定决心,要专攻腕足动物,把这项研究工作继续进行下去。

腕足动物是一种亿年前古生代时期极为繁盛的海生动物,在我国,特别是华南地区的古生代地层中,腕足动物化石十分丰富,在世界上也是不多见的,所以在我国开展腕足动物研究,条件可谓得天独厚。为了不致使我国丰富多彩、独具特色的腕足动物化石埋没地下,1944 年 10 月,王珏在以专家身份参加资源委员会组织的赴美考察团时,特向资源委员会提出,不参加团体活动,不到各地参观考察,而要去华盛顿的史密森博物研究院,向库珀(P. Copper)教授学习腕足动物化石。他的要求得到了批准。此后,王钰专攻腕足动物化石。在美国学习期间(1944—1946),他写成论文《美国衣阿华州(Iowa)上奥陶统 Maquoketa 组的腕足动物》,深得国内外同行赞誉,被破例编入一般只刊登国内论文的美国地质学会专刊。

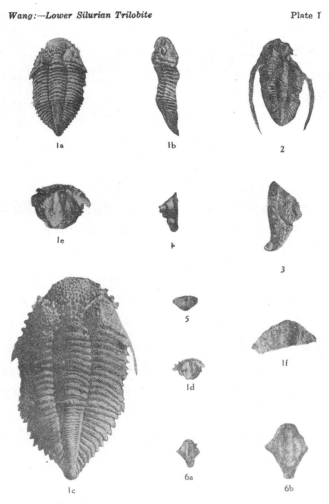

王钰 1938 年发表的有关三叶虫研究的图版

三

1949 年 5 月，南京解放了，王钰为此而欢欣鼓舞。历尽战火，在和平的环境下，科研工作得到了新生。王钰被聘为中国科学院南京地质古生物研究所（原称古生物研究所）研究员，并任古无脊椎动物研究室主任。为新生的共和国，他勤奋工作，成果累累。

新中国成立初期，为了祖国社会主义建设事业的需要，王钰领队调查辽宁太子河流域 3 个煤田，河北蓟、平、兴锰矿，并对本溪煤田和川黔铁路赶水至新场间的工程地质和钻探工作进行勘测，拟定了设计报告书。这些工作对当时恢复国民经济起了积极作用。

在腕足动物化石的研究方面，王钰在新中国成立初期就开始全面总结前人的研究成果，于 50 年代末和 60 年代早期，先后主编完成了《中国的腕足动物化石》（上、下册）和《腕足动物化石》等重要著作。其中，《中国的腕足动物化石》荣

王钰(1956)研究发表过的腕足动物标本

获国家自然科学奖。他的研究成果,奠定了我国腕足动物研究的基础,推动了腕足学科的发展。此后,在几十年的研究工作中,他始终提倡"系统采集,大量描述",强调基础工作与古生物地理学、生态环境学、形态功能学等的研究相结合的方法。他偕后辈与国外专家合著的《中国志留纪、泥盆纪生物地理》和《晚奥陶世至中泥盆世腕足类群落生态》等论著,对国内和国际腕足动物的研究都有着重大的影响。现任国际生态地层项目主席布科(A. J. Baucot)教授曾说,在古生物地理学和地层学上,他相信人们将从这些重要文献中得到许多益处。

王钰在学术上的另一个重要贡献是在地层学方面。50年代初,他组队考察研究后写成的《辽东太子河流域的地层》,改变了日本侵占我国东北期间建立的旧的地层系统,纠正了许多错误,是新中国成立后我国综合研究生物地层的首次重要成果,荣获中国科学院自然科学奖。此后,他多次主持我国泥盆纪地层的研究工作,主编了首次全面总结我国泥盆系的论文《中国的泥盆系》,荣获全国科学大会集体奖;他还积极组织泥盆系的专题研究,以他为首发表的《中国南方泥盆纪生物地层研究新进展》和《华南泥盆纪生物地层》等文章,受到国内外同行的重视和好评。70年代后期,他不顾年迈体弱,亲临野外,采集标本,注重底栖和浮游生物相地层的对比,把我国泥盆系的研究提高到一个新的水平。由于他对泥盆系研究作出的贡献,1980年王钰被国际地层委员会聘为泥盆系分会选举委员。

四

王钰认为,为了使地层古生物学得以发展,必须注重和地质学的其他分支学科相联系,注重成果的推广和基础知识的普及。

王钰有着丰富的水文地质、工程地质和构造地质等方面的知识,又是地层古生物学领域著名的专家,但他说:"任何一个独立分支学科或任何一个人,若是做不到扬长避短,各抒己见,相互配合,密切协作,是做不出高水平的成果的。"他提倡"加强协作,众志成城,而避免相互封锁,彼此保密"。因此,在几十年的科研工作中,他和国内外许多同行搞过合作研究,不论是作为一个项目的主要负责人,还是一般的协作者,他都尽心尽力,兢兢业业,受到同行们的崇敬和爱戴。

王钰也是一位优秀的编辑。新中国成立前，他先是帮助编辑、后负责编辑《地质论评》达 12 年之久。新中国成立后，他又长期担任《古生物学报》的主编、《地层学杂志》的副主编和代主编，他以极大的热忱对待这项科学性、综合性很强而又浩繁的工作。他认真负责，严格把关，一丝不苟，每期发稿前，他都要逐篇审阅，修改词句，力求使错误消灭在出版之前。他努力起好作者与出版部门间的桥梁作用，关心各方的密切协作。他那孜孜不倦的工作劲头和严谨认真的编辑作风，深深感染了编辑部的同事们，大家齐心协力，使这些刊物的质量不断提高，影响日益扩大，发行遍及世界几十个国家和地区。

王钰还热心科普事业。他曾担任上海自然博物馆古生物部的顾问。他所著的《化石》《古生物学（古无脊椎动物与古植物）》等读物，深入浅出，通俗易懂，深受读者欢迎，为普及古生物知识发挥了积极作用。

五

王钰甘当引路人，重视后来者。他培养青年，总是循循善诱，言传身教。他认为，帮助青年选择研究课题时，"要实事求是，在考虑国家建设事业需要的同时，还应结合本学科的现实情况和自己的业务能力。既不可好高骛远，也不可妄自菲薄。方向既定，就要坚韧不拔，不畏艰难，持之以恒，努力以赴"。他还一再说："研究一个课题，从搜集材料起到获得结论止，要胆大，要心细，胆大才能创新，心细才能少错。不论是搜集资料或是查阅文献，要力求不留遗憾或少留遗憾。"他充分相信"后来居上，青出于蓝而胜于蓝"的科学发展规律。他总是把希望寄托于生气勃勃的青年一代身上，对勤于工作、努力上进的后辈，总是有意给他们压担子。他对学生要求非常严格，批评时，严肃亲切；讨论时，诚恳坦率；在生活上，则多方帮助改善条件。他和学生共同制订学习计划，勉励他们"脚踏实地打基础，循序渐进攀高峰"。在他的培育和带动下，一批中青年腕足类学者已经脱颖而出，成长起来。腕足类学科的研究，后继有人。

六

在对待名和利的问题上，王钰常说："今天在我们的社会主义社会里，任何对国家作出贡献的人，党和人民总会给他以应得的荣誉和奖励的。如何对待党和人民给予的'名'和'利'，确实是对每个人的考验。弄虚作假，固然不好，就是贪他人之功，据为己有，或平分秋色，也有损于科学道德。名利身外物，应漠然处之。"他是这样说的，也是这样做的。

王钰多次谢绝来自国外的讲学邀请，却利用他在国际学术界的声誉，为中青年出国考察和进修创造条件，谆谆嘱咐他们珍惜时机，刻苦学习，积极进取，为国争光。在晚年，他又主动让贤，把中青年推到学术领导岗位上去，并给予热情关怀和支持。他认真协助中青年组织专题研究，悉心指导，竭诚鼓励，而在署名时则居人之后。这与那些"市侩"作风的人，形成了鲜明的对照。

王钰秉性刚直，襟怀坦白，豁达大度，严于律己。对于别人，甚至后辈对他的批评，虚怀若谷，勇于接受；而对一些错误现象，敢于挺身而出去制止，从不顾虑个人得失，体现了一个正直的科学家的优秀品德。

王钰平时生活节俭，但当同事遇到困难时，他却总是慷慨解囊，以帮助同事渡过难关。新中国成立前，在一些同事去世时，他每次都热心帮着照料其家庭和子女，并给予经济上的接济。在建立一些科学家基金会时，他又积极参加组织活动和捐款。新中国成立后，他又多次捐款支援国家建设，在去世前的几年里，他每次购买国库券都达千元以上。国家有了困难，他要尽力去分担，即使力量有限，可他是真心爱国的。

七

50年来，王钰与长风为伍，云雾为伴，跋山涉水，测图找矿，采集标本，跑遍了大半个中国。晚年，他埋头进行科研成果的总结，很少顾及自己的身体。80

年代初期,他与其他同志合作完成了许多总结性和探索性的论文。1984年初,他因心脏病复发休克,被送往医院抢救,脱险后,住院治疗。在医院里不能看资料,不能写作,这令他十分焦急。有件工作,使他怎么也放不下心来,从50年代起,他就在广西南宁—六景地区采集泥盆纪腕足动物化石,通过多年的积累,获得的标本数以万计,经过物理和化学手段处理,十分精美。入院前,他与其他同志合作撰写题为《广西南宁—六景地区泥盆纪郁江期腕足动物》的论著,已近尾声。为了在有生之年完成这部巨著,经一再请求,他于3月底出院,回到家中。在生命的最后几天,他一心扑在论文上,至4月5日完成论文初稿,使几十年的辛勤劳动终于有了一个完满的结局。就在这时,无情的死神悄悄来临了。深夜,王钰心肌梗塞,心脏停止了跳动。床边的书桌上,堆放着他厚厚的论文手稿……

原刊于《中国现代地质学家传》(长沙:湖南科学技术出版社,1990)

秉志教授传略

秉志(1886—1965)

文／伍献文　翟启慧

　　秉志,字农山,原名翟秉志。生于 1886 年(即清光绪十二年,丙戌)4 月 9 日,卒于 1965 年 2 月 21 日,享年 79 岁。满族。祖籍东北双城子,后迁河南开封,隶蓝旗,其祖父已脱离旗籍,祖与父均以授徒为生。秉老少时从事科举,清末中举人。废科举后,进译学馆学习,后进京师大学堂预科,于 1908 年毕业。秉老"好古如君举,能文似水心",善诗文,有诗近 200 首(未刊),评论时事文章数篇,科普方面文章 45 篇,多见于《科学》杂志和《科学画报》;也有独立成册者,如《生物学与民族复兴》《科学呼声》等;另有动物学专门著作散载于中外科学杂志中。

　　秉老在 1909 年从京师大学堂毕业后,被选拔留学美国,进康乃尔大学,1913 年获理学士学位,1918 年获哲学博士学位。在康乃尔大学除了听过一些著名教授讲课以外,主要是跟著名昆虫学家尼达姆(Needham)进行研究。《加拿大一种

秉志先生在与助手们讨论问题

菊种植物虫瘿内各种昆虫的生态研究》《一种摇蚊的生态研究》《一种咸水蝇生物学的研究》都是当时研究的成果。1918—1920 年他在美国费城的韦斯特研究所进行研究,跟该所著名神经学家唐纳森(Donaldson)教授研究神经细胞生长。《白鼠上颈交感神经结细胞的生长》及《黑鼠上颈交感神经结细胞的生长》都是当时研究的成果。

秉老常说:"一个学生在美国那种环境下取得研究成果是可以预期的,但更可贵的是在国外受了训练之后,回到中国来,在我们这种比较困难的环境下做出成绩来,使中国的科学向前推进一步。"秉老说到做到,他总共写出科学论文63 篇,其中绝大部分是回国之后在国内写的,登载于《中外科学》杂志上。将论文初步分类,计在脊椎动物形态学和生理学方面有 27 篇,其中关于神经解剖及生理学有 12 篇,昆虫学及昆虫生理学有 7 篇,贝壳学有 11 篇,古生物学有 11篇,动物区系有 6 篇,考古学有 1 篇。从上述情况看,秉老最擅长于形态学和生理学,在昆虫学及贝壳学的研究方面也很有声望。

秉老于 1920 年回国,先在南京高等师范农业专修科第二班开讲普通动物学课。当时大学里教普通动物学是采取模式教学法,就是在动物的一门或一纲采用一种动物作为模式,详细叙述其形态、生理等等。对这样的教授法,学生觉得枯燥无味,而且彼此不连贯,缺乏系统性。秉老的教授法却别开生面,他用胚层、体腔的真假以及进化原理,将各类动物贯穿起来,这在当时很生动,也很有吸引力,并富于一定的启发性,因此,这个班本来是学农的,共有 19 个学生,后来转向于学习动物学的将近半数之多,可见其影响

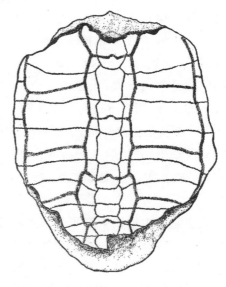

秉志研究发表的龟化石素描图

之大。这不仅是教授法问题,更重要的是秉老具有科学家的风度和感化力。他为人正派厚道,乐于热情助人,但对年轻人却要求很严。秉老勤奋地从事科学研究与教学,言传身教,同事和学生们时刻都能得到秉老的具体指导和热情鼓励,并能以他为榜样,也能勤奋自学成才,终于成为教育界和科技界的一支重要

力量。所以,秉老是中国动物学研究的主要奠基人,事实是如此。

20—30年代,秉老创办了南京的中国科学社生物研究所和北京静生生物调查所。这两个单位(所谓南北两所——编者)最初都由秉老主持,成为最早由中国人主持的生物学研究单位。从开始建立到抗日战争全面爆发的10余年中,两所的图书、设备从无到有,直至初具规模,全都是秉老和他的同事及学生们努力的结果。这段期间培养出的研究人员,以他们从事研究的动物类目来分,有脊椎动物中兽类、鸟类、两栖爬虫类,无脊椎动物中甲壳动物,昆虫、线虫、扁虫、原生动物等,以学科而论,有分类学、形态学、生理学等等。新中国成立后,大多数人转入大学、科研单位从事生物学专业研究,成为有重要贡献的科学家。

中国科学社生物研究所的创办,显示出秉老艰苦奋斗的精神。中国科学社是学会性的群众团体,于1915年10月25日在美国成立,秉老是五个董事之一。以后迁至南京,社址设在成贤街文德里(1922年8月18日,在文德里拨出南楼两间旧房作为生物所所址)。社里每年拨240元办公费,实际只够支付一个事务人员的工资。秉老任所长,不支薪,其他研究人员也都是邻近大学的教授、讲师及助教,他们不但不支工资,而且有时还自动捐助少量款项。为了促进中国生物科学的发展,大家艰苦奋斗,日积月累,终于做出了成绩,引起当时社会人士的关注,并得到他们的捐助。其中最为突出的是中华文化基金会,到1929年,该基金会全年捐款从每年1万5千元增至4万元。生物研究所依此置办仪器及图书,并增聘专职科研人员。所中出版的科学论文,原为每年出5册为一卷,遂分为动物、植物二集,每集每年出10册为一卷,一直维持到抗日战争之时。

北京静生生物调查所不像南京的生物研究所那样艰辛,开办时就有人捐助经费,以后又得到中华文化基金会的大力资助,图书设备较好,科研人员也较多,研究范围以动、植物分类为主。南北两所在秉老的领导下,都以勤俭办科学事业为主旨,全体人员通力合作,成绩斐然。到抗战全面爆发之日,其刊物分别与世界各国学术机关交换的达600多处。

一般说,当时科学家是不太关心政治的,而秉老却有高度的爱国心,对政治敏感,爱憎分明。他在美国与留美同胞发起组织中国科学社就是从高度的爱国热情出发的。南京高师在1922年改为东南大学,再改为第四中山大学,再改为中央大学,秉老都是蝉联任教授直到中央大学初期。当时反动政府搞白色恐怖,特务横行,经常抓人。一次,有3个生物系学生,因嫌疑而有被捕的可能,秉老得到消息后,连夜赶到宿舍,通知这几个学生早作回避,使他们得免于难。风义之高,每每如此。1936年夏季,日本军国主义横刀耀马,将从东北问鼎平津。当时,中国科学社和一些学会准备联合在北平召开年会,有人说趁此次去北平参加会议之机旅游一番,如不赶快,明后年则要办理护照签证后才能去。秉老听到后,严肃斥责说:"我们应该看中华寸土是神圣不可侵犯的,失去一寸领土,应该痛心疾首,何况北平是最近三朝都城所在,不应轻率作笑话说。"当时,国民党反动政府以不抵抗主义丢失了东北,秉老每言及此必义愤填膺。1948年冬季,中央研究院在南京召开院士及评议员选举会议,会议将近结束时,蒋介石请客,发来请柬,要每人签注是否出席。秉老毫不犹豫签"辞谢"两个字,表现出了一个真正科学家威武不屈、富贵不淫、贫贱不移的高尚品格。新中国成立之后,秉老全家迁住北京,有几次邓颖超同志邀请他到家中做客,回来后,他常以周总理家的简朴而啧啧称道。秉老世居开封,常以为开封北门城郊是贫民住宅区,街道很不清洁,又没有小学。新中国成立后,秉老被选为河南省人民代表,看到开封变了样,贫民住宅区变得很清洁,还办了几所小学。秉老大为惊叹,他说:"想不到新中国成立后社会进步如此神速。"抗战时期,秉老因夫人身体不好,滞留上海。当时傀儡政府在酝酿中,宵小横行,魑魅昼出,汉奸们常拖人出来任事。秉老原在明复图书馆有实验室,但只好不去,改去震旦大学。最后避居在一个药商住屋的楼上,还留了胡子,改名际潜,以避敌伪耳目。

秉老最早在东南大学任教,曾短期在厦门大学任动物系主任,后任中央大学、复旦大学动物学教授。新中国成立后,他任中国科学院水生生物研究所、动物研究所研究员,生物学部委员。新中国成立初期,任全国政治协商委员会委员,以后又任全国人民代表,河南省人民代表。

秉老曾发起组织中国动物学会(学会于1934年成立),并被选为会长。他又是中国科联常委,中国科协委员,中国科学社理事,北京博物学会会员,中国水产学会筹委,中国海洋湖沼学会会员,中国解剖学会、中国生理学会、中国地质学会、中国古生物学会会员。秉老的健康状况一向很好,所以他在几十年中为中国的科学事业做了大量的工作。由于长年辛勤操劳,后来也渐显衰老。在1964年举行的中国动物学会30周年纪念大会上,他应邀出席讲话,因过于激动而说不出话来。1965年2月20日下午,稍觉不适,晚餐后提早就睡,到深夜病发,经抢救无效,与世长辞。至今墓木已拱,音容呈杳,而业绩长存人间,也足千古。

秉志是我国生物学界的开创者、近代动物学的主要奠基人。他作为一位动物学家，学识极为广博。在青年求学时期，他从昆虫学一直学到人体解剖学。从事研究工作，又触类旁通，范围更广。他在形态学、生理学、分类学、昆虫学、古动物学等领域均有重要成就，尤其精于解剖学与神经学。他生前发表学术论文60余篇、研究专著两部。从工作性质看，他不仅做了大量描述性的工作，而且也进行过不少实验性工作。他的工作特点是，研究形态结构，要尽量阐明生理功能；研究生理现象，则一定要证实其形态学基础。他的研究对象，大到老虎，小到摇蚊。从现有的活动物到古代的化石，他都钻研过。他是一位学识渊博、成绩卓著的动物学界老前辈。

秉志对昆虫、软体动物、龟类、鱼类的化石进行了大量研究工作，鉴定的新科、新属、新种累计超过半百。他所研究的标本采自山东、热河、河南、内蒙古、北京周口店、山西、辽宁抚顺、浙江、新疆等地，包括第三纪的上新世、渐新世、始新世和白垩纪、侏罗纪等时期的化石。在发表的10余篇著作中，《中国白垩纪之昆虫化石》成绩尤为卓著，在国际上具有重要地位。该文发表于1928年，报道了在早白垩纪化石中属于蜚蠊目、膜翅目、鞘翅目、襀翅目、双翅目、蜉蝣目、

《中国白垩纪之昆虫化石》一文中关系三尾拟蜉蝣的化石照片

广翅目、脉翅目、半翅目的 12 个新属、13 个新种。在那时以前，中国境内之昆虫化石，发现极少，仅个别外国学者进行过零星记述。秉志对我国白垩纪昆虫的分类与分布进行了详细研究，证明我国具有极为丰富的中生代昆虫区系，并分析了与亚洲其他个别地区中生代昆虫化石之间的关系，极大地填补了中生代昆虫研究的空白，在学术上作出了重大贡献。1933 年北平博物学会（Peking Society of Natural History）授予秉志荣誉奖章和奖状，表彰他在古动物学研究方面的突出成就。

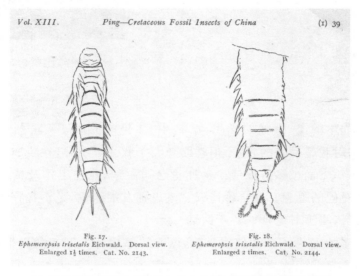

Vol. XIII.　　Ping—Cretaceous Fossil Insects of China　　(I) 39

Fig. 17.
Ephemeropsis trisetalis Eichwald. Dorsal view.
Enlarged 1⅓ times. Cat. No. 2143.

Fig. 18.
Ephemeropsis trisetalis Eichwald. Dorsal view.
Enlarged 2 times. Cat. No. 2144.

《中国白垩纪之昆虫化石》一文中关系三尾拟蜉蝣的素描图

　　本文前一部分原刊于《中国科技史料》1986 年第 7 卷第 1 期中伍献文的《秉志教授传略》一文，后一部分（后两段）原刊于《动物学报》2006 年第 6 期中翟启慧的《秉志传略》一文。

忆地质教育家俞建章先生

文 / 杨新孝

俞建章(1898—1980)

    我听俞先生的课，做他的学生，已是 40 多年前的事了。虽然我学习得不好，俞先生却对我是钟爱的，他不但在学业上予我多方引导，在我离家 4 年上学期间，对我生活方面也多有照应。他谢世已逾一纪，我在工作及读书中常因一些事情触发对他的思念。龚自珍诗云："夜思师友泪滂沱，光影犹存急网罗"，我终于鼓起勇气，写下对老师的片断回忆。

    1952 年我在京考入东北地质学院，该院的筹建者中即有俞先生；先父克强公与俞先生原是北京大学地质系同学，命我到校后去拜见俞先生。我到长春后，得知俞先生是地质勘查系主任，便去系办公室访他，到门口只听得屋内人声鼎沸，原来学院新建，百事并举，系主任办公室自然热闹。我请人通报，片刻间，俞先生到门外会我，我见他白发红颜，额头一片汗珠，立谈小顷，他给我写下他家的住址，叫我星期日去。

    那时，高级知识分子颇受重视，学院教授的住房原先是伪满高级官员的住宅；俞先生家只有夫人同住，乃是一座二层小楼，楼下是书房与会客室。老师向我介绍了学院的系科设置情况，入学后尚需填报系科志愿，老师叫我报地勘系本科，说是这样能学到较多的地质课程。

    开学后，俞先生以系主任兼授本科 3 个班的普通地质学，我正好在他授课的班次。他讲课生动活泼而条理清楚，"台风"极佳，一下子把我们带入了充满奥秘的地质世界；那时上课主要靠记笔记，老师总是把章节要目写在黑板上，然后阐述，这样记笔记便很省力，只是他每以幽默的比喻解说地质现象，常使我屏息贪听而忘记了笔记。老师那时已 54 岁,讲课时从不坐着,他声音洪亮、语气平和,即使坐在阶梯教室最后排也听得清楚,同学们都认为听他的课很舒服。

普通地质学每周四堂课,俞先生给我们讲了一学期,由于他还要负责教师培训及编写教材等工作,下学期改由丘捷教授讲授了。

俞先生经常派人通知我,约我星期日去家中谈话;我在校 4 年,每月至少要去他家两次,去则必蒙赐饭,均系师母亲手烹制的安徽风味菜肴,逢值节日,师母还赏酒吃。老师每在饭前询问我的学习情况,只要我有问题提出,他总是详尽解答,并且举列一些参考文献叫我去借阅,他对于《地质会志》《地质论评》各卷中的文章了如指掌,信口说出某文在某卷某期,我回校查找,一定不差,其记闻之博,是我见所未见,当时我就觉得老师这一手太厉害了。

一年级暑期的普通地质野外实习是学校的一件大事,地勘、物探、工程水文地质三系均在本溪实习,俞先生是总领队,他除了每天一早带队出外跋涉以外,晚上回来尚需听各分队长汇报和布置次日行程;遇到关键现象,还在晚饭时抽空对大家讲解。记得有一天下山归来,大家捧着饭盒在一片谷场上听俞先生讲话,他站在一盘石磨上大声讲解,斜晕射在他一头白发上,原先嘈杂的谷场上这时静极了。

由于过度劳累,实习将近结束时,俞先生病倒了,我们几个人去看望他时,他还叫我们注意保健。幸好不久他就恢复,在实习总结大会上做了长篇报告,他在报告末尾激动地说道:"有这么多的青年在一起野外实习,是我从未见过的,而这些青年的热情,也是我没见过的。有了你们这些青年,中国地质事业一定会大发展的!"大家听了,无不为之动容。

二年级开古生物学课,由俞先生给我们这 3 个班讲授,同学们与他在教室中分别有半年了,都怀着欣喜的心情来听课,他一进教室,大家竟鼓起掌来,老师微笑叫大家安静,开讲绪论,他讲起中国学者对古生物学的贡献时如数家珍,连着就此讲了 3 堂课,最后他说之所以多给大家介绍这方面的内容,是因为中国在这门学科上的研究特别精博,大家必须了解这一情况。然而,他对于自己的研究成就却一提而过。实际上,俞先生在古生物学领域是有重大贡献的。早在 1928 年,他在湖北调查时,就采集到了丰富的鹦鹉螺类化石,后在葛利普的指导下,于 1930 年发表了《中国中部奥陶纪头足类化石》一文,文中不仅记述了扬子地台区奥陶纪鹦鹉螺化石的分类研究、地层地理分布、动物群特征,而且论述了其生物地理分布关系,这是中国古生物学家论述华中和西南地区奥陶纪直角石类动物群的第一篇论文,为奥陶纪生物地层学及古地理学的发展起了重要的开拓作用。继此项研究之后,他转入石炭纪珊瑚化石研究,于1933年发表的《中国下石炭纪之珊瑚化石》专著,建立了我国下石炭纪的4个珊瑚带,并与西欧地层做了对比,为我国的石炭系研究及珊瑚化石研究奠定了基础,他的这一重大贡献获得中国地质学会设立的"赵亚曾纪念奖金"1933年度奖,并于此年被派往英国深造。

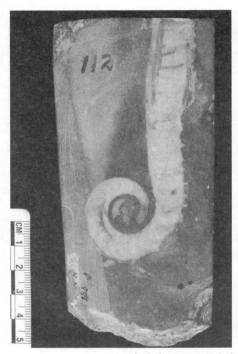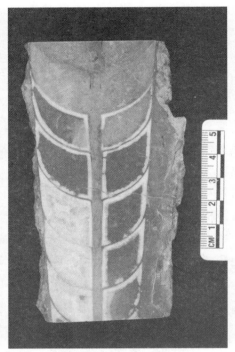

俞建章(1930)研究发表的头足类化石标本

　　他在英国布里斯托尔(Bristol)大学勤奋学习之余,还对带去的我国华南各地的珊瑚化石进行研究,此时他已发现泡沫内沟珊瑚属(*Cystophrentis*)的隔壁生长与一般的皱纹珊瑚不同,在对隔壁与对侧隔壁之间有后生的一级隔壁出现,他感到这可能表示着一个新的珊瑚类型的存在。后来,随着我国地质调查的空前发展,材料增多,他对该属做了系统发育和个体发生的研究,于1963年创建中珊瑚目(Order Mesocorallia)。

　　俞先生于1936年完成博士论文《中国南部丰宁系珊瑚》后回国。

　　我们知道,在30年代初期,可以用于微观研究的手段和方法是极其有限的,而俞先生却在这方面做了精细的工作,这与他严格的治学态度和认真做事的精神是有关的。俞先生出生于安徽和县一个清贫的家庭,从小跟着教私塾的祖父读书、写字、做诗。严格的家教、清苦的生活,养成了他一丝不苟的治学作风,也锻炼了他坚强的毅力。据师母告诉我,他在家乡上小学和初中时成绩优异,并以一笔好字闻名乡里,师母的父亲识俊杰于未遇,遂结亲焉。

老师仪表堂堂,平易近人,从未见他发过脾气,他虽是自然科学家,但由于自幼熟习古文,俨然具儒者气象,他的文学造诣甚高,这从《地质论评》中刊载的他的诗文即可了解,他写得一手好字,在课堂上板书也疏朗有致。

自 1924 年起,俞先生就走上了教师岗位,除 1933—1936 年在英国这段时间外,他一直致力于地质教育,即使在中央研究院时也兼课。抗战期间,他任重庆大学、中央大学地质系教授,1941 年任重大地质系主任,而最繁重的教育任务是在 50 年代初与喻德渊先生等在长春筹建东北地质学院,他离开了在南京的研究工作岗位,来到长春,为教师队伍建设、地质教材建设付出了巨大的劳动,并将教学、科研结合起来。他虽是著名专家、学部委员,但在教学上一丝不苟,处处照顾到学生的实际知识水平,例如不少学生对于古生物拉丁文名词视为畏途,他就为单词注明音标,并详细讲说拉丁文学名的词头词尾规律等。

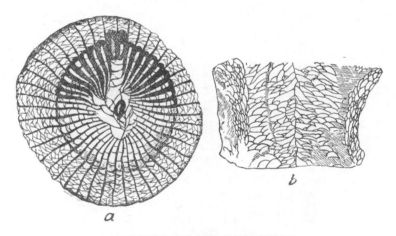

俞建章研究发表的珊瑚化石素描图

1956 年,我毕业离校,行前去老师家,我对于 4 年来待我如子侄的老师和师母实在依依不舍。告辞时,他们一直送我到街口,我转弯回头,只见两位老人还站在那儿望着我,我万没想到这竟是与他们的永诀。

此后两年，我与老师还有书信往来，后来便未联系，但我经常惦念着他。到了1967年，我在河南一个地质队工作时接待几个从长春地质学院来队实习的学生，我向他们打听老师的近况，他们绘影绘声地叙述了老师被批斗、遭受凌辱的情形，使我听了悲愤莫名。

　　老师在"文化大革命"期间，被迫到吉林辽源县"插队"，老两口住在一间约6平方米的小屋内。直到1974年才回地质学院，他立即提出恢复青海、新疆地区生物地层研究课题的要求，他和助手们重新投入这一工作，经过3年的研究工作，对新疆东部下石炭统做了详细的划分与对比，发现了大量异珊瑚类，填补了我国对这个门类的研究空白。

　　1977年，他发表的《中国下石炭统的珊瑚类》被选入第26届国际地质大会

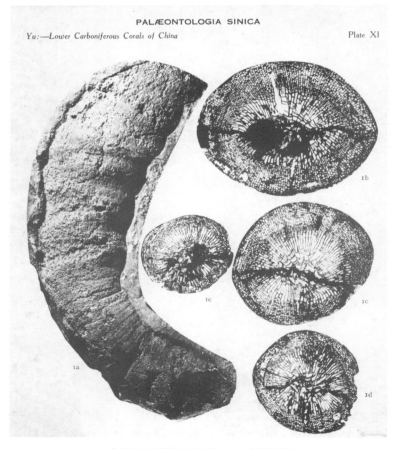

《中国下石炭的纪珊瑚》一文中的图版

论文集。

在 60 年代初,俞先生和他的助手们就开始着手编著《石炭纪二叠纪珊瑚》一书,这部书的主要部分在他生前已基本定稿,但未及出版。到了 1979 年,先父克强公病逝,俞先生还拍来唁电,可是他自己的病情亦已沉重,在病榻上,他仍要求他的学生们协助他完成这一巨著,但他没有看到此书的出版,于 1980 年 10 月 3 日逝世。

老师从事地质教育与科研 50 余年,博大精深,不宥一说,他研究的领域从震旦纪到第四纪,从冰川学到海洋学,他一生培育了数千名地质工作者,他的学生中不乏院士、教授,而在生产第一线奋战的不知凡几。还是引用龚自珍的诗句:"矮茶密致高松独,记取先生亲手栽",我凭着一些记忆写出这篇粗糙的文字,算是献给老师的一束山花吧。

原刊于《地质学史论丛》1995 年第 3 卷

第六章

古无脊椎动物学家

（下）

中国笔石古生物学的重要奠基人

记许杰教授的地质事业

文 / 李廷栋

许杰(1901—1989)

　　我国著名的地质学家和地层古生物学家,原地质部副部长、中国地质科学院第一任院长、中国科学院学部委员、地质矿产部科学技术委员会主任许杰教授,1901 年 3 月 20 日生于安徽省广德县誓节渡镇,1919 年考入北京大学攻读地质学专业,1925 年以优异成绩于该校毕业。此后,一直从事地质工作,为发展我国的地质事业作出了重大的贡献,为推动我国的地质科学技术进步付出了艰辛的劳动。1986 年是许杰教授 85 岁之年,也是他从事地质事业 67 周年之际。我们以十分欣喜和崇敬的心情热烈祝贺他健康地步入 85 岁高龄,热烈祝贺他从事地质事业 67 周年。我们为他出版这个专刊,就是为了祝贺他 67 年来,特别是在新中国成立之后,在党的教育和鼓舞下,在地质科学研究中所取得的光辉成果和对我国地质事业的积极促进作用。

　　许杰教授是我国久负盛名的老一辈地质学家,是驰名中外的地层古生物学家和地质教育家,是我国地质界深孚众望的领导人之一。在 67 年的岁月里,他刻苦攻读,精心治学,行实践于祖国的四面八方,运思维于科学的探索之中,做了大量富有开拓性的研究工作,取得许多突破性的科学成果,他学术造诣深厚,撰写了数十篇(册)科学专著、论文和报告。在 67 年的岁月里,他经历艰辛,顽强奋斗,辗转于地质行业的各个部门,从地质矿产调查到地质教育,从科学研究到科技外事活动,进行了大量卓有成效的实际工作和组织领导工作,作出了多方面的贡献。尤其需要指出的是,在他的倡议和主持下,于 1960 年在几个研究所的基础上组建了地质科学研究院,并亲自兼任院长,长期领导了研究院的工作，为我国地质科学技术进步和研究院的创建、发展建树了卓越的功绩。

　　许杰教授的地质科学实践活动开始于本世纪20年代。早在30年代初期，在我国著名科学家李四光教授的支持下，他率先研究了皖南宁国地区的奥陶纪地层和笔石生物群。在当时生活、交通都极为困难的条件下，他常常只身奔赴皖南、浙西山区进行野外地质调查，测制地层剖面，采集化石标本。经过几年的精心研究，终于在1934年用英文发表了《长江下游之笔石》这本我国第一部较系统的笔石研究方面的专著，为我国笔石的研究起到了开路先锋的作用，为我国东南地区奥陶纪地层的划分和对比奠定了良好的古生物学的基础。他所建

《长江下游之笔石》(1934)一文中的图版

立的奥陶纪地层系统和笔石带序列，至今仍被广泛地作为地层划分、对比的标准。这部专著，无论从它的科学内容和研究水平上，还是从精细的绘图技艺上，都可以同当时被称为世界笔石研究的经典著作——英国 Elles et Wood 的《英国的笔石》相媲美，曾博得著名地质学家葛利普和李四光等的高度赞赏，备受国内外同行的推崇，被誉为具有国际水平的经典之作。

1935—1937 年期间，许杰教授继续在江、浙、皖、鄂、桂等广大地区从事地质调查和科学研究工作，先后写出了《广西第三及第四纪之淡水螺化石》《下蜀层之腹足类化石》《安徽南部特马豆齐安层》《皖南地史及造山运动》《蓝田古冰碛层》《浙西之上奥陶纪及下志留纪》等多篇论文和调查报告，为提高这些地区的地质研究水平作出了贡献。

1938—1946 年，时值抗日战争期间，他一方面在云南大学任教，为祖国培养地质人才；另一方面在西南诸省、区开展地质矿产的调查研究，为我国矿产资源勘查作出了贡献。抗日战争胜利后，他着重研究了湖北西部三峡地区及长江流域一带的奥陶纪地层及生物群，发表了《论笔石 Cardiogrnatus 属及其中国之新种》《长江下游之奥陶纪笔石与含笔石地层》《古杯珊瑚灰岩中之三叶虫》《宜昌灰岩中之生物群》等论文，从而丰富了我国有关门类古生物的研究内容，提高了研究水平。尤其是他于 1948 年用英文发表的《宜昌层及宜昌期生物群》这篇论著，在详细研究笔石及三叶虫化石的基础上，进一步奠定了宜昌层的地质时代，建立了其古生物群组合序列，为三峡地区奥陶纪地层的划分、对比和化石带的建立进行了开创性的工作，为扬子地区奥陶系的研究起到了"立典"性作用。他所建立的奥陶纪地层系统和化石带，至今仍被广泛采用。

新中国成立初期，他受华东军政委员会之命，接管安徽大学，担任校务委员会主任，为学校的恢复和发展作出了重要贡献。1954 年调任地质部副部长，长期担任部的领导工作，在部党组的支持下参与领导了全国地质工作的规划和部署，组织领导了地质调查和矿产资源的勘查工作；在他的积极倡导和努力下，组建了全国地质图书馆和全国地质博物馆，1960 年，他又倡导和主持筹建了地质科学研究院，并兼任第一任院长。他的辛勤努力和远见卓识，为我国地质工作的全面开展，矿产资源的勘查、开发以及地质事业的蓬勃发展，都做出了重大的努力。值得称颂的是，他在身负繁重的领导任务的同时，仍未放弃科学的探索，以锲而不舍的精神坚持进行着科学研究，取得了高水平的科学成果。1959 年，发表了《柴达木下奥陶系一个新的笔石群》和《一个新发现的具有特殊附连物的栅笔石》。1964年，他在助手的协助下，完成了对"三角笔石"类的研究，并用中、英文同时发表了《论三角笔石》一文。这是国内外同行争论较大的一个属类，许杰教授以敢于攻坚的精神，凭借他几十年研究笔石的丰富经验和学识，对搜集到的、保存完好的立体标本进行了精心的组织解剖和深入细致的研究，揭示并论证了这一属类笔石体的真实组织结构特征，为准确确定其分类位置提供了可靠的证据，为深入研究笔石化石开辟了新的方向。

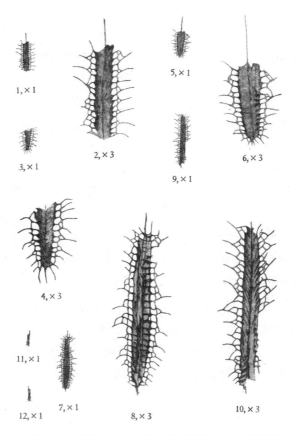

《柴达木下奥陶系一个新的笔石群》一文中的图版

"文化大革命"期间，许杰教授利用他的崇高威望和条件，在十分困难的环境中继续关心和指导着若干地质工作的开展和科研工作的进行，弥补了"文化大革命"对地质事业所造成的一些损失。在此期间，他除继续肩负全国地质工作的领导和指导工作以外，还组织领导了李四光同志遗留著作的整理和编纂工作，编辑出版了8本李四光同志的著作；从多方面帮助和指导了中国地质图集、中国地质图、中国构造体系图以及亚洲地质图的编审和出版工作；支持和指导了中国区域地层表及分区古生物化石图册的编撰等多项科学研究工作。这些图书的编成出版，不但总结了我国多年来的地质工作成果，为地质工作部署和科研、教学部门提供了丰富的参考资料，而且也扩大了我国的影响，为地质科学的发展作出了贡献，为我国赢得了荣誉。

"文化大革命"结束后，许杰教授虽年事已高，但他对地质事业的关怀和对地质科研工作的热忱仍不减当年。为了加深我国晚前寒武纪地质的研究，争取把我国震旦系列入国际地质年表，他多次过问、有时亲自主持召开晚前寒武纪地质座谈会、讨论会，交流成果，统一认识，拟定地层划分方案，确定重点研究课题，组织科研攻关。经过几年的研究，在晚前寒武纪地质、震旦纪-寒武纪界线以及震旦纪地层划分等方面取得了重大的进展和突破性的成果，为地质科学的发展作出了颇具分量的贡献。他还积极组织并亲自参与了《中国地质》的编纂工作，系统分析、总结了我国30多年来的地质成果。该书的出版必将对我国地质事业产生重大影响。与此同时，许杰教授还孜孜以求，继续坚持着科学研究工作，与助手一起，于1976年发表了《中国笔石科的演化和分类》，在深入研究的基础上，对"中国笔石科"进行了全面系统的总结，提出了其演化系列，进行了系统分类，对笔石学科分类学作出了重大贡献。1978年，他已78岁高龄，仍亲赴新疆西天山博罗霍洛山地区进行奥陶系剖面的考察和研究，搜集化石资料，精心进行研究，并与助手合作发表了《新疆霍城县果子沟地区下奥陶统的笔石动物群》一文，为天山地区奥陶系划分和对比提供了可靠的化石依据和笔石带序列，并探讨了笔石的迁移和发源等理论性问题。特别值得赞誉的是，1982—1983年，许杰教授仍以旺盛的精力和坚强的事业心，与助手一起进行了奥陶纪笔石动物群的系统总结和深入研究，完成了《中国奥陶纪笔石动物群的若干重要问题》的论文。这篇论文以丰富的实际资料论述了我国奥陶纪笔石动物群的类型及其分区特征和分布规律，详细探讨了世界笔石动物群的发源中心及影响笔石动物群分区的因素等问题，详细论述了我国奥陶纪24个笔石带的组合特征及分布状况，并讨论了奥陶系的顶、底界线问题。这篇论文在理论和实践上都具有重要的意义，已得到同行们的普遍重视。

许杰同志不但是一位具有高深学术造诣的学者、教授，还是一位受人尊敬的革命家和社会活动家。早在青年时代他就投身于革命事业，积极参加了伟大的"五四运动"；从北京大学毕业以后，面对当时军阀混战，国家、民族处于分裂、危亡之际,他放弃了出国深造的机会,怀着忧国忧民的革命激情,毅然投身于第一次大革命的洪流之中,为革命事业作出了有益的贡献。1949年,南京解放前夕,国民党政府迫令当时的中央研究院地质调查所迁离南京。在紧要关头,许杰同志冒着危险,秘密串联一些志士仁人,成功地抵制了搬迁,为新中国保留了一个地质科研机构和珍贵的图书资料。新中国成立以后,他在长期担任地质部领导职务的同时,还肩负了多方面的社会工作,进行着广泛的社会活动。为开展国际地质科学技术合作与交流,以推动我国地质科学技术进步,许杰教授积极开展了科技外事交往和活动,多次率团出国考察、访问和参加国际会议,多次接待外国地质科学家的来访。1976年,当国际地质科学联合会恢复我国合法席位之后,他亲自率中国地质代表团出席了在澳大利亚悉尼召开的第25届国际地质大会和国际地科联第五届理事会。他在会上做了《中国地质工作的发展》的报告,系统总结了新中国成立以来我国地质事业的巨大发展和所取得的重大成就,引起与会者的极大重视;他和代表团的同志们一起与国际地质学界的知名科学家和几十个国家的地质学家进行了广泛的接触和交往,广交了朋友,增进了相互了解,扩大了我国地质工作在国际地学界的影响。

许杰教授十分关怀和重视对晚辈和青年科学工作者的培养和教育,对他们在政治上和业务上既严格要求,一丝不苟,又循循善诱,耐心指教。他平易近人,谦虚谨慎,对于求教于他的同志,总是满腔热情地予以接待,给予力所能及的帮助和指导,使很多同志深受感动和鼓舞。1983年10月,他已83岁高龄,还风尘仆仆亲临皖南旌德县参加全国第二届笔石学组年会,在会上做了学术报告,并同大家一起到野外观察地层剖面,与年轻地质工作者广泛接触,交谈学术,使与会同志们倍感亲切。

许杰同志在地质科学的道路上已经走过了67个年头。在67年漫长的过程中,他艰苦奋斗,勤奋工作,勤于实践,勇于探索,取得了光辉的科学成就,对我国地质事业作出了多方面的重大贡献。在庆贺他从事地质工作67周年之际,我们衷心祝愿他健康长寿,祝愿他在未来的岁月里在地质科学研究工作中取得新的更大的成就,为开创我国地质工作的新局面、推动我国地质科学技术进步作出更大的贡献!

原刊于《中国地质科学院院报》1986年第12号

双史齐论攀高峰

记著名地质古生物学家王鸿祯院士

文 / 潘云唐

王鸿祯(1916—2010)

中国科学院院士、著名地质学家王鸿祯先生 2006 年 11 月 18 日将度过九十华诞,地质科学界同仁向他表示热烈祝贺。

家学渊源　博古通今

王鸿祯出生在山东省苍山县下庄。其父是前清秀才,工书法、善文词。王鸿祯饱受熏陶,自幼对于经史子集、诸子百家、诗词歌赋、琴棋书画都十分爱好,乐于涉猎,因而打下了坚实的文史基础。

1931 年,王鸿祯 15 岁时父亲去世,家道逐步衰落。他随哥哥赴北平求学。他于 1935 年考入北京大学地质系,开始了献身科学事业的征程。而他早年的文史基础、绘画技巧,也在未来的伟业中起到了重大的支柱作用。

三千三百里长征

在北京大学地质系,由于浓厚学术空气的激励和中外著名学者、教授言传身教的鼓舞,王鸿祯学习刻苦勤奋,立志要在地质科学上做出成就。

1937年"卢沟桥事变"后,抗日战争全面爆发,王鸿祯随北大师生南下,在长沙成立的"国立临时大学"(北大、清华、南开三大学联合组成)继续学习。同年底,南京沦陷,长沙成为后防重镇,"临大"又不得安稳,经教育部批准,再迁昆明,除一些学生参军、转学外,剩下的学生兵分两路:一路经粤汉铁路至广州,转香港、海防,经滇越铁路抵昆明;另一路由200多名学生组成"湘黔滇旅行团",一路步行,向昆明进发,同行的教师闻一多、许骏斋、李嘉言、李继侗、袁复礼、王钟山、曾昭抡、毛应斗、郭海峰、黄子坚和吴征镒共11位组成"辅导团"(袁、曾、李继侗等教授则是"指导委员会"委员)。200多名学生中包括地质系3个年级共约10人,其中便有三年级的王鸿祯。他们从1938年1月至3月(也就是利用寒假及两头的时间),步行了68天,行程1663公里,完成了一次"小长征"。在那狼烟四起、山河破碎、国家民族危急存亡的紧急关头,广大师生以天下为己任,不畏艰险,长途跋涉,实为震惊中外之"义举"。

这次"长征",使广大师生首先在政治上受到锻炼,大家唱起"流亡三部曲",深深痛恨发动侵略,使我们流浪、逃亡的日本军国主义强盗。他们一路上见到祖国河山锦绣,然而人民却一穷二白,一些边远山区下地劳动的大姑娘还衣不蔽体。他们立志发奋,要振兴祖国,为民造福。他们的"义举"得到社会各界、广大人民群众以及地方当局的同情和关切。湖南省主席张治中将军(著名爱国民主人士)因为湘西治安较差,还特别派了一位姓黄的师长一路护送,总算安全通过了那一地区。进入贵州后,他们受到苗族等兄弟民族热烈欢迎,还一起开联欢晚会,热闹非凡。到达贵阳市还休整了两天,贵州省主席吴鼎昌在一个公园里主持了盛大的欢迎会,并讲了话,还请大家吃了饭。

在这次"长征"中,王鸿祯不仅克服了吃、住、行等生活上的困难,而且他极其乐观向上、朝气勃勃,视这次"长征"为可贵的野外地质路线考察的大好机会。他们的老师袁复礼教授是野外实践经验极为丰富的久经沙场的老将。王鸿祯紧跟袁先生问这问那,学着他的样采标本、做记录、描图,从袁老师妙趣泉涌的现场讲解中学到了不少知识。他的罗盘因使用过于频繁,一度发生了故障,在袁老师帮助下,很快修好了再用。他们路过贵州侗族地区时,还参观过汞矿,了解矿工们如何用土法从朱砂中炼出水银来。他们在贵州镇远,由袁老师组织地质系同学交流了各自在途中记录观察的记录本和采集的化石等标本。到达昆明后,师生们更把标本、照片、记录本及其他收获品集中起来办了一次展览,很受师友们称赞。

剑桥探古

学校迁至昆明,改称"西南联合大学"。王鸿祯于 1939 年毕业于该校地质地理气象系,留校任助教。1945 年他以优异成绩考取了公费留英研究生。

王鸿祯 陈建强　四射珊瑚属 *Lophocarinophyllum* 的骨骼构造兼论 Lophophyllididae 科　图版 I

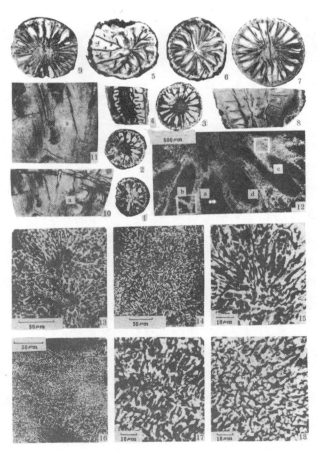

《四射珊瑚属 *Lophocarinophyllum* 的骨骼构造兼论
Lophophyllidiidae 科》一文中的图版

11月,他进入著名的剑桥大学,以"四射珊瑚"作为攻读博士学位的研究方向。他决心利用所携保存极好的资料对四射珊瑚骨骼微细构造及其分类演化进行系统研究。他具备广泛的地质基础知识和古生物研究能力,从小养成的文字与绘画功底这时也大大派上用场。他又广泛查阅了英国各大博物馆、科研单位的四射珊瑚标本、薄片及卷帙浩繁的文献。于是,仅用一年半时间就完成了《从骨骼微细构造观点论四射珊瑚分类》的毕业论文,并荣膺博士学位。这高水平的别开生面的博士论文经导师布尔曼教授推荐,于1950年发表于伦敦皇家学会哲学丛刊,在上世纪五六十年代,其内容在美、法、苏等国出版的大型古生物系列专著中均被引用。这位而立之年的中国青年古生物学家初出茅庐即声名大振。

王鸿祯不仅深钻古生物学攀上高峰,而且对沉积学、大地构造学,特别是当时一度沉寂的活动论地质学也广泛注意,刻苦钻研,也就更进一步打下了今后事业"一专多能"的基础。

中国古生物学会"复活"大会

王鸿祯后来得到北京大学的资助,于1947年9—11月赴美访问,在华盛顿国家自然博物馆做了短期工作,之后访问了哈佛、耶鲁、普林斯顿、芝加哥、堪萨斯和史坦福等大学地质系,会见了不少名家,深受教益。他回国时,还带回了留美进步学者张炳熹(1950年回国,后为中国科学院院士)购赠北京大学的一台X光机。11月底,王鸿祯回国抵达上海,然后到达南京。

当时适逢中国古生物学会正在积极筹备恢复活动。原来,中国古生物学会早在1929年就成立于北平,选举孙云铸为会长,计荣森为书记,李四光、赵亚曾、王恭睦、杨钟健为评议员,并开展过活动。后来由于经费困难、人事方面与中国地质学会颇多重复,会员散处各地,得力干将计荣森又早逝,工作失去重心,会务无形中陷于停顿。然而,另一方面,国内研究古生物的人员急剧增加,业绩辉煌,不定期专著《中国古生物志》已出了100多部,论文达数百篇,发表在《中国地质学会会志》等刊物上,不少学者的论文、专著还在国外著名刊物、系列丛书中发表,有的成就(如李四光的"蜓"、孙云铸的"三叶虫"等)还达到世界领先水平。抗战胜利后,大部分古生物学者集中在南京,于是由杨钟健、俞建章、黄汲清等发起,筹备恢复中国古生物学会,分别发函各地同行学者进行串联,得到热烈响应,以通讯选举方式产生了新的理事会。最后,于1947年12月25日在中央研究院地质研究所举行了"中国古生物学会复活大会"。王鸿祯出席了大会,这位荣膺剑桥大学博士、游学欧美、载誉归来的青年古生物学家,即席被推举为会员代表,发表了热情洋溢的讲话。当时参加大会的29人中,后来有19人当上了中国科学院的学部委员(院士)。

会后,王鸿祯回到北平,任北京大学地质系副教授。1948年,他在唐山铁道学院兼课,讲授"地史学"。1949年初,北平和平解放。王鸿祯于1950年升任教授兼北大秘书长,又出席全国首届自然科学工作者代表大会。1952年全国高等学校院系调整,他参加了北京地质学院的筹建工作,先后担任教研室主任、系主任和副院长等职。他在教学和科研方面贡献极大,他主编的《地史学教程》极为大家所称道。正当他事业蒸蒸日上的关键时刻,当时的特殊形势却使他身陷逆境,使他失去了参加国内外学术交往和发表论文的权利。然而,他忠于祖国、追求真理的决心是矢志不渝的。他继续刻苦钻研、潜心著述,在教学和科研中照样起着强有力的骨干作用。

冲出亚洲　走向世界

粉碎"四人帮"以后,我国开始了社会主义"四化"建设的新时期。科学的春天来到了,王鸿祯也英气焕发,为祖国地质事业再次大显身手。1980年7月,地质部部长孙大光亲自登门求贤,请他出任了武汉地质学院院长。同年,他又当选为中国科学院学部委员(院士)。他先后当选为中国地质学会常务理事、副理事长、名誉理事,中国古生物学会常务理事、理事长、荣誉理事。他担任《地球科学》(原武汉地质学院、现中国地质大学的学报)、《构造地质论丛》的主编,《古生物学报》及《地层学杂志》副主编,他多次参加并主持国内外学术会议,特别是出席第26届(1980,巴黎)、27届(1984,莫斯科)、28届(1989,华盛顿)、29届(1992,东京)、30届(1996,北京)国际地质学大会。他不仅活跃在国内外学术舞台,还是卓越的社会活动家,他于1985年光荣加入了中国共产党,他还长期任中国民主促进会中央常委、中央参议委员会副主席。他是第 6 届全国政协委员、第 7 届和第 8 届全国政协常委。

上世纪 70 年代初，王鸿祯就与著名地质学家李春昱、李廷栋一起领导编制《亚洲地质图》。王与李春昱、李廷栋领导的编图班子辛勤劳动两年多，编成五百万分之一的《亚洲地质图》，于 1975 年出版，并在世界各国展览、交换，深受好评，成为科学外交的有力工具，该图与中国地质图类一起，1982 年获第 2 届国家自然科学一等奖。

1986 年牛津大学出版社出版了王鸿祯与程裕淇、杨遵仪合著的英文版《中国地质学》。该书反映了半个世纪以来，特别是新中国成立后中国地质事业的辉煌成就，让世界地质学同行更加了解中国。

王鸿祯于 1986 年当选为中国地质学会地质学史研究会会长。他既是卓越的地球史专家（古生物学、地层学、地史学权威），又是地质科学史专家。他胸中

《地学前沿》2006 年敬贺王鸿祯九十年华诞的专刊

既有地球上无机界、有机界演化的亿万载沧桑，又有人类认识地球过程的千百年佳话。他"双史"齐论，用力之勤，著述之富，皆为楷模。1990 年 10 月，他主持了在北京召开的"第 15 届国际地质科学史讨论会暨中国地质学会地质学史研究会第 7 届学术年会"。国际地质科学史委员会是由国际地质科学联合会和国际科学史与科学哲学委员会双重领导下的世界性学术团体。王鸿祯领导我国地质学史工作者多人参加了该委员会活动，并担任了正式委员或通讯委员。经多方协商争取，该委员会第 15 届年会在我国召开。该委员会主席贡陶（德国）、前任主席（首届主席）齐霍米罗夫（苏联）、秘书长玛尔文（美国）等都亲临大会，这是该委员会首次在亚洲、首次在第三世界国家举行学术会议。外宾们为中国学者在地质科学史研究中的卓越成就惊叹不已，于是该委员会核心领导举行特别会议，增选王鸿祯为该委员会副主席。人们深深为中国地质科学事业走向世界而振奋、鼓舞！在他领导下中国地质学会地质学史研究会基本做到"一年一会一书"，在中国地质学会每次评选优秀二级组织时都蝉联先进而获大奖。

而今，九十高龄的王鸿祯，康健矍铄，神采奕奕，还在领导着广大中青年同志勇敢地开拓创新、争取为祖国地质科学事业作出更多、更大的贡献。

原刊于《化石》2006 年第 4 期

刘东生（1917—2008）

永远的记忆　永恒的丰碑

记恩师刘东生院士

文／丁仲礼

　　年初先生谢世时，我正在参加全国人大会议，未能在他弥留之际看上最后一眼，心中总有一种隐隐的痛感。在此之前，先生已辗转病榻一年有余，我们这些做弟子的，却很少去看望他，唯恐他老人家化疗后抵抗力不足，我们把外面的病菌带给他。说实话，我们都没有最后的思想准备，先生尽管已九十高龄，但身体底子一直很好，国家在他罹病期间，又提供了最好的医疗条件，我们坚信他会挺过这一关。及至他去世前几天，我到三零一医院看他，告别时，先生特地要我站在他床边合影，我当时心中着实一凛：难道先生已感到大限将至？没想到这竟是最后一面。先生去世后，丧事办得简朴而匆忙，我自己呢，又是诸般杂务缠身，连停下来写点追思文字的

刘东生在中国科学院研究生院讲课

时间都没有，只有对先生的思念与歉疚之情日甚一日。几次在梦中见到先生，醒来后，均记不得先生对我说了些什么，清晰地留在脑海中的只是他那温文慈爱的眼神，每到此时，我都悲从中来，再难入眠，在黑暗中睁大眼睛，痴痴地想：难道先生还有那么多割舍不下的事情吗？时至深秋，先生的一周

年祭日将至,我不该偷懒了,应该写点纪念文字了。但我该写些什么呢?

我的导师刘东生先生是世界级的地质学家,是我们弟子心目中永恒的骄傲,我还是从这点说起吧。在我国近代史上,堪当世界级科学家之称的学者委实不多,或许我们是该好好地研究一下,是什么样的特质,使先生成为世界级科学家的,这至少对我们的后辈学人会有一定的启迪意义。

先生是在抗日战争的烽火中从西南联大毕业的。毕业后,他并没有马上进入学术机构,而是先到"战地服务团"工作了几年,为陈纳德将军领导的"飞虎队"做地勤保障工作。很多年之前,在我刚接触到西南联大这段历史时,曾有过诸多不解:为什么当时那么多优秀青年能坐下来安心念书,而不去打仗?1986年春,我陪先生跑野外,在川西某县城的招待所中,我向先生问起这个问题。记得先生回答我说,尽管当时日本人的军力很强,且来势汹汹,但他和他的老师、同学都坚信,日本人一定会失败,国家今后一定需要有知识的人才。所以他们即便在非常困难的条件下,还是用功读书,那时候的老师也真是用心做学问。

至于他在抗战中的那段"军旅生活",他只是很简单地同我说了说,并着重告诉我,当时西南联大学生中,参加抗战者很多,亦有很多人为国捐躯。后来,由于先生的缘故,我对西南联大的这段短暂历史比较感兴趣,也深深为当时老师、学生的爱国情怀所感动,更为西南联大出了那么多学界栋梁而惊叹。我猜想,在当时西南联大的学生中,一定深深地植进了某种精神,是这种精神促使他们奋力前行,报效国家。尽管没人告诉我这是一种什么样的精神,但我坚信,先生一定是在这种精神

2012年发表的奇异东生鱼是迄今发表的最古老的基干四足动物化石,名字源自刘东生院士

的浸润下,养成他一辈子自强不息的浩然之气的。

抗战胜利后,先生来到南京,进入当时的中央研究院从事鱼类化石研究工作,指导他做研究的老师是杨钟健教授。杨先生是三秦才子,在古生物尤其是新生代哺乳动物化石研究领域蜚声世界,他指导先生做泥盆纪鱼类研究。听其他前辈讲过,杨先生非常严格,甚至对学生有些严厉,先生受到的良好学术训练

一定是杨先生给的。我曾不止一次听过先生说起:一个人要做好学术研究,至少需要3个条件:一是有个好老师,二是勤奋,三是外语要好。对照这三条,他认为他自己有一个好老师,勤奋呢？他认为自己尚可,至于外语,他自谦地认为只是学得马马虎虎。先生对杨钟健教授非常敬重,在我们面前说起杨先生时,都以"杨老夫子"称之。新中国成立后,先生从事黄土研究时,也得到过李四光先生的指导,李先生也是他学术生涯的重要导师,对李先生,他也以"李老夫子"称之。杨先生、李先生都是我国地学界的泰山北斗级人物,在学术造诣上出其右者,至今鲜见。受过这两位划时代大师的亲自指导,先生的学术底子可想而知。

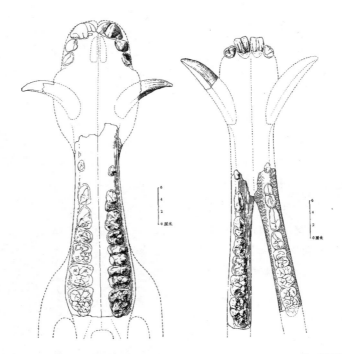

刘东生研究发表的蓝田利齿猪(*Listriodon lantienensis*)上颌骨,嚼面观

使刘先生真正获得巨大国际声誉的,是他的黄土研究和青藏高原研究。我们知道,黄土高原和青藏高原都是世界上独一无二的地质单元,为我国所独有,也是全世界地球科学家非常向往的"圣地"。从某种程度上讲,先生是非常幸运的,因为无论是从事黄土研究,还是到青藏高原考察,都是组织上安排的,不是他自己的主观选择。新中国成立后,先生到北京工作,当时他所在的中国科学

院地质研究所工作人员很少，国家又是百废待兴，正是用人之际，因此每个工作人员都以满足国家的急需作为自己的首选课题。在那段时期，先生做过水文地质、工程地质、矿床地质等研究，也随队到野外做过大量的考察。及至 50 年代中期，国家要上三门峡水电

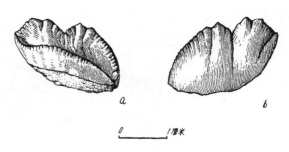

刘东生研究发表的洛氏利齿猪左上第一门齿

站项目，而在三门峡建大坝势必会碰到泥沙淤积的难题，这就需要搞清楚黄土高原土壤侵蚀的规律。当时，地质所所长侯德封侯老便代表组织，将这个任务给了刘先生，让他带领一批刚刚从大学毕业的年轻人，开展黄土高原研究工作。所以对他来说，这是一个有点偶然的机会。领导青藏高原的科考工作，虽然也是当时科学院副院长竺可桢竺老点的将，倒也不能完全说是偶然，一则是刘先生完成黄土高原的面上考察工作后，出版了 3 本专著，给当时的学界泰斗竺老留下了非常深刻的印象，二则是先生本人在黄土研究的基础上，产生了一些心中不解的问题，需要将青藏高原和黄土高原的研究结合起来，比如第四纪到底发生了多少次冰期－间冰期旋回，为什么中国北方在第四纪时会变得越来越干旱，等等。先生那代人都一样，一辈子都听"组织"的话，真正做到党叫干啥就干啥，回过头来看，组织上也是眼光独到，给他选择了很好的研究方向。

先生开始做黄土研究前，从真正意义上讲，还没有谁系统地、科学地考察过黄土高原，一些中外科学家根据一些零星的野外观察材料，对黄土高原的成因提出过五花八门的假设，莫衷一是。从水土保持角度看，搞清楚黄土高原不同区域的地层、厚度、分布、沉积特征、水系展布、地貌条件、植被条件、黄土沉积基底等基本情况固然极为重要，但这还不够，如果不从科学的角度论证黄土的成因，就难以将研究结果上升为理论，并用以指导具体实践。对这一点，先生在当时有非常清醒的认识。为此，他组织了数十位刚走出校门、激情满怀的大学生，分成 10 个小组，对穿越黄土高原的 10 条大断面进行详细考察。当时工作、生活条件非常艰苦，这 10 个小组的成员在考察中唯一的交通工具就是驮行李的毛驴，他们基本上靠两条腿走路，并且吃、住都是就地解决。这 10 条大断面的野外考察工作完成后，先生他们获得了丰富的第一手资料，并采集了大量的标

本,这为日后他们论证黄土的风成成因、编制黄土分布图、提出水土保持方案等重大成果奠定了坚实的基础。

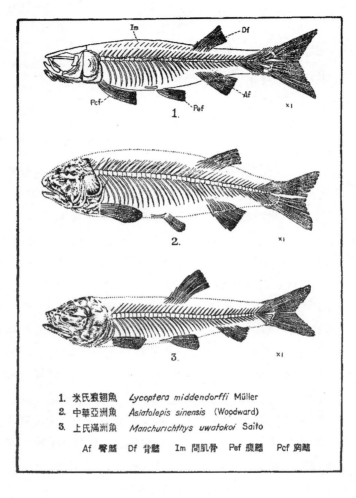

1. 米氏狼鳍鱼 *Lycoptera middendorffi* Müller
2. 中华亚洲鱼 *Asiatolepis sinensis* (Woodward)
3. 上氏满洲鱼 *Manchurichthys uwatokoi* Saito

Af 臀鳍 Df 背鳍 Im 间肌骨 Pef 腹鳍 Pcf 胸鳍

《狼鳍鱼的分类新法和对于地层划分的意义》一文中的图版

及我从事黄土研究,并对黄土的研究历史略有所窥以后,我就一直认为,先生在 50 年代组织的黄土高原 10 条大断面考察是黄土研究历史上最为豪迈、最为艰苦也是组织得最为精当的一次科学活动。后来,我从事科研管理工作,一碰到某个复杂或者难以深入的区域性地质问题时,总会想起刘先生当年的 10

条大断面考察,就会不由自主地说出:我们没有深入进去,那是基础地质工作做得不够之故。有时,我也会讲讲刘先生他们当年的豪迈之举,希望听者能略有所悟,能下苦功夫,把野外基础工作做扎实。刘先生那么重视野外工作,那样地视辛劳为乐事,从某种程度上说,他是认为地质学家就需要对一些传统文人的"做派"来个"背叛"。他不止一次地在不同的场合讲起:当年德国科学家李希霍芬到中国考察后回国,写了几大本著作,名为《黄土的子孙》,李氏在书中有一段话,大意是中国文人的传统是在窗明几净的书斋中吟诗作画,显得风流儒雅,如果说,中国人若干年后在基础理论研究领域中会有进步的话,那么,以野外工作为基础的地质学研究则很难发展。李氏的"预言"当然没有应验,因为从我国最早一代地质学家起,如丁文江、李四光、翁文灏等均是两脚踏遍祖国山山水水的楷模。刘先生是想将李氏的那段话作为"警示"一代代传下去,他本人即便在八十高龄的情况下,还到南极、西藏、南海等地考察,照样同年轻的同事一起出野外。他的不畏艰苦、不辞辛劳的品质不正是他取得成功的保证吗?

刘东生描述命名的秀丽洞庭鲵

当然,先生超强的组织能力,吸引一代又一代年轻学人追随其左右的个人魅力,也是他成功的一个重要保障,这些又是以他博大精深的知识学问、独到敏锐的学术眼光、虚怀若谷的处事态度为基础的。中国黄土研究进入上世纪 80年代,学术重点转到全球变化方面,为此,先生适时做了新的研究部署。他首先在洛川剖面系统采集了古地磁样品,亲自到瑞士苏黎世高等工业大学古地磁实验室做了年代测定,证明了中国黄土从第四纪初即开始堆积。然后,他系统地布置了地层学、土壤学、孢粉学、沉积学、地球化学、蜗牛及其他化石等项研究任务,由他的学生们各司其职、分工协作,共同围绕区域气候变化重建及其同深海记录对比这一主题展开研究工作。这项工作基本完成后,他又马上部署东亚地区区域气候变化同全球变化动力学联系这一新的主题,并同时为新入门的弟子布置湖泊、石笋、珊瑚甚至考古和史前文明等研究方向,试图从不同时间尺度和不同研究材料来攻克这一难题。在这个时期,刘先生亲自动手做的研究不是太多,他主要是做领导、指导、组织等工作。这个时期,他的心情很愉快,身体也很好,尽管已到古稀之年,但精神矍铄、精力充沛,又显得雄心勃勃。记得我从1982 年入归先生门下起,我们师兄弟在背后一直称他为"老头",当时的"老头"烟瘾大、爱说话、常出国,显得不知疲倦,我们常常笑称"老头"身体好是因为喜欢"口腔运动"。我那时尽管年轻,但已养成爱抽烟的恶习,记得常常在"老头"的办公室"对抽",两个人,一包烟,一支接一支地抽,没完没了地聊,也不用喝水,一包烟抽完了,也该下班了。同先生单独坐在一起穷聊,是我学生时代最美好的记忆之一。在先生面前,你可以肆无忌惮,对话、错话、狂话一块说,他都喜欢听。有时你话说得实在不像话了,他也只是笑笑,用略带不好意思的表情,对你说:那我们也不能这样说。

先生之所以喜欢聊,喜欢参加学术会议,喜欢外国同行来京就请客,我认为一个很重要的原因是他的大脑一直在高速转动,一直在渴求新知,他确实对新的事物一直保持兴趣,甚至有点童心未泯的意味。记得 1988 年春天,北京下沙尘暴,先生马上在地质所楼顶布置接收粉尘,接到粉尘样品后,他又召集我们开会,请大家共同出主意,如何来研究这些粉尘样品。我印象最深的是他在方案定下来后,还不断地问与会的每个人,还有什么需要做的,唯恐漏掉任何有价值的想法。他不会由于在座的都是他的学生,一上来就布置任务,而是先充分听听大家的意见,再完善他自己的最初想法,最后才布置任务。他这种谦虚的态度是一贯的,某种程度上也是作为一种"遗传密码",根植于他所受教育的文化之中。说实话,他的这种求知若渴的习惯平常人是很难达到的。1986 年春天,我陪先生到川西考察，那天在成都到马尔康的客车上，同先生并排而坐的是一位高中生，他从成都返回川西。开车没多久，先生同这位高中生就谈得火热，他不断地向那孩子提出问题，家里的情况，社会上的情况，学校的情况，当地生态的情况，野生动物的情况，他什么事都感兴趣，车开了两天，他们俩谈了两天，临分别时，先生还握着那孩子的手，说谢谢他让他学到那么多东西。

先生对知识的渴求，源于他对科学的热爱，源于他对自己的永不满足，更源于他对什么都感兴趣的本性。先生前后带了几十个研究生，每个研究生的研究方向都不重样，这固然同中国古气候、古环境的问题非常多，可以从不同角度去深入有关，但更重要的是先生的兴趣面太广了，他需要不断地有新的学生同他一起去探索新问题。当然对学生个人的兴趣，他更是采取鼓励的态度，你只要同他谈自己有什么想法，想做些什么，他一定会先肯定你的想法，并对此表现出浓厚的兴趣，然后才会同你谈谈他自己的意见，我从来没有遇见他直截了当地否定某个学生的想法。我是1982年到先生处做研究生的，在硕士阶段，先生根据我地球化学专业毕业的特点，叫我做水文地球化学，探讨黄土与沙漠过渡带浅层地下水中氟含量过高导致当地居民氟中毒的问题；到了博士阶段，先生问我有什么想法，我说想做黄土研究，先生很高兴，给我定了个题目，叫温暖期黄土高原古环境空间特征。这是一个很有意思的问题，但我做了一段时间后，告诉先生，我想做黄土沉积的土壤地层学工作，我当时的想法是只有将土壤地层学搞清楚了，才有可能完整地恢复第四纪气候旋回问题，对此先生完全尊重我的兴趣，并对我做了很多关键的指导。记得有一次，他做了认真准备，用多媒体给我们做了个报告，其中心的想法是鼓励创新，先生的说法非常简单，要创新就必须去做别人没做过的事，为此，他送给我们两句话：别人做过的事不做，别人正在做的事不做。在这个报告中，他举了历史上的很多例子，来说明创新无非是去发现新的问题，并设法解决之。我觉得这段话，也是先生本人的经验之谈，更是他一辈子践行创新的总结。先生到了晚年，看的书越来越杂，面也越来越广，文、史、哲、政、经、法，均有涉猎，这个时期他写了不少"闲文"，充满哲理，一些纪念性文章则显得诚挚感性，让人读后难忘。前几年在中国科学院青藏高原研究所组织的一次学术年会上，先生写了个发言稿，题目是"后现代时期的青藏高原研究"。"后现代"一词，在社会科学界用得很多，我还真不知道自然科学研究者中谁率先用过此词，或许先生是第一位。从这个小小的题目即可看出，先生对生活永远保持着活泼的新鲜感。

先生还是一位喜欢交朋友的人。他为人谦和低调,对人尊重有礼,这样的性格当然很容易博得别人的喜欢。在国内地学同行中,他人缘很好,从没听说过他这辈子同谁闹过矛盾,更没听说他对谁使过绊子。据说"文革"期间被关进"牛棚",他照样呼呼大睡,他的一些年轻同事和学生还偷偷地把红烧肉送进去给他吃。在国际上,他也交了一大堆朋友。1982年,我国加入国际第四纪研究联合会,先生即被选为副主席,他后来当主席、前主席,在执委会上一口气干了17年,成为在该组织有史以来任职最长的。在这个过程中,他以他的学识、才干、为人赢得了国外同行的普遍尊重,许多同行都成为他的终身好友。记得有一段时间,他的那些朋友来中国时,先生都喜欢叫我们陪着,到北海仿膳去吃宫廷菜,有时还免不了跟他们讲讲慈禧太后的轶事。先生的一些国外老朋友,如美国的 George Kukla,加拿大的 Nat Rutter,英国的 Edward Derbyshire,澳大利亚的 Bowler,后来都成为他几代学生的好朋友,他们本人也以成为"中国人的朋友"而自豪。应该说,先生在国际上广交朋友,为我国青年第四纪研究人才的成长,为我国第四纪学科的发展,都起到了积极的推动作用。

　　不知内情的人会以为,刘东生先生这辈子之所以能取得如此辉煌的成就,一定有一个良好的工作环境。其实恰恰相反,他的科研道路是曲折的,科研条件则更为一般。"文化大革命"之前,他有一段称心的工作时间,带领他的年轻同事完成黄土高原的大规模考察工作,并完成3本赖以成名的专著。"文化大革命"风暴一起,他即受到冲击,成为反动学术权威而被关进"牛棚"。他的黄土基础性研究工作也即告停止,转而去做黄土区及整个中国北方的地方病调查工作,70年代则开始做环境研究工作。那个时期,他已随中国科学院地球化学研究所的同志来到贵阳,脱离了地质研究所的工作环境,原来的队伍亦散了。"文化大革命"结束后几年,他调回地质研究所,当时已是"科学的春天",但先生面临重建队伍的难题。我从1982年大学毕业起,一直在先生身边学习、工作,我记得我们第四纪地质研究室当时在地质研究所叫作第12室,叨陪末座。整个研究室在办公大楼中一开始只有一间办公室,这间办公室为先生办公用,据说得到这一间办公室还颇为不易。当时尹赞勋院士见先生到京后,无处办公,心中不忍,提出他自己老了,可以将办公室让给刘东生,因为他还年轻,还能做工作。此时,有关部门费了好大劲,才腾出这一间。确实,当时的地质研究所条件不好,老师、学生、行政、后勤都有很多人在简易房、临时用房中办公,而实验室条件,更无从提起,只能做一些较为常规的分析,并且得到的数据国际上还不一定认可。对先生来说，可以说是 60 岁以后开始"二次创业"，一切都重新做起。

及至 1986 年，先生觉察到需加强队伍建设步伐，便在我们大师兄安芷生教授的辅佐下，在西安创办了中国科学院西安黄土与第四纪地质研究室（以下简称"黄土室"）。一开始，黄土室的条件亦非常差，整个室在西安分院招待所占了一层楼，实验室、办公室都很狭窄，但以年轻同志为主的黄土室真正继承和发扬了先生身上所具有的优良品质，越是在艰苦的条件下，越是具有战斗力，用短短的几年时间，将黄土室建设成国家重点实验室，并且从 90 年代中期开始，每次在实验室评估中都位列前茅。现在黄土室已升格成中国科学院地球环境研究所了。2006 年，地环所 20 周年所庆时，我作为当时中国科学院地质与地球物理研究所的所长，有幸被安芷生院士邀请代表兄弟单位致辞，记得我在回顾地质研究所第四纪地质研究室和中国科学院西安黄土与第四纪地质研究室的同志，当年在刘先生的领导下，艰苦创业、图谋发展时，不自觉地脱口而出：我们是一根藤上的两颗"苦瓜"。这个比喻虽不确切，但也说明几分问题。确实，先生一辈子并没有获得过多少科研经费，他有限的经费主要是国家自然科学基金委员会提供的，尽管他组织过几次"大项目"，但一大群人一分，留给他自己的经费就寥寥无几了。

说到这里，我得简单地说说我师母对先生的无私奉献。我师母胡长康先生是一位知名古生物学家，南方人，为人温婉细腻，又不失果断坚毅，她比先生小十几岁，先生结婚时，已近四十，当时他俩算是老夫少妻了。我们同师母都很熟悉，比我大一辈的学生中，大部分叫她胡大姐，我们则以师母或胡老师称之。结婚以来，师母为支持先生的工作，做出了很大的牺牲，她承担了大部分家务工作，养儿育女，缝补浆洗，同那个时代的大多数家庭妇女一样。所以说，先生的辉煌成就背后，同我师母的全力支持是分不开的！对此，不知先生以为然否？2002 年，先生同美国的古气候、古海洋学家 Wallace Broecker 教授一起，荣获国际环境科学最高奖———泰勒环境成就奖。颁奖大会在南加州大学举行，我当时作为地质与地球物理所的所长，亦被邀请去参加颁奖晚会。我对那天两位获奖人的答谢词留下深刻印象。Broecker 教授一似他平日的幽默，一上来先感谢他的夫人，说他夫人是模范饲养员，给他每天提供很好的食物，使他身体很好，然后感谢他的一群学生，说是他们不断地对他的理论提出批评，促使他不断地思考，修正自己的观点。接下来他才开始感谢他所在的学校、他的同事等等。刘先生呢，先是从感谢杨钟健、李四光等老师开始，然后感谢如侯德封这样的前辈、同事、领导,之后感谢中国科学院、中国科学院地质研究所,再感谢一切帮助过他及同他一起工作过的同行、学生,最后才感谢我师母。这确实是典型的东方知识分子与西方知识分子的差别。我同先生聊过很多天,确实很少聊及家庭。不过,我坚信,先生一定会从心底里承认,是师母给他营造了一个温馨的家庭,才使他能全身心地投入工作中。

2006 年,Jim Bowler 从澳大利亚给先生来信,大意是他认为西方文明已将走进死胡同,再难以支撑其发展了。这位忧心忡忡的老地质学家认为,只有在东方的古老文明中才能找到真正的出路,所以他要到中国来一趟,不再谈第四纪地质,而是要和先生一起谈谈文明的前途问题。先生当时将 Jim 的信给我看,我当时笑笑,说此题目太大了,请他来吧,我们招待他。后来,Jim 到北京住了一星期,两位白头发老朋友天天聚在一起聊天,我当时并不知他们谈了些什么。直到去年夏天在澳洲开会时,Jim 送给我一本小册子,里面有他对刘先生的访谈录,匆忙中我大致浏览了一遍。里面有很大篇幅由先生谈他儿时的情况,我从那本访谈录中得知,先生少时在沈阳读书,曾亲眼目睹了多起日本军人、浪人欺负中国平民的事件,张作霖将军在皇姑屯车站被日本人炸死时,先生的父亲时任皇姑屯火车站的站长,先生亦亲身经历了这一事件。后来他到天津南开中学读书,再在战火中随西南联大流亡到云南,他从小感受到的,是祖国的积贫积弱,落后无助,因此他立志要为国家的振兴努力读书,努力做事。刚到西南联大,先生学的是机械系,一年后,他转到地质系,认为国家的发展需要资源,需要矿业,学地质更有条件报效国家。自此以后,先生一路走来,终成一代宗师。

显然,先生奋斗一生,其真正的动力是对祖国深深的爱。

原刊于《第四纪研究》2009 年第 29 卷第 2 期

卢衍豪(1913—2000)

踏遍青山人未老

记著名古生物学家卢衍豪

文／茅廉涛

化石,奇妙的化石,它记载着地球的沧桑巨变,是研究地球历史的宝贵资料,被人们喻称为"特殊文字"。这里,我们要向大家介绍一位与化石打了近半个世纪交道,熟谙这种"特殊文字"的学者。他,就是全国劳动模范,南京地质古生物研究所副所长、研究员卢衍豪。

与奇妙的化石结缘

67 年前,卢衍豪出生在福建省永定县一个偏僻的山区。他从小热爱大自然,喜爱爬山、旅行,进龙岩中学后,特别爱听地理课,并对化石产生了浓厚的兴趣。这驱使他经常上山采集标本。那时,同学们常常自发举办学术讲演,卢衍豪经常作为主讲人,讲解各种奇妙的化石同地球的沧桑巨变的关系。中学毕业时,他胸中萌发了一个强烈的愿望:将来一定要研究化石,去探索大自然的奥秘。

30 年代,北京大学地质系人才荟萃。著名的地质学家李四光就是当时的地质系主任,卢衍豪慕名考取了北大地质系。在李四光等导师的熏陶下,卢衍豪刻苦攻读,成绩优良,获得甲等奖学金,受到师长的器重。

1937 年大学毕业,他被留校担任助教。抗日战争爆发后,他到了昆明西南联大，一面担任教学工作，一面从事科学研究。他撰写了《四川遇仙寺三叶虫的个体发育》《昆明附近的寒武纪》《莱氏虫的个体发育和群体演化》等论文。《昆明附近的寒武纪》这篇论文，打下了寒武纪地层的划分基础，订立了现在东亚和我国下寒武统的标准层型。后来到了四川，他还研究了一种叫作车轮藻的植物化石，成为我国研究这类化石的第一人，这类化石现已成为寻找石油最主要的化石之一。他所取得的成就在古生物学界引起了注目。

不久后，卢衍豪到了当时的中央地质调查所工作。从 1940 年到 1941 年，卢衍豪只身一人到野外做地质考察。他身背行李，手拿铁锤，脚穿草鞋，出秦岭，奔大巴山，白天辗转定军山麓，晚上宿营武侯（诸葛亮）陵园；跋山涉水，餐风饮露，跑遍了西大巴山。他搜集化石标本，测量地层剖面，填地质图……将近半年时间，他就搜集七大箱化石，运回了重庆，成为卢衍豪日后研究古生物和地层的依据。当时，正是抗战期间，中央地质调查所迁到了重庆附近的北碚，所址设在一座破旧的危房里，设备简陋，生活艰苦，这一切并没有动摇卢衍豪去揭开化石奥秘的决心。他常常一边啃着烧饼，一边整理资料，孜孜不倦，将全部心血倾注在古生物化石的研究上。但是，在那黑暗的年代，由于国民党反动政府腐败无能，科学家们的研究成果石沉大海，祖国的矿藏沉睡地下，使科学家最痛心的莫过于此。卢衍豪曾在一首诗中悲愤地写道："南出秦岭奔大巴，栈道危危悬陡崖，原为抗日献煤铁，痛恨苦果开泡花。"

1946 年，卢衍豪满怀为祖国地质事业大显身手的热情，从美国实习后返回祖国。然而，当时国民党反动派挑起的内战使祖国千疮百孔，奄奄一息。卢衍豪苦闷，彷徨，他苦苦地思索：多灾多难的祖国怎样才得以强大？科学家的出路又在哪里？他热切地盼望着新世纪的曙光。

向科学高峰进军

新中国成立的隆隆礼炮声，驱散了弥漫在祖国上空的乌云，中国人民从此站起来了。卢衍豪挂着喜悦的泪花，觉得有股春潮般的力量，推动着他向科学进军。1950 年，他出任南京地质古生物研究所副所长。从此，年富力强的卢衍豪如鱼得水，雄心勃发，怡然遨游在化石世界之中，不断叩击蕴藏着寒武纪、奥陶纪、志留纪和泥盆纪奥秘的大门。他专心致志地分析、研究各种门类的化石，度过了一个又一个不眠之夜，终于获得了重大科研成果：1950年，他重新划分了东北南部的全部寒武纪地层，纠正了日本学者长期造成的错误；1954年，他将华北标准地点——山东的寒武纪地层做了新的分类，以及建立了亚洲和我国东方动物群的11个阶和32个化石带，现已被国际上引用为分层和对比依据；1957年，他获得了中国科学院科学奖金。其后，卢衍豪集中精力系统地研究奥陶纪生物地层和三叶虫动物群，并开始撰写《华中及西南奥陶纪三叶虫动物群》一书。整整10年，不论是挥汗如雨的酷暑，还是北风呼啸的寒冬，他都将自己关在小书房里，争分夺秒，向古生物研究高峰挺进！

卢衍豪(1962)研究发表的宽边宽砑头虫化石

"功夫不负有心人"。1966年，新中国成立后《中国古生物志》中的最大论著《华中及西南奥陶纪三叶虫动物群》的初稿终于诞生了。这本中、英文达92万字，引用中文资料50余种、外文资料250余种的专著书稿很快被送到科学出版社排样，刚刚拼成书版，还没来得及印刷，一场暴风骤雨就席卷了整个中国。巨著被扼杀在襁褓之中，卢衍豪被扣上"反动学术权威"的帽子，受到了冲击。但是，卢衍豪并不悲观失望，即使在审查期间也在酝酿着写新的论文。他坚信："石在，火种是不会绝的！"

1975年，邓小平同志主持了党中央工作。党对科学事业的关怀，像催春的甘霖，滋润了科学的百花园。我国科学战线又呈现了生机。8月，卢衍豪的那

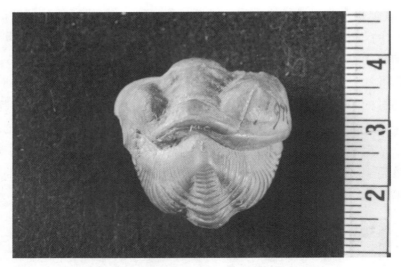

卢衍豪(1975)研究发表的凹沟岛头虫弱沟亚种化石

本专著终于出版了。一经问世,便引起国际上同行的广泛重视,美、英、法、挪威、加拿大等十几个国家的专家对此书给予很高评价:"这是一部巨著,具有重要参考价值","给全世界古生物学家和科学家增加了大量的知识","论证缜密,见解独特,文笔清秀",等等。为此,这部巨著获得了全国科学大会优秀科技成果奖。

踏遍青山人未老

卢衍豪在古生物研究方面做出了重要成就,受到了党和人民的尊敬,他被选为第三届、第五届全国人大代表、去年又当选为全国劳动模范。

地位、荣誉,并没有使我们的科学家自满,相反,促使他更加发奋攀登新的高峰。他作为中国古生物学会副理事长、中国地质学会副理事长、中国地层委员会副主任以及国际上有关学科组织的成员,工作千头万绪。但无论怎样繁忙,他总是挤出时间做实地考察。近几年来,为了从古生物学的角度探讨石煤、磷、铁等矿产的成因类型和分布规律,他不辞劳苦,风尘仆仆地外出考察,从黄河之滨到五指山下,许多地方都留下了他的足迹。去年,他有近两个月时间在国外访问,还单独或与同事们合作,撰写了十几篇论文。

去年 10 月,卢衍豪应美国地质调查所邀请,参加了该所成立 100 周年庆祝大会。他在美国纽约州大学、堪萨斯大学地质系,做了关于《中国寒武纪沉积矿产与生物—环境控制论》的学术报告,引起了同行们浓厚的兴趣。这一近年由卢衍豪创立的"生物—环境控制论"学说,为寻找磷、石煤、矾、铀等矿产提供了理论依据和远景预测,引起了外国专家的注意。

"一花引来百花开"。由于卢衍豪等著名古生物学者和全所同志长期孜孜不倦、卓有成效的工作,南京地质古生物研究所已与美国史密逊研究院、英国大英博物馆一起,被外国科学家誉为世界三大古生物研究中心。

"莫叹时失十数春,分秒必争扭乾坤,四化征途人不老,八十年代显雄心。"这是在去年年底召开的全国科学家座谈会上,卢衍豪即兴吟诵的四句诗,它不正是这位老科学家决心向八十年代进军的生动写照吗!

原刊于《化石》1980 年第 3 期

穆恩之(1917—1987)

一代宗师光辉犹存：忆穆恩之老师

文／陈旭

2017 年是穆恩之老师诞辰 100 周年纪念。数十年前穆师创立的多项笔石分类和含笔石地层序列和标准，至今光辉犹存，不但在国内，而且在国际间仍被公认。作为他的学生，终生得益于他几十年前就已开创的诸多学术领域和方向。

五峰笔石动物群开创的新天地

1945 年穆师发表了他的开山之作：《五峰页岩中之笔石》，首次肯定了在我国存在着奥陶纪最末期的笔石动物群，从而完善了中国南方的上奥陶统地层和笔石动物群。此后他在 1954 年又发表了《论五峰页岩》，首次对华南五峰组的地层及笔石动物群做了总结。1965 年在他的带领下，笔石组的全体开始了"华中区上奥陶统笔石"专著（古生物志）的研究，此项研究虽然一度被中断，但最终于 1993 年完成并出版。它的发表引起了各国学者的关注，因为中国南方的五峰笔石动物群是全球奥陶纪末期最完整的笔石动物群，大大完善了欧洲奥陶纪晚期发育不完整的笔石带序列。五峰组的笔石带目前在北美洲也已发现，五峰组顶部的笔石带已被公认为全球对比的标准。在以穆师为主的华中区上奥陶统笔石研究的基础上，我国在宜昌王家湾剖面基础上建立了奥陶系最高的一个阶，即赫南特阶的全球层型标准剖面，从而使奥陶系最高层位的"金钉子剖面"

落户中国。

更令人鼓舞的是,在赫南特阶金钉子在我国建立后不久,在我国四川盆地的五峰组及其上龙马溪组底部的黑色笔石页岩中开发出了页岩气,并在重庆涪陵和川南威远—长宁建立了五峰组—龙马溪组页岩气的高产页岩气田。穆师开创的五峰组及其上龙马溪组的笔石带,成为了该页岩气田勘探、开发层位的划分和对比标准。

1960 年代穆恩之与学生讨论问题,右二为本文作者陈旭院士

穆师的中国笔石科和笔石的系统分类

1985 年在丹麦哥本哈根召开的第 3 届国际笔石大会上,各国与会代表才真正地认识到穆恩之老师早在 1950 年发表的笔石的系统分类,和同年由英国笔石专家布尔曼(O. M. B. Bulman)主编的《Treatise》笔石卷竟然惊人地一致。由于当时穆师发表的只是中文,因此西方学者们并未认识。西方同行们才开始明白,原来中国研究笔石的学者们对笔石系统分类的认识和西方的大致相同,并非完全来自 Bulman 主编的《Treatise》,而主要来自中国笔石界的一代宗师穆恩之教授之作。

中国笔石（Sinograptus）是穆师发表诸多笔石分类单元中最具代表性的一个。它不仅具有独特的胞管结构、构造，而且代表了奥陶纪笔石大辐射中重要的一个大类。当今《Treatise》将要发表的新编第 3 版，中国笔石已被提升到亚目一级的分类单元，而穆师在 20 世纪 70 年代创立的正笔石式树形笔石（Graptodendroidina）也将被新编的《Treatise》作为另一个亚目一级的分类单元。

1980 年代穆恩之在湖北宜昌黄花场野外考察

治学育人，桃李天下

1959 年我有幸投入穆师门下，从此开始了我研究笔石和奥陶系、志留系的一生。穆师给我上的第一课是"严格"。第一年的任务主要是看标本、画图、读文献，穆师的话很简明："好好练练基本功。"一年以后才开始协助穆师编写《中国的笔石》。第二课是"独立"。体现在野外工作中尤为突出：第一年（1960 年）和第二年（1961 年）参加安徽和川北两个综合地层队；第三年（1962 年）负责一个桂北的野外小队；第四年（1963 年）协助张文堂先生负责黔北综合地层队。这种一年年加码的野外工作，让我时刻不得松懈，也正因为如此，才锻炼了我的独立工作能力。

穆师给我上的第三课是"方法"。这种思想方法和工作方法的教育不只是上课，而是他本人以行动来体现的言教身教。穆师长期担任着"双肩挑"的繁重领导工作,在我所老先生中间他又是较年轻的一位,因此所里许多具体工作都不可避免地压在他的身上。可他又正是在我所老先生中的高产著者之一。用他常说的一句话就是"拿得起、放得下"。跟随他 27 年的时间里,我深深体会到首先要有强烈的事业心和责任心,有这种精神才能拥有分秒必争的工作态度,以及头脑清醒、明确的工作方法,从而才能担当繁重的任务。我今年 81 岁,还可以保持继续工作的状态,应对同时出现的不同任务和研究内容,这和穆师"拿得起、放得下"的教导及按照他的要求而长期得到的锻炼是分不开的。

穆师在 1980 年建立了笔石学科组,我长期作为学科组的秘书,协助他与各系统从事笔石和奥陶系、志留系研究的同志交往,还特别随他参加四川石油会战和海南高铁会战,协助他在南京大学开办古生物专题课,从 1980 年开始,更是多次协助他组织国内和国际的学术会议,在他的带领和推动下参加了国际学术组织,反复体验到他那种敏锐的观察分析能力和有条不紊的工作方法,学习他在国际交往中"有理、有利、有节"的原则,才使我在穆师驾鹤东去之后,能尽力继承他的遗愿,和国内外同行在一起开展"金钉子"剖面的研究工作。

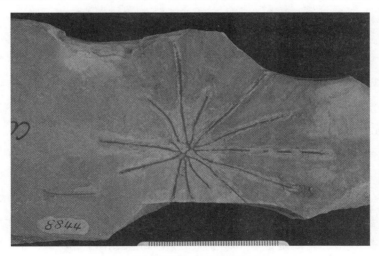

穆恩之研究命名的笔石

今天再次著文纪念他老人家之际,我一定还要继续努力,同时也要把从穆师身上学到的可贵精神和方法,教给我的学生们。

写于 2017 年

知之为知之

顾知微古生物研究自述

文／顾知微

顾知微（1918—2011）

　　我于 1944 年在四川北碚进入中央地质调查所（以下简称"地调所"），进所不久，即先后参与了川北江油海棠铺区的石油地质调查和川西大渡河下游的工程地质调查。在调查和旅行中，我看见了国民党主管科技的官员颟顸狭隘或垄断营私，还见到"县老爷"令人杖责人民，使我厌倦这些出差调查；不久，我曾借病摆脱去湖南的野外调查，最后选择了地层古生物专业的室内研究较多的工作，企图搪塞躲避为国民党政府直接服务。

　　我在地调所里的地层古生物室工作，研究内容包括海相三叠系地层和瓣鳃类化石、泥盆系地层研究与第四系洞穴层的发掘 3 个方面。

　　海相三叠系地层和瓣鳃类化石的研究，在新中国成立前是我主要的地层古生物研究工作。起因于 1944—1945 年在川西的工程地质调查。这一调查，是围绕着大（渡河）马（边河）间过水隧道的隧道地质进行的。隧道的入水口，计划设于乐山县铜街子镇的东南，出水口在犍为县的黄丹镇附近，隧道所经岩层的绝大部分是海相三叠纪地层。我对海相三叠系地层和古生物的工作，即从此区三叠系最下的铜街子组开始。野外调查后对铜街子组中动物（除两种为腕足类外，其余均为瓣鳃类）化石的研究结果表明，铜街子组时代为早三叠世，修正了许德佑先生前所拟定铜街子组属早期中三叠世的安尼锡克期的地质时代。因此我将研究结果写成《关于铜街子系》和《川西铜街子建造之晚期下三叠纪动物化石》两篇论文。原计划还要研究铜街子组以上的此区三叠纪动物化石，但因这些地层大部分为灰岩，所夹较软的页岩无多，其中所得化石也不多，再加上其他工作干扰,因而未能进行更上层三叠纪动物化石和地层的研究。此区地层还被较详记叙于《四川大渡河(铜街子)与马边河(黄丹)间水力发电工程地质报告》中,但这一报告主要由曾鼎乾同志写作,我只协作而已。

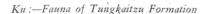

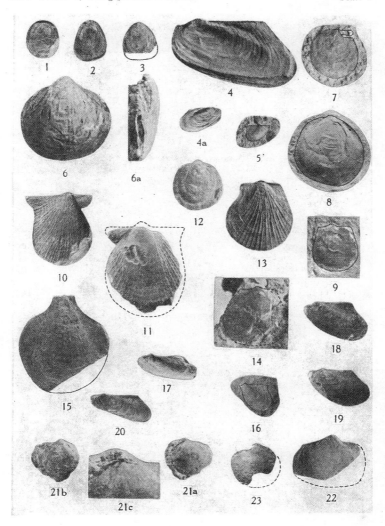

1948年顾知微关于四川西部早三叠世晚期动物群论文的图版

滇东泥盆纪地层的研究,是我对大学毕业论文以毕业后所得资料的进一步补充和整理。毕业论文原系与韩德馨、胡伦积三人作于1942年。毕业后,我在云南地质矿产调查所工作期间（1942—1944），曾跟随孙云铸、袁复礼两位师长至滇东婆兮（今称盘溪）、西龙区补充调查泥盆纪地层；以后在川北江油调查，曾以江油观雾山区泥盆系剖面所见来比较。我将这些补充和整理结果写成《滇东婆兮区泥盆纪地层并讨论泥盆系含鱼层之层位》一文，此文重在论证泥盆系中沟鳞鱼（*Bothriolepis*）化石层的地层层位。

1945 年我对川东歌乐山洞穴沉积层中骨化石进行发掘，发掘系与王存义同志合作进行，所得骨化石由杨钟健先生鉴定。在化石发掘与鉴定之后，我曾写成《四川巴县歌乐山之洞穴层与地文》一文和《四川歌乐山人类遗迹之再度探寻》的学术通讯；在后一通讯中，未能确证古人类遗迹的存在，但通讯题给人一些误示。

以上三方面地层古生物工作的共同特点是，它们基本上均属"纯学术性"的。新中国成立前我在南京市郊区所进行而无论文结果的海相三叠系的地层和化石的工作，性质也相似。只是川西大渡河下游的地层工作，有些与当时对水力资源的开发有关。

这些工作，与我在新中国成立后全心响应号召，参加煤与油、气等矿产探寻的地层古生物工作呈鲜明的对比。新中国成立前的地层古生物工作，基本上是脱离生产经济建设的"悬空式"的。这也是当时政治环境下的一种反映吧。

1949 年新中国成立，我思想也得到解放，曾与已故尹赞勋先生检讨我们过去钻在研究圈子里是"悬空式"脱离实际，工作与国计民生联系不多。1950—1955 年，我诚心诚意参加了调查豫西、冀南和阴山 3 个煤田工作，尹先生也曾一度到山西做煤田地质工作。1955 年初夏，始回到地层古生物专业。

我回到地层古生物专业后，主动与国家急需相结合，放弃了海相三叠纪地层和化石的工作，转而从事中、新生代，或更准确地说，是侏罗、白垩两纪非海相地层和双壳类化石的工作，因为它们与煤、石油等能源的探寻关系更多，除葛利普（A. W. Grabau）外，我国很少有人做过。那时我认为，葛虽已入中国籍，但他来自北美，所研究的我国淡水化石，数量既不多，均是别人所采，且限于行动不便，不能实际观察地层，因而化石研究有时难联系地层实际。例如 1923 年对鄂西淡水双壳类化石的年代鉴定，在 50 年代后期已证明并非正确。由于这样的看法，我在 60 年代前后，就对日本古生物学者所做的我国或东亚的中生代非海相化石的研究，参考较多。

开始研究我国侏罗、白垩两纪非海相地层和双壳类化石后，曾到过这两纪地层的许多出露地区,其中工作较久而系统的是浙江和黑龙江东南部两区。因葛利普和日本学者所研究的这两纪地层和化石的模式产地都在中国东部,我调查和重查的地区也就都在中国东部。

不幸的是,主要由于对淡水化石费尔干蚌(*Ferganoconcha*)与额尔古纳蚌(*Arguniella*)的区别关系未能掌握,也由于对海相侏罗、白垩两纪双壳类化石的研究不足,我在这两纪的一些非海相化石和海相的雏蛤科(Buchiidae)的研究中有误,导致了我对我国这两纪地层界限确定的错误,将黑龙江省东南部的龙爪沟群和许多应属于下白垩统的地层,如辽西的热河群,定为侏罗纪地层。直到 1989 年,得力于英国 N. J. Morris 与我共同的博士研究生沙金庚同志的帮助,我清楚认识到这些错误,于 1994 年在英文著作《中国黑龙江东南部龙爪沟群与鸡西群双壳类化石的修正研究》中进行了改正。沙金庚同志能青出于蓝而胜于蓝,对于他的功绩,我感到由衷的欣慰。深入检讨我上述错误的指导思想,其中还有根源于"推翻权威"的过"左"思想,以致对葛利普工作做了过多的否定。

本文由顾知微院士的两段自述文字组成:1949 年之前的段落出自《我在前地质调查所里的地层古生物工作》,节选自《地质调查所(1916—1950)的历史回顾——历史评述与主要贡献》(北京:地质出版社,1996);1949 年之后的段落节选自《中国科学院院士自述》(上海:上海教育出版社,1996)。题目为本书编者重拟。

矸石亦美玉

金玉珩

文／王玥

金玉珩（1937—2006）

金玉珩，1937 年 12 月 26 日出生于浙江东阳，2006 年 6 月 26 日因病医治无效于南京逝世，享年 69 岁。

金玉珩出生在浙江省距东阳县城（现东阳市）10 公里的一个山村，在家里排行最小。通晓古文的外祖父和父亲给他起名为"珩"。该字的意思常被他自嘲为"煤中无用的煤矸石或玉石的边角料，意思是无用之材料"。在《辞海》中，"珩"与"琅"连用，称为"琅珩"，意为美石。看来，不管是矸石还是美石，金玉珩与石头早已结下了不解之缘。

金玉珩的童年是在贫困中度过的，但在他娓娓道来时却总是趣味横生。上小学时，学校离家五六里，每星期六回家一次，星期天下午回学校时，用小扁担挑一星期的口粮，菜是用竹筒装的霉干菜，若是用猪油炒过的，那就是上等的了。下饭的菜到了后面几天就没有了，于是几个小朋友到水塘里捉鱼摸虾，随便糊弄熟了也能解馋。假期里要放牛、割猪草，免不了和许多放牛娃在山上一起打闹、嬉耍，却也囫囵吞枣地看完"水浒"和"三国"。少年不知愁滋味，上了东阳县中的他开始体会到生活的艰辛。那时的他每日只能以山芋和芋头充饥。父亲到学校来送粮食时，眼中多的是怜悯和无奈。他咬着牙坚持着，从不抱怨，毕业时以高分考上了浙江省杭州高等中学，那是当时杭州最好的学校。

1955 年，他以优异的成绩考上了南京大学地质系。因为家庭困难，他寒暑假常不回家，勤工俭学，做老师的野外助手。也是在这个时候，他真正触摸到了他将为之奋斗终生的地质事业。他根据收集到的资料发表了全国首篇关于牙形类化石的论文,还动手写了有关铀的小册子。他意识到外语的重要性,按学校规定学习俄语的同时,自学英语和德语。这个勤奋好学、自主钻研的学生得到了南京地质古生物研究所王钰院士的器重。在他以每门课程全优的成绩毕业被分配到南京地质古生物研究所后,王钰院士特别挑选他做学生,让他参与编写《中国腕足动物化石》和《腕足动物化石》,并放手让他开展重要课题的研究。他全身心地投入到古生物研究中,甚至在得了胸膜炎后,也还经常加班到深夜。

南京龙潭早石炭世龙潭新石燕

然而生活总是要与这个志在科研的人开一些玩笑。1967年他因出差野外,传染上了肝炎,到1969年不得不住院治疗。1974年他因腿部外伤被误诊,必须接受手术治疗,右腿险些被截肢。"文化大革命"中,他被扣上"只专不红""修正主义苗子"等帽子,接受劳动改造。面对接踵而来的磨难,他总是以乐观豁达的心态一一度过,并且只要有机会,他就抓紧时间看外文专业书。随着国家形势的好转,"一身伤残"的他心情格外轻松。他不顾腿部伤口没有全部愈合,拿起手杖,重新回到那一片属于他的山岭中。

1981年,金玉玕申请到美国史密森博物院国家自然历史博物馆做博士后,得到资深老教授库伯尔先生事无巨细的指点。这期间,他还凭借自己的专业特长成为芝加哥博物馆和纽约大都会博物馆的访问学者。伏案之余,他用节省下来的生活费考察美国各地有关石炭纪和二叠纪的地层剖面,拍摄了大量的幻灯片,运回祖国几十箱标本。在后来的20多年中,五大洲的重要地层点都留下了他的足迹,所收集到的第一手资料成就了他后来对全球二叠纪地层分布和对比的全面而综合的评述。

1983年回国后,他以极大的热情投入到中国的地层和古生物研究中。他主持编写了中国石炭纪和二叠纪地层典,对中国石炭纪、二叠纪地层单位进行全面整理和修订,澄清了大量对比问题。他系统描记了中国某些地区特有的寒武纪、晚古生代、中生代腕足动物群。他带领工作组赴新疆准噶尔盆地进行油气勘探考察,与兄弟单位开展充分的合作,提出了精度较高的地层系统,解决了生、储油层的时代问题。90年代起,他组建现代古生物学和地层学开放实验室,创建我国唯一在国外发行、反映中国古生物学研究新成果的学术刊物《Palaeoworld》。他投入大量时间和精力,组织高水平的全国和国际学术讨论会。由他组织的"第11届国际石炭纪地层和地质大会""二叠纪地层、环境和资源国际讨论会""第二届国际古生物学大会"取得圆满成功,使中国古生物学研究在国际上具有重要的影响。

在组织国际二叠纪地层分会工作期间(1989—1996),他提出二叠系划分新方案,这一方案集合俄罗斯乌拉尔地区、美国瓜德鲁普地区和我国华南地区发育最好且化石最为丰富的地层,得到各国专家的赞成,最后由国际地层委员会批准,取代了沿用150多年的俄罗斯标准,化解了国际上近40年争论不决的二叠纪地层难题。他也应邀在澳大利亚、巴西、加拿大、中国、波兰、俄罗斯、美国等国际学术会议上做特邀报告。

为了寻找最为完整的乐平统底界地层,他带领研究组对我国西南地区许多剖面进行了测量、采样及分析;为了证实广西来宾县蓬莱滩剖面具有连续的乐平统底界地层,他和国内外专家合作,从不同的角度加以验证;为了确定乐平统底界精确的层位,他和同事们一次又一次地赴蓬莱滩采集样品进行分析,与国际同行们进行商讨。近20年的风风雨雨将中国的乐平统列入了国际标准,这是中国的统级地层单位第一次进入以欧美地层占统治地位的国际标准之列。之后,他又以详尽的古生物及地层分析先后将蓬莱滩剖面和浙江煤山剖面确立为乐平统之下两个次级地层单位的"金钉子"剖面,成为世界各国专家开展地层

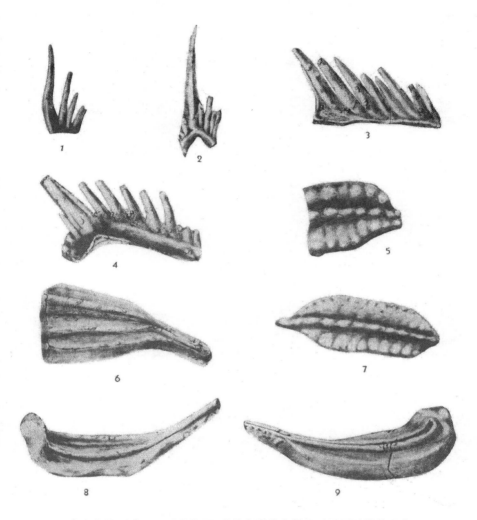

南京龙潭孤峰组牙形类化石,这是中国学者最早对于牙形类的研究

研究所必须参照的国际标准。

　　开阔的视野和敏锐的思维使他总是以前瞻性的眼光去拓展古生物学的研究。当中国古生物学界大多还处在定性研究的阶段时,他率先以定量数据的统计结果来论证生物的演化历程。他提出的古生代末两次灭绝的论点成为该项研究的重要进展。之后,他提出的生物在古、中生代界线附近爆发性灭绝的论点在学术界引起强烈反响,并成为后来二叠纪末生物大灭绝研究所引证的经典。

金玉玕先后在多个国际地层学和古生物学组织中任职,并多次担任国际学术会议的大会或分会主席,在国内外同行中享有良好声誉。由于在国际古生物学界的杰出贡献,他 1996 年被选为国际古生物协会副主席,2001 年当选为中国科学院院士。

节选自《20 世纪中国知名科学家学术成就概览　地学卷　古生物学分册》(北京:科学出版社,2014)

娓娓谈三叶　年年谱新章

文/陈丕基　沈炎彬

张文堂(1925—2013)

　　张文堂,古生物学家、地层学家,对早古生代地层,三叶虫、叶肢介等门类化石尤有精深研究。他独著或作为主要编撰者的《中国的奥陶系》《中国生物地层学》(英文版)、《中国的三叶虫》《中国的叶肢介化石》《西南地区寒武纪三叶虫动物群》《华北地区寒武纪三叶虫(英文)》、〔美〕《无脊椎古生物学大典》三叶虫分卷莱德利基虫亚目之修订(英文)等均为经典巨著。他是寒武纪生命大爆发的"澄江动物群"命名者和研究之先驱。

　　张文堂是河南延津人,1925年1月10日出生于陕西省西安市。1937年小学毕业后,到河南汲县(今卫辉市)中学就读。1943年高中毕业,艰辛辗转去到抗日战争时期大后方的陪都重庆,住在他的姑父、著名地质学家李春昱家。受姑父的教导和影响,张文堂立志献身地质科学事业,并于当年以优异成绩考入重庆大学地质系。

　　1945年7月,西南联合大学(是全面抗战爆发后北京大学、清华大学和南开大学3所名校临时联合后迁至云南昆明成立的)到重庆沙坪坝招收插班转读学生,张文堂报名应试,并被录取。当年8月15日,日本宣布无条件投降,大家都沉浸在抗战胜利的欢庆气氛中。他由重庆去昆明西南联大报到。由于当时政局动荡,他一时未能入学上课,就先去云南篙明县中学和沪西县师范学校做了短期教学工作。1946年初,西南联大领导决定,当年6月,原三校分别迁回原址恢复办学(即北大、清华迁回北平,南开迁回天津),学生则可择校入学。当年夏秋之交,张文堂选择了北京大学地质系,他在该校优越的师资、图书、仪器、标本等条件下,受到严格的科学训练,具备了扎实而广泛的地质学基础。他的毕业论文《河北开平盆地奥陶纪三叶虫》评分第一,获中国地质学会学生奖,并发表在英文版《中国地质学会志》第 29 卷上。1948 年,他毕业后,被该系作为高材生推荐进入南京中央研究院地质研究所工作。

1949 年 4 月,南京解放。当年 11 月,中国科学院在北京成立。1951 年 5 月 7 日,该院古生物研究所在南京成立(以后相继更名为"地质古生物研究所"和"南京地质古生物研究所",简称"南古所"),李四光为第一任所长。张文堂为该所第一批研究人员,一直在该所工作至逝世,历任助理研究员、副研究员、研究员、博士生导师、研究室主任、所学术委员会主任、所学位委员会主任等职。

张文堂在该所先后从事过区域地质矿产调查,区域地层研究,三叶虫、叶肢介和金臂虫等门类化石的鉴定、描述、研究和总结,等等。

改革开放时期,张文堂曾先后到澳大利亚(1979、1982、1986)、俄罗斯(1984、1990)、瑞典(1986)、日本(1992)及美国(1988、1992—1993、1996—1999)进行多次学术访问,参加国际会议或从事合作研究。他也接待过很多外国同行来访。

张文堂的学术成果曾获得过很多奖项。1978 年获全国科学大会奖和中国科学院重大成果奖。1982、1987 年分别获国家自然科学奖二等奖、一等奖。1989、1992 年分别获中科院自然科学奖二等奖、一等奖。1993 年获李四光地质科学奖。1997 年获香港求是基金会杰出成就集体奖。1991 年他被英国剑桥国际传记中心载入《世界 500 名人录》。1993 年他又被美国传记协会载入《世界 500 位有影响的人物》一书。他于 1978 年 5 月被评为江苏省先进科技工作者。1983—1987 年,他被选为南京市第 9 届人民代表大会代表及主席团成员。

区域地质矿产调查及地层研究

1950—1951 年,新中国国民经济恢复时期,需要大量的矿产资源。原中央研究院地质研究所有 10 多位地质学家到东北进行地质矿产调查。张文堂在俞建章研究员领导的小组内工作。

1951 年底,张文堂结束东北北部地区的地质矿产调查以后,回到南京。

1952—1954 年,他又被借调到地质部参加山东淄博煤田、河北峰峰煤田及山西两渡煤田的地质勘探工作,为国家建设寻找新的能源基地。

1955 年,张文堂参加了中国科学院与石油工业部合作进行的柴达木盆地石油地质研究;1958 年,张文堂参加了祁连山科学考察队,研究祁连山地槽区奥陶纪和志留纪地层。

1962—1964 年,张文堂在研究贵州北部寒武系、奥陶系及志留系时,首先识别出:中国西南地区在地台区外、东南方向存在一条斜坡带,其中的三叶虫化石和地台区的属种有很大区别,这个斜坡带从广西西南部起,经黔东、湘西、赣北、皖南、苏南,往东北方向可以一直延伸到朝鲜半岛南部。

"文化大革命"期间,张文堂仍不停地从事科研,他主要对叶肢介这个以往研究薄弱的化石门类进行了系统总结。1970—1972 年,他参加了四川石油管理局与中科院地质所及南京地质古生物所合作进行的三年"石油会战"。他与全所各门类化石研究人员应石油部门的请求,编撰出版了巨型工具书《西南地区地层古生物手册》,不仅总结、囊括了过去该地区已发表的化石属种,还有很多在这次"石油会战"中发现的新属种,如志留系的新三叶虫。该书可以帮助石油地质工作者在野外现场很快地鉴定化石名称和判明地层时代,因此在国内外同行中颇受好评。

张文堂(1974)研究发表的齿缘王冠虫标本

研究三叶虫化石成绩斐然

张文堂先后参加或主持中国各门类化石的编写和总结,如《中国的三叶虫》(1965)、《中国的叶肢介化石》(1976),曾获国家自然科学奖二等奖;系统研究我国"西南地区寒武纪三叶虫动物群"(1980)及"华北地区的寒武纪三叶虫"(1987);应邀参加由美国地质学会和堪萨斯(Kansas)大学主编的世界性的《无脊椎古生物学大典》三叶虫分卷莱德利基虫亚目的再版修订工作,修订版第一卷已于 1997 年出版发行。上述研究为我国寒武纪三叶虫的分类工作奠定了坚实基础。三叶虫是划分和对比国内外寒武纪地层最主要的标志化石,其古生态、古环境和全球古生物地理区系的研究对探寻寒武纪磷矿、石油、天然气和其他层状矿藏的分布都有重要意义。

叶肢介化石研究的奠基人

张文堂从 20 世纪 50 年代中期开始对黑龙江嫩江页岩和青海柴达木盆地红水沟组红层中的叶肢介化石进行了研究报道。"文化大革命"期间他排除各种干扰,带领他的学生编写出版了《中国的叶肢介化石》一书,这是世界上迄今有关叶肢介化石资料最丰富的一本专著,全书约 50 万字,138 幅图版,共描述 401 种化石,提出了一个新的分类系统,不仅完成了我国叶肢介化石研究的奠基工作,而且近年来在研究日本、韩国、蒙古、英国、澳大利亚、北美、南美和南极洲的叶肢介化石时也被普遍接受和使用。叶肢介是一种淡水甲壳类动物,古生代演化中心从欧洲、中生代迁移到亚洲,演化迅速,分布广泛,现在已经成为研究我国中生代富含石油、煤炭的陆相地层的划分和对比的重要手段之一。此书亦深受国内外同行称赞。

张文堂(1957)研究发表的叶肢介标本

寒武纪"澄江动物群"研究的揭幕人

张文堂还研究西南地区早寒武世的金臂虫(也曾叫古介形虫)的化石。1972 年他去云南澄江查看过寒武纪地层剖面,对云南澄江早寒武世地层印象特别深刻。1983 和 1984 年,他两次安排其在读研究生侯先光等去云南澄江下寒武统筇竹寺组采集这类化石,意外地发现了许多与 20 世纪初在加拿大西部布吉尔斯页岩(Burgess Shale)中采到的相似的古生物化石种类,后者的时代是中寒武世,我国澄江的化石产于早寒武世初期地层,对于在显生宙开始地球上各类生命大爆发的研究有着重要的意义,次年他和他的学生联名撰写了《*Naraoia* 在亚洲大陆的发现》一文,发表在当年《古生物学报》第 24 卷第 6 期(1985),从此揭开了今天全世界闻名的"澄江动物群"研究的序幕,"澄江动物群"一名就是在这篇论文中首次提出的。

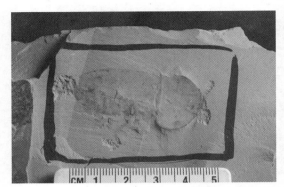
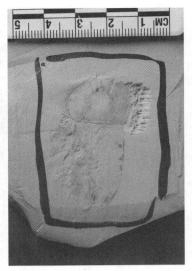

揭开澄江生物群研究序幕的纳罗虫化石

为我国地层学发展作出重要贡献

　　1959 年召开的第一届全国地层会议是我国近代地层研究的一个里程碑，张文堂负责奥陶系的主题报告，全国地层委员会任命他为奥陶系专业组组长。《中国的奥陶系》一书于 1962 年出版。改革开放以来，他应国际地层委员会（ICS）的邀请撰写了《亚洲东部的寒武系》一书（英文，1988 年出版），这些总结性论文和专著对我国的地层研究和地质填图工作产生了深远影响。随后，张文堂在上个世纪 90 年代中期又组织领导了英文《中国生物地层学》（《Biostratigraphy of China》）一书的编撰工作，邀请国内多位著名专家参加，尽量用活动论观点使用最新资料，按时代章节和各人所长分头执笔，全书 599 页，图文并茂，2003 年由科学出版社在北京出版。一些国外同行看到后认为这本书对国际学术交流和促进地质学发展有重大帮助。此书获科学出版社优秀作者奖（2004）。

　　张文堂从 1948 年大学毕业进入中央研究机构到 2013 年 10 月去世，跨世纪 60 余年，即使在退休后也从未停止过研究活动，他特别重视和强调野外调查工作并身体力行，从 1950 年参加东北北部地质矿产调查开始，到上世纪六七十年代多次参加西南石油会战为止,他都是在为寻找国家所需的能源矿产奔波,把自己所学的知识贡献给社会主义建设事业,并在这些野外地质调查中获取第一手实际资料,做出了许多有意义的科研成果。

原刊于《古生物学报》2014 年第 53 卷第 4 期

文题出自张文堂先生的弟子孙晓文的纪念诗歌,原题"张文堂生平及主要学术成就"。

附:

悼恩师张文堂教授
孙晓文

我第一次见到张老师是在 1982 年春节后,当我听说考上了他的研究生(硕士)后和我的大学好友康炜一起去张老师的办公室报到。我当时对他的第一印象可好了,高大,仪表堂堂的,很像一个电影明星,他的举止和谈吐也很令人感到亲切和不拘束。当时研究生没有自己的办公室,张老师就让我坐在他的办公室里,所以我真是有幸经常得到他在专业上的指导,受益匪浅,而且可以近距离地观察到他高尚的人格、严谨的治学态度和兢兢业业的奉献精神。

最可贵的是这些成果都是他在没有助手的情况下自己一一动手做出来的,出野外,采集和修理标本,贴图版,画图及打字,等等。我当时在办公室看到他用两个食指在打字机上打文章,打得还很快,我真佩服他。

张老师的所有时间都用在了为科学特别是为祖国的地层古生物及地质普查找油等的贡献中。在当年地质普查找油时,他的足迹踏遍了祖国大江南北,特别是在艰苦的大西北。好在他有位贤惠的妻子,她默默地支持张老师,几乎没让他做过任何家务。

张老师从不计较个人得失,宽厚待人,心地善良,任劳任怨。他对科学的态度极其认真,不仅在不断地解决古生物分类上的疑难问题,还讨论特提斯海古地理恢复等世界范围的大问题,孜孜不倦,不服老。他几年前对我说过,在做完讨论特提斯海的问题后,就不再写作了。可是后来又在电话里兴奋地告诉我,他找到了头胸相连的原来定为 *Drepanuna* 的标本，这下可以用来证实此种有十二个胸节，使此种特征更充分了，还告诉我此属已修正为 *Neodrepanuna*。

张老师的英语水平特别高，写过许多英文论文和编辑过多期的《华夏古生物》期刊，与外国人交谈自如，我当时特别钦佩他，曾经问他"为什么您的英语这么好"，他说当时在西南联大上课时总是用英文做课堂笔记。当然也与他的天才和勤奋密切相关。

三叶虫是很复杂的一个古生物门类，种属千变万化，可是似乎在他的脑海里，每个属种都能够分得清楚，归类得心应手，每次和他讨论，他都能够很快地说出属的分类意见，而且讨论时可以画出栩栩如生的图来。

我（中间）有幸在 2012 年回南古所时访问了张老师和师母

张老师不计较名誉和地位，一如既往、只争朝夕地辛勤工作，为中国和世界古生物地质作出了不可估量的贡献。在国外，同行们称他 WT Chang。所以在人们的心目中他是一位令人尊敬、具有真才实学的科学家。他的学术成果、为科学的奉献精神和闪光的人生将永远地激励后人。您永远活在我的心中。

以下两首小诗是为表达我对恩师的崇拜和感恩之心。并附照片，分享珍贵的回忆。

［五律］悼恩师

仙逝无先兆，何时再叙长。

娓娓谈三叶，年年谱新章。

南者悲哀泣,秋风北国凉。

念师金子质,弟子满天堂。

[五律]赞尊师

十大高研①内,青青拔萃梁。

挥锤千壑里,探宝五湖旁。

双指敲金字,一心著玉章。

格高万代赞,奉献不求彰。

原刊于《古生物学报》2014 年第 53 卷第 4 期

---

① 当年南古所有十大研究员,张文堂老师是最年轻的一员。

化石钟的发现者

马廷英

文/孙关龙

马廷英(1899—1979)

在即将出版的《中国大百科全书·海洋科学》卷中,设有专条介绍的中国海洋地质学家仅有一人,他就是台湾大学已故教授马廷英。在国内,人们对马教授不是很熟悉。实际上,他是一位具有真知灼见、明前人之未明、独成一家之言的杰出学者。1987年9月15日,是马教授逝世8周年纪念日,笔者撰写此文,以示纪念。

（一）

马廷英于清末光绪二十五年(即公元1899年),诞生在辽宁金县的一个贫苦农家,有弟妹9人。他自幼天资聪颖,勤奋好学,在中、小学时就常有读书忘食之事,他学习成绩优良,受到老师的器重和同学的敬佩。15岁时,由金州中学毕业,在科学救国思潮的驱使下,他独自负笈日本,先以第一名的成绩毕业于日本东京高等师范博物系,旋即考入仙台日本东北帝国大学学习地质学,1929年以优异成绩毕业,留校跟随日本著名古生物学家矢部长克教授从事博士学位的研究工作。1936年获博士学位,同年秘密回国,途中曾被日本宪兵追捕,几至难以脱身。回国后,历任中央研究院地质调查所研究员兼中央大学教授(1936—1939)、中国地理研究所研究员兼海洋组主任(1940—1945)。1945年底,马教授奉命来台湾,负责接收台北日本帝国大学工作和重建台湾大学及其地质系工作;第二年春,他创办台湾省海洋研究所,并自任所长,直到1950年该所被裁减;同时,兼任台湾大学教授,直到退休。退休后,他仍致力于教学和研究。1977年发现身患胃癌,马教授住入台大附属医院开刀治疗,当时医生预言最多只能生存一年。马教授不以为忧,仍然奋发工作和学习,终因劳累过度,旧病复发,于1979年9月15日上午10时在台大附属医院去世。

<h1 style="text-align:center">(二)</h1>

1933年是马廷英一生中的关键时刻。该年,他发表了潜心考察和研究多年的成果——《古生代一些珊瑚生长的季候变化》,发现古生代早期的四射珊瑚化石有反映气候季节变化的生长线。次年,他又发表两篇论文,指出珊瑚礁的生长速率呈现规律性变化。从此,他专心考察古今各种珊瑚的生长速率和气候变化的关系。马廷英的上述成果,当时受到世界古生物学界与珊瑚礁研究者的重视,担任中央研究院总干事的丁文江教授见了上述论文,特别赞赏,于1935年春专门电邀马廷英回国主持领导对东沙群岛的造礁珊瑚和珊瑚礁的调查研究

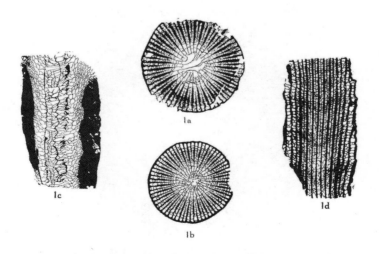

《古生代四射珊瑚成长上的季候变化与泥盆纪的气候》一文中的图版

工作,并聘请他为中央研究院地质调查所古生物学研究员。

　　马廷英在东沙群岛的调查,不但开创了我国研究珊瑚和珊瑚礁的历史,而且他在群岛海底发现了明朝古物,证明该地区自古即是中国的领土,并在研究报告《造礁珊瑚成长率及其与海水温度关系》巨著中指出:无论是古生代的珊瑚化石(主要是四射珊瑚化石),还是中生代的珊瑚化石(主要是六射珊瑚化石)和现代造礁的六射珊瑚,其组织内部和外部都有年生长现象和季候生长的现象。以后,他又进一步指出:古今珊瑚的年生长和季候生长现象,犹如树木的年轮,可叫作"年层"。年层的密厚部分为寒季成长者,疏薄部分为暖季的产物,表现在珊瑚外形上则为膨大部分与缩小部分交替而上。

　　由此可见,1963 年美国学者 J·W·威尔斯在古今珊瑚上发现"日生长纹",指出距今 3.45 亿—4 亿年前的泥盆纪每年约为 400 天,距今 2.8 亿—3.45

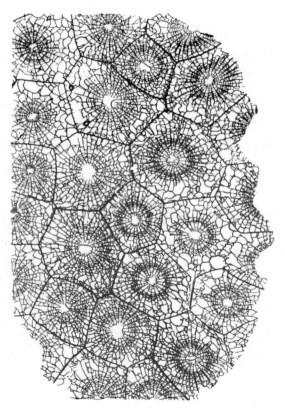

《古生代四射珊瑚成长上的季候变化与泥盆纪的气候》一文中的珊瑚化石照片

亿年前的石炭纪每年约为390天,从而确立了"化石钟"。化石钟的概念是在马廷英教授的"年层"工作基础上产生的。因此,应该说马廷英教授的工作为"化石钟"奠定了理论基础。

(三)

马教授还是中国系统研究大陆漂移说、地质时期气候变化理论的先驱。在本世纪30—40年代,一些老一辈的科学家撰文介绍了魏格纳的"大陆漂移说",但是马廷英是第一个进行这方面研究的人。他从1943年发表《奥陶纪气候及当时欧亚与北美大陆相对位置论》《志留纪气候及当时诸大陆相对位置》《泥盆纪气候及当时诸大陆相对位置论》开始,直到1966年的《由于造山作用影响在地形上留下的年代痕迹》,历时30多年,共19册,成为一部巨著,其书名即为《古气候和大陆漂移之研究》。

在这部巨著中,马教授依据他对各地质时代造礁珊瑚的研究和造礁珊瑚是热带及其附近海域的浅水性底栖动物的特征,即造礁珊瑚栖息在赤道两旁的低纬度海域,要求海水温度在18℃以上,以23—25℃为最适合的特征,指出同种或同属珊瑚的年成长值,离赤道愈近则愈大,离赤道愈远则愈小,在赤道区域其成长值最大;珊瑚的季候成长现象则愈冷的海域其发达程度愈高,即离赤道愈远的海域,珊瑚的季候生长现象愈清楚,在赤道海域由于没有四季或两季的变化,珊瑚季候生长现象则极为模糊或完全阙如。于是,他以研究和测算全世界古今珊瑚的年成长值和季候生长现象的发达程度为手段,详细地探讨了自寒武纪至第四纪每个地质时代各个大陆的地理位置和气候及其变迁,叙述了每个地质时代的赤道和两极的分布及其迁移,列出了古今各个大陆的相对位置和漂移的程序。他的成果,不但证实了魏格纳的"大陆漂移学说",而且对魏氏学说做了重大的补充。尤其是在1953年,马教授提出"地壳滑动学说",以此解释大洋中岛弧、火山的成因,海平面变动的原因,以及其他各种海洋地质构造。这些重大的发现与创见,自60年代以来已为世界各国地质学家和地球物理学家重视和验证。

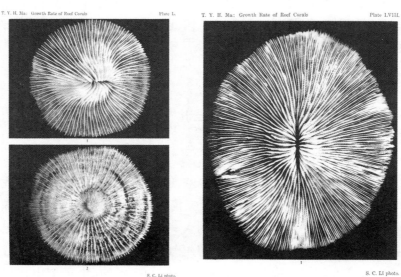

《造礁珊瑚的成长率及其与海水温度的关系》(1937)一文中的图版

(四)

　　马廷英教授的爱国意识也是令人崇敬的。他长期在日本受教育,并知名于日本学术界,但对日本的侵华行动是深恶痛绝的。1936年秋,日本侵华加剧,他在导师矢部长克教授掩护下秘密离日回国。1937年底,日军进逼南京,马教授发誓决不再在日刊上发表论文,并投身于抗日洪流并毅然决定暂时放弃学术研究,担任东北中学校长,率领东北流亡师生长途跋涉鄂、湘等省,历尽艰辛,安然抵达四川。迁校事务就绪后,他立即辞去校长之职,重返地质学界。自1942年起,他率领中国地理学会海洋组专家学者,冒着滚滚炮火,涉足福建等省调查战略资源,绘制东南沿海军事地形图,供抗日作战用。

　　在抗战中,他克服各种困难,坚持学术研究。正如他在为纪念抗战六周年而写的《古气候与大陆漂移之研究》发刊词中所说:"现值神圣抗战物力维艰时期,万事应以直接贡献于抗战者为上。"为"倡用国货",他决定《古气候与大陆漂移之研究》(1—3册)"自封面至附图一切改用闽纸",以表示"盖吾华以一积弱之国,抗战六载,在此艰苦纷乱期中,非但学术研究不辍,即印刷技术及造纸工业,亦均在继续发展之中",让"国际人士或当刮目相视"。该发刊词写于1943年7月7日。

马教授一生淡泊名利,豁达大度,一切以事业为重。1953年,他发表《石油成因论》,提出台湾西部深处及台湾海峡蕴藏有大量的油气,力主做大规模的探勘工作。当时,不少人表示怀疑和反对,马先生为了工作,舍弃个人得失,到立法院作证,以后,在台湾西部及海域确实发现了油气。1956年,他又在《新生代地壳变动与西太平洋之石油》一文中提出,邻近中国的东海和南海有良好的贮油层。

原刊于《中国科技史料》1987年8卷第5期
本文原题为《台湾大学地质学教授马廷英》。

自学成才的地质古生物学家盛莘夫

文 / 潘云唐

盛莘夫(1898—1991)

    1978年3月,正是粉碎"四人帮"后的第二个春天。在这新的历史时期,"科学的春天"到来了。全国科学大会在庄严的人民大会堂隆重举行。我国著名地质学家(现中国地质科学院名誉院长)黄汲清教授在学部讨论会上语重心长地说:"我们地质科学界有很多通过刻苦自学而成的大科学家,今年已八十高龄的盛莘夫教授就是最杰出的代表。"这位中国地质界当今最年迈的老寿星、现年九十余高龄的盛莘夫教授,老当益壮,神采奕奕,仍在科学园地里辛勤耕耘。在他献身地质科学事业60多年之际,地质界广大同行无不向这位老科学家表

盛莘夫与王恒生在讨论问题(1988年前后)

示热烈的庆贺和衷心祝愿,祝盛老健康长寿,为地质科学事业作出更大贡献。

盛莘夫,字国贤,浙江省奉化县人,生于1898年。著名地质学家、地层古生物学家,国际奥陶纪地层委员会委员,中共党员。现为中国地质科学院地质研究所研究员。

1911年小学毕业,考入慈谿县旅日爱国华侨吴锦堂捐款兴办的"锦堂中等农桑学校预科"求学。1913年转入杭州笕桥的浙江农事试验场附设的农事讲习所求学。同年毕业后到余杭县北乡农牧公司、奉化县云峰林牧场、余杭县茂森农林公司、临安县安北造林场等处工作,培育树苗。

1924年在杭州浙江省实业厅地质调查办事处工作期间,随同地质学家朱庭祜到野外考察,对山山水水、岩石、矿物和化石等等产生了浓厚的兴趣。他虚心向朱庭祜求教,边工作边学习。其后,1927至1929年先后在浙江奉化县政府任建设科长及在上海新学会社农业书店工作。但他爱上了地质工作,于1929年到杭州西湖博览会博物馆动物标本陈列室任管理员,同年又到浙江省西湖博物馆地质矿产组任主任。从此他专心攻习地质,开始了他大半辈子的地质研究生涯。他到北京大学地质系进修,主修孙云铸教授所授地层古生物学,掌握了基础知识和一整套工作方法。这期间,他做了大量的

青年时期的盛莘夫

地质调查和科学研究工作,先后发表了很多著作,还翻译了很多日文、英文地质文献资料。当时地层古生物学的权威刊物《中国古生物志》还刊登了他撰写的《浙江下奥陶纪三叶虫化石》,表明他已经是一位很成熟的地层古生物学家了。

自学成才的盛莘夫,很快就引起了地质界同仁的重视。中央地质调查所所长翁文灏于1935年1月邀他到北平任该所调查员。同年9月,该所迁往南京,他任陈列馆主任。1937年抗日战争爆发,该所代所长黄汲清率领该所内迁长沙、重庆。盛莘夫暂留下,负责该所财产的转移,他为保护该所的仪器设备、图书资料和标本等以及为迁到重庆后重建图书馆和陈列馆作出了重要贡献。他以突出的工作成绩,升任技士。1941年他被派往江西地质调查所工作,并升任技正。1944年调往福建永安,到福建地质土壤调查所任技正兼矿藏课课长。这一时期,他发表了《四川峨边县金口河附近地质及水晶矿》(《地质论评》第5

卷第1-2期)、《江西西北部地质》(江西省地调所《地质汇刊》第7号)、《福建省古生代后期之海浸及其地壳运动初步报告》(《福建省地质土壤调查所年报》第4号)等等。

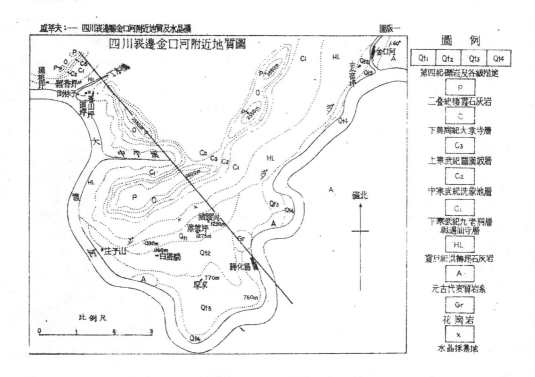

《四川峨边县金口河附近地质及水晶矿》一文的地质图

1945年,抗战胜利后,受当时中央地质调查所所长李春昱派遣,盛莘夫到南京协助接收该所在那里的财产。1947年他调到浙江省建设厅任技正,与朱庭祐一起到钱塘江下游等地进行地质考察,并合著《钱塘江下游地质之研究》(1948,《建设》第2卷),分前后两编,其前编为"钱塘江两岸的地层",后编为"钱塘江之发育及其变迁"。该文从地质的角度提出治理钱塘江潮患的意见。根据考古材料及海塘内外地盘高低悬殊情况(因塘外有现代沉积物而高于塘内),提出吴越平原及上海一带自晚周至今,地盘陆续下沉为1.5—3.0米,警告今后基建要考虑地盘下沉问题。

1949年5月,杭州解放。盛莘夫和朱庭祐一起受到谭震林、汪道涵等首长接见,受命筹建浙江省地质调查所,后朱任所长,盛任副所长、副研究员。1950

年,盛在《浙江地质》第 1 号上发表了《浙江诸暨县蟹坞潭水仓地质》及《浙江省常山县南部东部和衢县西部的侏罗纪煤田地质》(与汪龙文合著)二文。1951年,他又在该刊第 2 号上发表了《浙江乌溪港黄坛口建设水力发电的工程地质》及《浙江省之地层》二文。后文系根据前人报告及本人实践的总结性文章,建立了浙江省之地层系统,为以后全省普查勘探工作打下了基础。1952 年 7 月他被调往上海华东地质局工作,1953 年 3 月又调往中南地质局广西锰矿队,写成了《中南地质局广西锰矿队 1953 年工作报告》,发表在地质出版社出版的《中央人民政府地质部一九五四年锰铬及黑色冶金辅助原料专业会议特辑》一书中。

《论宝塔组的时代》一文的图版 3,牙形类化石

这份报告对广西凤凰、恩荣等区的锰矿成矿理论有独到见解,他对一起工作的苏联专家并不迷信,敢于实事求是地与他们争论,他的正确观点以后被勘探工作所证实。

1954 年 5 月,盛莘夫被调到汉口中南地质局工作。同年 10 月被地质部水文地质工程地质局派至内蒙古包头研究昆都仑河地质。1955 年 1 月,他又被派至浙江新安江水电站进行初步设计阶段的地质工作,并任上海水力发电勘测设计局新安江勘测大队总工程师兼副队长,后被评为该队 1955 年度先进工作者。1956 年 3 月,他又被派至宜昌三峡工程地质队任总工程师。这期间著有《新安江水库喀斯特问题的初步研究》(《中华人民共和国地质部第一届全国水文地质工程地质工作会议文献汇编》地质出版社,1957)及《石灰岩喀斯特区水电建设中的地质勘探工作》(《水文地质与工程地质》1957 年第 2 期)。

1957 年 2 月,盛莘夫被调到地质部地质矿产研究所(现中国地质科学院地质研究所)地层古生物室任副主任、主任和研究员。自此,他专门从事地层古生物的科研工作,尤其对中国的奥陶系进行了很深入的研究。他发表了大量地层古生物及有关方面的著作,如 1958 年《中国西南部奥陶纪三叶虫》一文(《古生物学报》第 6 卷第 2 期)。1959 年在第一届全国地层会议的黔南现场会议上,他做了《中国西南部下古生代分统中存在的问题和初步意见》的报告,该文于 1963 年正式出版(《全国地层会议黔南现场会议专集》)。这些意见,经野外多方实践证明,大部分是正确的。1960 年,他在《地质论评》第 20 卷第 2 期上发表了《讨论奥陶纪统与统的划分问题》和《再论奥陶纪统与统的划分问题》二文,为区域地质测量及填图统一标准起了积极作用。1962 年,他发表了《中国区域地层划分原则商讨》(《中国地质》1962 年第 3 期)一文,指出:划分地层应该综合各门类古生物鉴定成果,同时应结合古生物以外的材料共同考虑;对不同门类古生物的鉴定意见,也要尊重不同意见中具有较大地层意义之种属所做的结论,应该综合各方面意见,结合地质条件来考虑地层之划分。同年,他还发表了《川滇中生代红层与煤系的时代和对比》一文(《地质学报》第 42 卷第 1 期),此文除肯定川、滇两省的中生代红层和煤系沉积的时代基本上属于同期外,并据中国具体情况,提出中生代三叠系与侏罗系划界问题,建议将相当于瑞蒂克期的地层划入侏罗系。

1963 年,盛莘夫到浙江进行地层古生物野外工作,主要解决区域地质测量中奥陶系地层划分对比问题。当时,他虽已年逾花甲,仍干劲十足、精力充沛地

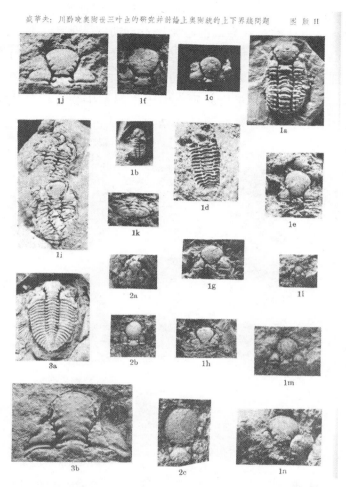

《川黔晚奥陶世三叶虫的研究并讨论上奥陶统的上下界线问题》一文的
图版 II，三叶虫化石

热情指导中青年地质工作者，他为地质人员讲课，并亲自上山详细观察地层剖
面，采集化石，受到当地区测队的高度赞扬，并给他送来"贺功信"。此后，他又
继续发表了《川黔晚奥陶世三叶虫的研究并讨论上奥陶统的上下界线问题》
（《古生物学报》1964 年第 12 卷第 4 期）、《怎样正确确定地层的时代》（《地层学
杂志》1966 年第 1 卷第 1 期）等论文，都是他实践经验的总结，为统一确定地层
时代的具体原则阐述了精辟的见解，为区域地质测量和地质填图提出了宝贵的
意见。

"文化大革命"中,盛莘夫虽然受到严重冲击,但他忠于党、忠于祖国人民,热爱并献身科学事业的一颗赤诚的心始终没有动摇。他刚一恢复工作,就与中青年同事一道,以无比的激情对地层古生物学理论与生产实践中的重大疑难问题进行深入细致的研究。1974年,他的专著《中国奥陶系划分和对比》由地质出版社出版。这是他从30年代起研究中国奥陶系生物地层学成果的结晶,该书共分成三部分:第一部分是全国性总结,分别从古生物和岩性方面论证各地

图版 Ⅱ

《中国赫南特贝动物群与小达尔曼虫层的分布及其时代》一文的
图版Ⅱ,腕足动物化石

区比较合理的分统划界意见，并提出我国各地区奥陶系划分沿革及其对比表，还列出我国奥陶系正笔石垂直分布表，以利于野外地质工作者参考；第二部分是"中国小达尔曼虫层的时代"，主要讨论奥陶系与志留系的界限；第三部分是"滇西奥陶系三叶虫与划分地层的意义"。此书的出版具有重大理论意义和实践意义。

1979 年，国际地科联奥陶纪地层委员会主席罗斯聘任盛莘夫为该委员会委员，并通知他编写中国奥陶系对比表。盛莘夫当时已八十高龄，但他还是夜以继日、兢兢业业地完成了这项任务。1980 年 5 月，《中国奥陶系对比表及说明》一书（英文版）作为国际地科联全球奥陶系对比表系列卷中之第一号问世，受到国际同行们的高度赞赏。

在半个多世纪的科研生涯中，盛老更以他高尚的科学品德赢得了广泛的尊敬。他的深入实践、实事求是的朴实作风，一向为地层古生物界同仁赞誉。他从不计较个人得失，不与人争名斗气，既不畏惧权威，又不以长者自居，确是一介书生，两袖清风，平易近人，默默耕耘。著名地质学家尹赞勋曾感慨地说过："盛先生从不惹是生非。"短短的几个字，可以说是对盛老科研作风的最简单、最明了的概括，在"多事之秋"的古生物学界实属不易。

1985 年 7 月 1 日，在盛莘夫 87 岁高龄之时，终于实现了他多年的夙愿，光荣地加入了伟大的中国共产党。

盛莘夫虽然早年体弱多病，但他深知健康体魄对保障工作的重要性。他自幼习气功，熟知养生之道，因而九十高龄仍然身心健康，神采奕奕，一直兢兢业业、勤勤恳恳地战斗在科研工作岗位上。他一直为祖国的富强、为祖国的现代化建设辛勤工作。他坚持真理、重视实践、不迷信洋人和权威，为我国的地质工作和科学研究作出了重大的贡献。他是我们的良师益友，是我们学习的楷模和榜样。

原刊于《中国地质科学院地质研究所所刊》1989 年第 20 号
原题为《热烈祝贺自学成才的地质学家盛莘夫研究员地质生涯 65 周年》

第七章

壮 志 未 酬 待 后 人

古生物学遗典型

计荣森先生传

文 / 尹赞勋

计荣森 (1907—1942)

计荣森先生字晓清,浙江慈溪人,丁未年十一月二十三日,即 1907 年 12 月 27 日生。民国九年夏考入国立北京高等师范学校附属中学。于课外余暇,先后学习英文打字、拳术及商业簿记等科。在校四年从未迟到旷课,深得教师嘉奖。十三年六月毕业,名列前茅。旋投考国立北京大学,九月入理部预科肄业。十五年秋升地质学系,同班三人,先生及李陶、潘钟祥二君是。

先生性好动,喜旅行。十五年夏偕石原皋君历游杭州、绩溪、芜湖、上海等地。十六年四月邀同学五人作长辛店之游。十七年四月赴南口实习地质。越年入晋作地质旅行,历经获鹿、井陉、太原、定襄、五台,游恒山,取道大同、张家口返平。嗣又往房山县周口店参观。此后实习地点有长辛店、宣化下花园、锦县、锦西、葫芦岛、沙锅屯、抚顺、鞍山、本溪湖、临榆、唐山,以及宛平县齐堂等处。十七年清华学校举办暑期体育班,先生随班学习。冬初又开始溜冰。又以野外工作必擅摄影之术,乃购照相机一具从事练习。

先生博学好问,于求学期间已见端倪。十七年秋习日文文法,试读日文书,渐能了解。大学假期颇长,有时受时局影响,或开学甚迟,或中途缺课,先生乃利用时间,常至农矿部地质调查所图书馆阅读,或往葛利普、孙云铸两教授寓址补习。大学上课时间容有减少,而先生学业从未中辍,且有长足进步之象。

十八年潘钟祥君休学一年,适常隆庆君复学,同班仍为三人。十九年六月毕业,七月入地质调查所任调查员,以与北平研究院有合作关系,故同时为北平研究院地质学研究所助理员。二十二年兼古生物学研究室副主任,二十四年改任技士。二十九年升任技正。三十年兼古生物研究室无脊椎古生物组主任。

＊　　　＊　　　＊

先生在地质调查所任职凡 12 年，于野外调查、室内研究，无不勤奋有加，贡献累篇。即管理图书、清查标本、整理稿件、校阅刊物等事务工作，凡有所托，必能完成使命，条理悉具。

二十年三月间与刘季辰君同往安徽调查煤田，著有《安徽宿县烈山及雷家沟煤田地质》及《安徽怀远县舜耕山及上窑镇煤田地质》报告两篇。二十一年五月与王竹泉君调查宛平县门头沟煤田，六月赴安徽舜耕山淮南煤矿局采取煤样。七月与孙殿卿君共同填绘二万五千分一北平西山三家店幅地质图，期月竣事。二十二年九月赴江苏龙潭，安徽水东、广德及浙江长兴调查煤田。翌年一月偕谢君家荣再至长兴，三月又往湖北、山西、河南各省调查铜矿，与朱熙人、石充二君同行。二十五年一月先生由北平来京，三四月间在南京附近详研三叠纪地层，参加工作者有许德佑、盛莘夫二君。十月会同许德佑、王钰二君赴宜昌、远安、当阳三县采集化石，详研地层，迄二十六年一月始返南京，十月与叶连俊君共同调查湘潭上五都锰矿，年底告竣，时本所已迁至长沙矣。二十九年十月与霍世诚君赴都匀、独山等县详研地层，翌年四月返碚。

先生在未毕业时对古生物学特感兴趣，辑有《中国无脊椎化石书目统计索引》一册，由北平研究院出版。入所以后，又完成珊瑚化石论文 9 篇，此外对叶肢介、沟鳞鱼、古杯类、层孔虫、腕足类（未完稿）、海绵、海蕾及古生物通论，亦有著述。根据以上化石之研究，对于中国古生代地层系统颇多阐发。其专论地层之文则有双泉层之存在，青龙石灰岩之研究及沟鳞鱼层之讨论。《中国地层系统名称》巨著，搜集地层名称 800 余则，分条解释。在北京大学地质研究会会刊中先后发表有关普通地质之处女作 2 篇，此后又介绍葛利普教授之脉动学说。目录学为学人参考所必备，先生于民国二十五年及三十一年两次编印，于地质同仁之方便甚大。早年曾著区域地质报告两种。大部分经济地质之报告均未出版，其于安徽宿县、北平门头沟、浙江长兴、湖南湘潭之煤、湖北大冶阳新之铜，以及皖浙间各种矿产，则均有报告发表，为国人所悉知。自十九年七月二十六日起地质调查所每周讲演一次，由先生担任记录。迄二十五年三月初共讲99 次，其记录汇成 6 册，交图书馆编存。此后所记尚未整理装订，有待后人之补充。生平读书甚多，以两作目录之故，浏览亦广，遇有有关中国地质之书文，辄写为书评，投登地质论评，计发表共 25 篇。此外又为古生物志作中文节要两种。

未完成之稿件材料,除《奥陶纪艾家层之腕足类》外,重要者有两种,关于古生代及中生代之鱼类,近两年来积存颇多,均已着手研究,未成定稿。泥盆纪珊瑚化石巨著,其研究材料遍及南部各省,参考书之搜集,显微薄片之磨制,标本之修理及摄影,种属之鉴定等繁重工作大致均已完成。假以一年之安定工夫,行见巨著问世,为中国古生物志大放异彩,不幸年未不惑,英才遽逝,回顾前瞻,不禁为吾国古生物学之前途悲也。

＊　　　＊　　　＊

野外调查,室内研究,力之所赴,成绩斐然。设先生于以往 12 年中,能专心调查,专心研究,则其学术之成就又奚止此,盖先生即勤于学,而又勇于任事也。十九年地质调查所创设讲学会:每周一次,先生担任书记,垂十二载。十一月整理历年积存化石标本,费时三月而止,二十二年春继续整理,乃得悉具条理,便于检阅,嗣以敌军侵势日炽,北平颇呈不安之象,乃将重要标本装箱保存,以备运出,翌年局势较稳,又开箱布置,渐复原状,六月间代甫故陈列馆主任徐光熙准备参加在天津北洋工学院举行之矿冶展览会。十月派为宿舍管理员,公余忙于膳宿灯火者凡十五阅月。在同期间,曾在中法大学生物学系讲授古生物学每周两小时。二十四年本所在南京珠江路建造新址,图书、标本、仪器等等均待装运,先生亦躬与其役,致力甚多。九月初代理请假南旋之图书馆主任钱声骏君管理图书约 4 个月,事务更繁。明年初抵南京,忙于整理图书标本并协助陈列馆之布置者,又经数月。夏间请假 51 日赴青岛与苏绮婉女士结婚,其间并至北平一游。二十六年被聘为陈列馆指导员。是秋本所迁长沙,先生于年底始由野外回所。以一贯之负责精神,参与部署之劳。时地质调查所及地质学会积存待印之稿渐多,而国内在动荡剧烈之际,苦无印局承印,乃请先生于四月赴香港,专办所会两方印刷事宜。此役往返历时十七阅月。在港印成地质学会志 3 册,地质汇报 2 册,地震专报 1 册,古生物志 1 册,其编排、接洽、校对、付款、分发、交换等事宜均独任其艰,——完成于一人之手。其间又代本所定购 1938 及 1939 两年的西文杂志及新书,使本所图书得按时源源而来。三十年秋参加地质调查所二十五周年纪念展览会之筹备事宜。此外办理地质学会书记编辑等务,管理本所修理化石等工人,登记旧存及新采之标本,代同仁及所外地质学者鉴定化石等等,亦均尽力为之,始终不懈。

观乎以上所述种种,或疑先生疲于事务,妨害研究工作,似非得计,是又不解先生之用意,而忽视学术机关事务之重要性也。图书馆陈列馆之管理,稿件刊物之编辑校对,标本之整理登记,技工之督促指导,非地质中人不能胜任,此其一。研讨用力愈多者,愈感此项事务循规就范之必要,故乐为之,此其二。研讨工具资料悉具条理,全体同仁均大受其惠,本所图书标本之搜集、保存、登记等事,虽未能尽惬人意,而其所以能免于凌乱无章者,先生之功实不可泯灭也,此其三。明乎此则可知热心事务,利于己而尤在加惠于人,其贡献固不在编著报告宣读论文之下也。

＊　　　＊　　　＊

十九年先生加入地质学会为永久会员。此后十余年中会务之推动有赖于先生者甚多,先后被选为助理书记,会志及地质论评编辑,财务委员会执行委员,理事会理事及书记,对于学会之案卷、沿革、组织、财务、奖金等均甚熟习。去年被推为 25 周年纪念会筹备委员之一,编有《中国地质学会概况》,会员人手一册、学会内容一目了然。先生作古,地质学会亦受重大打击,一时无法补此缺陷也。

＊　　　＊　　　＊

十九年北平研究院创设地质矿产奖金奖励新进人员,先生获得第一届奖金250 元。此后数年间发表重要论文数种,于二十四年得赵亚曾先生纪念研究金1200 元,二十九年又得中央研究院丁文江奖金 1500 元。凡此俱证各方对先生推崇之深与期待之殷。而先生典籍满架,标本盈屉,寝馈于斯,永不稍懈,故年三十有五已名噪中外。再假 30 年之光阴,并非奢望,行见著作之丰富可以追踪奥斯明,而其在古生物学上之成就,又岂能让朗氏及斯米斯专于前乎?

＊　　　＊　　　＊

先生对地质学之贡献以古生物之研究最为重要。古生物论文共 18 篇,为编述工作,16 篇为创作。16 篇中珊瑚论文居其九,故对于珊瑚之贡献特多。此外海绵、古杯类,层孔虫、海蕾、腕足类、节足类、鱼类各 1 篇。海绵 2 种产自贵州桐梓县红花园之下奥陶纪石灰岩中,定名为 *Archaeoscyphia* cf. *chinensis* Grabau 及 *Calaihium*(?)*kweichowense* Chi(sp. nov.)与 *Camerpceras hapehense* Yu 等化石共生,结论谓红花园石灰岩应与中国北部北林子石灰岩及大道石灰岩相当,且与朝鲜北部、加拿大、苏格兰同期地层极为近似,证明北大海曾一度伸入黔北。二十五年冬偕许德佑、王钰二君在扬子三峡石龙洞石灰岩中得古杯类化石 6 种,连同李四光先生等在川鄂两省所采者,写文论述,计 4 属 9

种,均属下寒武纪。此行最大收获将宜昌石灰岩之大部归入寒武纪,并按化石详细划分,多年聚讼,真相渐白。论下古生代珊瑚者有二文,其材料采自甘肃古浪县南山系上部及四川灌县水磨沟中泥盆纪之下部。南山系之时代,向凭揣度,今由珊瑚二种,知系泥盆纪或泥盆以前之物。一般地质学者多认鞋状珊瑚形态固定,时代准确,不加深究,先生藉描述水磨沟所产之一新变种的机会,详加引证,以见鞋状珊瑚之变化颇大,其生存之时代,亦较长。《中国之下石炭纪管状珊瑚化石》一文,根据丰富材料别为 14 种,大部采自贵州,一部分来自云南、广西、广东、湖南、安徽、江苏等省。13 种均隶于 *Syringopora* 属,一种与 *Syringopora* 近似而差别极大,遂创立新属,名曰 *Kweichowpora*。国内新疆地

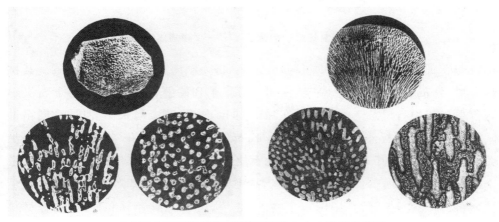

《中国之下石炭纪管状珊瑚化石》一文中描述的化石

质材料缺乏,且大部未经发表,故关于新疆之任何新知识,吾人均应重视。《那林自新疆采集之石炭纪及二叠纪珊瑚化石》一文发表新疆中部六地点西南部一地点之化石,属于下石炭纪者 9 种,分布于五地点,属于石炭纪者 1 种,属于二叠纪者 4 种,各见于一地点。先生在古生物学上最大之贡献为中国中石炭纪威宁系珊瑚化石之鉴定及记录。所著二文先后于二十年及二十四年出版。前文记化石 28 种,新种达 23 种之多,且发现一新属取名 *Kionophyllum*,后文记 17 种,内有新者 7 种,其二隶于 *Lophophrentis* 及 *Stylosuotion* 两新属。云南东南部二叠纪珊瑚化石 17 种中有新者 4 种,江西永新县 6 种中有新者 4 种,新变种一,新属 *Paraeaninia* 亦在内。西康荥经县上三叠纪六射珊瑚一种,因属中生代,且来自西康化石稀少之区,亦值得注意。中国下古生代之层孔虫,以往间有零星记载,其名称及层位往往不甚确定。先生就历年保存之材料,择其保存较

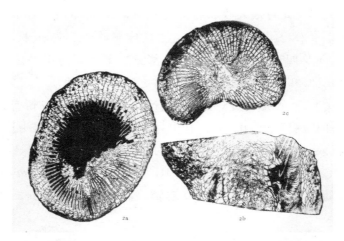

《中国中石炭纪威宁系珊瑚化石》一文中描述的化石

善者彻底研究,得 16 种(内 4 新种)分隶 8 属,为国内首次有系统之记载。其材料来源,分布于湖北、贵州、湖南、四川 4 省。未刊稿中有"贵州独山县下石炭纪海蕾之一新种",记录三十年一月在独山南 11 公里,革老河东 1 公里,会同霍世诚君所采之海蕾标本 2 件,定名为 *Mesobblastus tushanensis*,同层化石有腕足类及珊瑚,且其上其下之地层,均含化石故,时代可确认为丰宁系之下部。此系中国唯一已知之海蕾,不久当可发表。《中国中部及南部奥陶纪艾家层之腕足类》系长篇著作,拟列为《中国古生物志》之一,虽已写成者只 8 种,但选择材料及参考书等等,已用一番工夫,继续写去,短期间应可完事,今若由他人整理,恐须重新作起,费时良多。其发表最早之古生物论文,讨论中国古生代及中生代叶肢介化石之分布及其地质学上之意义,所述 8 种内有新种 5,最古之一种,产于河北开平盆地中石炭纪,一属上二叠纪,一属上侏罗纪,其余 5 属均属下白垩纪。湖南泥盆纪跳马涧系下部发现沟鳞鱼,经认为上泥盆纪之物,而跳马涧系上部则有 *Eiflien* 化石,故先生切实唤起注意,以为跳马涧剖面有重加研究之必要,以见其间是否有不正常之接触。

近年来先后在云南昆明、呈贡、昆阳、曲靖、宣威、沾益等县屡有沟鳞鱼之发现,先生根据各处层位关系,确定其属于上泥盆纪前期之下部(Lower Frasnian),为文投登中央研究院之科学记录。北平西山门头沟煤系及红庙岭砂岩间之关系向甚模糊,先生及潘钟祥君为文阐明其间 150 米至 200 米之砂岩、页岩及砾岩,实代表另一层系,取名双泉层,并定其时代为下三叠纪。第三篇地层论文题曰《长江下游青龙石灰岩之研究》，与许德佑、盛莘夫二君合著，历述青龙石灰岩之沿革、定义、剖面、上下界限、比较及分布情形。

先生对于经济地质贡献亦多，已出版及未刊报告共 14 篇，关于煤田者十，铜二，锰一，油苗一。

先生致力于目录学，先后完成 3 册。第一次刊行之目录列举 1846 年迄 1935 年中国无脊椎古生物书文 230 余种。第二次目录将民国二十三年及二十四年用中日英法德文在中外各地出版关于中国之地质著作，收集成册凡 742 条。第三次者继续前作，列举民国二十五年初至三十年底之地质著作达 1796 条。目录之作，在编者为最繁重之工作，翻箱倒箧辗转搜查需时甚多，卷册页数，数字满篇，非细心熟手，习于精确之人，难免错误横生，效用大减。而以上三书均条理井然，便利参考，地质学界获益匪浅。《中国地层系统名称》一稿亦为目录之一种，二十二年五月写成 600 余条，二十五年六月又补充 200 余条，先后寄交印度地质调查所转国际地质学会刊印。

*　　*　　*

先生治学与治事方法的特点有三。一曰条理，即施用科学方法，注意分析。讲求系统，致力研究，处理事务，均能井井有条，所集普通地质古生物地层等参考书文目录卡片数以千计，用时一索即得。二曰持续，盖工作无论如何勤奋，非经久不为功，久则熟，熟则巧，此经验之足贵也。三曰专一，地质之外无旁骛，专而后精，故能以少年而享盛名。

先生私人生活简单，有纪律，寡言笑，不谈私事，不滥交游，对于体力锻炼，技艺练习，向甚注意。似此情形即不能寿至耆耄，亦决不致一病不起。然则其致命之伤安在？曰在心境之不宁。

先生居常不谈家庭状况。北大同学及地质调查所同事中无能道其概略者。间接方面偶获一二消息，片断知识，未敢据以论断。所可言者，家庭中颇多未尽惬意之处，缄口不言，其或抱无限之隐痛欤！

先生志趣坚贞，好学不倦，其最大希望为渡重洋，访专家，期获更深之造诣。近年来赴美之念未尝一日或释，然机会数至，均未实现。三十年九月地质调查所决定致函中华教育文化基会董事会推荐先生为赴美留学之候选人，由前任所长翁文灏、黄汲清两先生及赞勋三人共同具名介绍，函签署已毕而未发，太平洋战氛弥漫，终至烽火连天，不可收拾，中基会乃宣告停止接受新请求，事又未遂。先生最大希望至是几成绝望。嗣经继续设法期于本年中送其赴美习微古生物学,事已议定,而先生以肋膜炎等症于三月九日入北碚江苏医学院附属医院,病榻呓语犹时以赴美舱位机票为念。先生素不吟咏,忽于三月下旬,占一绝句,嘱余油印分发同仁,诗云:"壮志未遂屡经年,孤苦坚贞凭谁怜,伟业倾颓摧毁尽,敛迹埋声让俊贤。"自伤之情溢于言表。呻吟两月有余,此早岁成名之古生物事者不幸于五月十三日下午十时在希望与遗憾交织中与世长辞。其"敛迹埋声"之句竟成谶语,悲夫。

原刊于《地质论评》1942 年第 7 卷第 6 期

标题出自李承三、陈恩凤、王锡光在计荣森先生追悼会上撰写的挽联"地层一科摧砥柱 古生物学遗典型"。

赵亚曾(1898—1929)

三十书成已等身，赵生才调更无伦

记杰出的青年地质学家赵亚曾先生

文／黄汲清

  杰出的青年地质学家赵亚曾先生，1929 年 11 月正从四川步行进入云南，紧张地进行路线地质调查工作。行至昭通县闸心场留宿，晚间遇大股土匪行劫，遭枪击毙命。年仅 31 岁。

  赵先生去世已整整 50 年了。在这 50 年中，特别在新中国成立以来的 30 年里，祖国在政治、经济、科学、文化各方面都显示着天翻地覆的变化。军阀混战、民不聊生的悲惨局面早已一去不复返了。土匪拦路抢劫，在年青一代人看来，已经是不可想象的事情。但在我这个和赵先生长期一道工作的伙伴，回忆往事，50 年前情景犹历历在目，印象是非常深刻的。在这新中国成立 30 周年的喜庆日子里，把半个世纪前赵先生在地质科研中的一些突出表现写出来，对年青一代的科学工作者也许还有教育意义。

  我在这里不想写赵亚曾传，只谈一谈赵先生在科研工作中的几个突出事迹。

  赵先生河北蠡县人，1898 年生。他的家庭状况并不十分富裕，上大学已极感困难。1919 年入北京大学地质系，成绩最优。在教师中美国人葛利普教授和年轻的李四光教授对他的影响较大。他在地层学和古生物学上的重大成就都与葛教授的鼓励和培养有关。同班毕业的学生中有杨钟健、田奇璃、侯德封、张席禔等，他们后来在地质事业上都作出了不同程度的贡献。

  1923 年赵先生毕业于北大地质系，随即入北京地质调查所工作。当时的地质调查所所长翁文灏先生曾有这样的评语："赵君在所 6 年，调查则出必争先,研究则昼夜不倦,其进步之快,一日千里,不特师长惊异,同辈叹服,即欧美日本专门学者亦莫不刮目相待,十分钦仰,见之科学评论及通信推崇者,历历有据。"赵先生在几年中进行了大量的野外调查,其重要者有山东淄博煤田、辽宁本溪湖煤田、河北开滦和磁县煤田、长江三峡、湖北西南部和浙江西部等地区。最后在1929年春,他和黄汲清一道执行"远征"任务,越秦岭入四川,秋间再由四川入云南,不幸在昭通县闸心场遇难。

石炭纪地层论战的主将——葛利普老师的畏友

中国人自己研究中国的地质、矿产是辛亥革命以后的事情。在这之前,从19世纪50年代开始,一批一批的欧美地质学家先后来到中国,进行了广泛的、一般说是粗略的路线调查。其中最有名的是德国人李希霍芬的工作。李氏对华北各省的含煤地层有相当详细的记载。他找到的大量化石经古生物学家富勒希(Frech)的研究,认为主要含煤地层是下石炭统。20年代初北京地质调查所对华北煤田进行了比较系统的考查,其中尤以王竹泉、谭锡畴等人的工作更为重要。他们从各煤田采得大量化石,经葛利普教授初步研究,认为富勒希的结论是正确的,就是说含煤地层属下石炭统。赵亚曾先生对上述某些煤田曾亲身做过调查,也采得大量化石。他对这些化石,特别是腕足类的长身贝科和石燕科化石,进行了详细的、精密的、系统的研究,并把它们和典型的苏联石炭纪地层剖面中的化石做了比较。他发现,中国含煤地层的动物群都不属于下石炭统,而和苏联的中石炭莫斯科统和上石炭热列统的动物群非常相似。经过更进一步的详细地层划分和长身贝与石燕化石的精密研究,赵先生得出结论:华北含海相化石的含煤地层可以划分为两部分,下部叫本溪系,属中石炭统,上部叫太原系,属上石炭统。值得注意的是,差不多和赵先生同时,李四光教授对王竹泉等人采集的纺锤虫(蜓科)化石进行了室内显微镜研究,得出结论:下部含蜓层属中石炭统,上部含蜓层属上石炭统。赵、李二氏的结论不谋而合。他们两人于是联名写出一篇十分重要的论文:《华北古生代含煤地层的分类和对比》,发表在1926年出版的《中国地质学会志》第5卷第2期上。在该论文中他们从腕足类和蜓类的研究出发,详细对比了华北各煤田的地层剖面,确立了中石炭统——本溪系和上石炭统——太原系，从而从根本上否定了富勒希和葛利普的下石炭统的结论。这一结论直到今天还被地质工作人员完全采用。

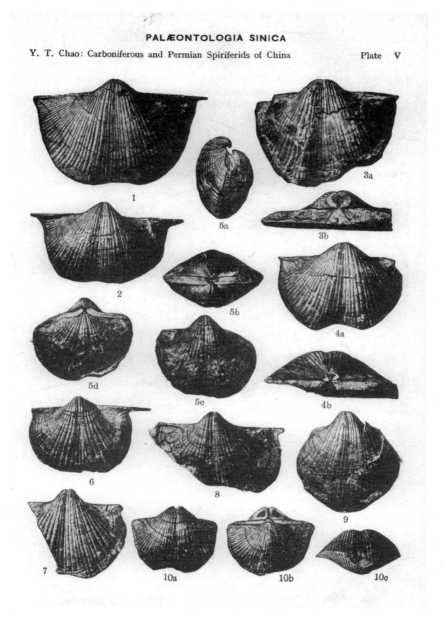

PALÆONTOLOGIA SINICA

Y. T. Chao: Carboniferous and Permian Spiriferids of China   Plate   V

赵亚曾研究发表的腕足动物化石图版

葛利普教授是世界知名的地质学家。当时中国地质界把他看作地层学和古生物学的大权威，他的意见差不多被认为是最后结论。忽然出来两个中国人，其中一个年纪还不满29岁，敢于对权威提出决定性的挑战，这在中国地质科学史上是破天荒第一次！葛先生不服气，几次进行了"反击"。但是经过赵、李二先生在公开场合和私下谈话中，摆事实、讲道理，在大量的古生物证据面前，葛先生只得认输。从此葛先生对赵先生更十分敬重，认为赵先生青出于蓝，是他的"畏友"。葛先生曾评论说："在我们的许多关于地层对比的讨论中，我彻底了解到，如何高度评价他（赵先生）作为一个观察者的才能，以及他对大量观察的严密分析。"

赵亚曾(1927)研究发表的腕足动物化石标本

中国科学家，特别是年轻的科学家，击败了一位国际大师，这是中国地质学界的荣誉，对年青一代中国地质工作者的确是莫大的鼓舞。

韩墨博士甘拜下风

1929年6月赵亚曾先生和笔者一道结束了第一阶段野外工作，来到四川成都小住。笔者请假一个月回老家探亲，赵先生不愿长期休息，只身南下，攀登有名的峨眉山。峨眉山地质在长江流域具有代表性,但直到1929年还没有一位地质学家亲历其境。赵先生花了3天时间上山,两天时间下山,一共仅仅5天工夫,便完成了一幅峨眉山地质图和一个地层剖面图,还找到了大量化石。在这短暂的时间中,赵先生不但把峨眉山的地层划分出震旦系、寒武系、二叠系、二叠系玄武岩,以及三叠系、侏罗系等层位,而且比较准确地阐明了峨眉山的地质构造。这一辉煌成就即使拿今天的眼光来看,也是令人惊叹的!这是中国地质界早期的巨大的、最突出的成就之一。

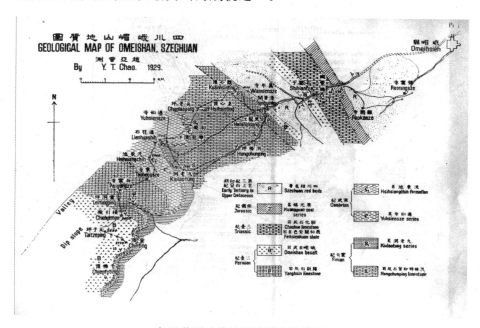

赵亚曾测绘的四川峨眉山地质图

8月间广东中山大学教授韩墨博士(Arnold Heim,又译哈安姆博士)率领一个地质调查队来到成都(同行有张鸣韶、李殿臣两先生),和赵先生晤面交谈。韩说他也要去峨眉山,并表示想知道赵先生的研究成果。赵先生出于追求真理的强烈愿望,决无"留一手"的想法,而把他已经取得的主要成果毫无保留地全部告诉了韩博士。他的地质图稿也给韩看了,还告诉他哪些地方要注意哪些问题。这样做无非是想让韩把峨眉山的地质研究再推进一步,取得更多的科学成果。赵先生这种襟怀坦白的作风可以说是肝胆照人的。

韩博士研究了峨眉山,花的时间比赵先生更多,而且有两位中国助手同行。其所获成果已在中山大学刊物上发表。今天平心而论,韩的图件比赵的更精确

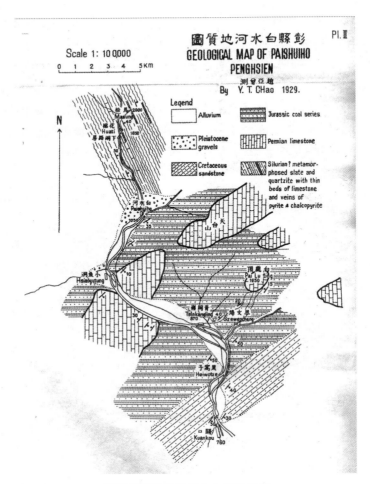

赵亚曾测绘的彭县白水河地质图

一些,韩并且在震旦系之下发现了花岗岩。但是在地层和构造方面他的成就没有超过赵先生,或者可以说,他是接受了赵先生的主要结论。韩博士是瑞士地质大师老韩墨的儿子,当时已世界闻名,来到地质事业才开始不久的中国,显然他是自命不凡的。哪晓得无意中遇到一位年轻的中国地质学家赵亚曾,对他进行了重要的帮助,这确实出乎他意料之外。所以韩对赵十分钦佩,私下表示"甘拜下风"。

令人遗憾的是,韩博士在他的论文中没有表明赵先生对他的热忱帮助。在他的许多有关描绘中国事物的书籍和演说中,也没有对杰出的青年地质学家赵亚曾进行适当的表扬。

敏锐的野外观察者

不少外国朋友和赵先生通信,都公认他是一位杰出的古生物学家,而不知赵先生也是一位构造地质学家,一位敏锐的、精密的野外观察者。前面已经说过赵先生对峨眉山地质构造的正确认识,不过峨眉山构造毕竟比较简单。在峨眉山工作之后赵先生的求知欲仍锐不可当,跟着就去构造非常复杂的彭县白水河铜矿地区进行调查。当时成都的外国教会人士在彭县白鹿顶建立了一个避暑基地。赵先生由管理该基地的某君邀请到该地小住。他趁此机会花了几天工夫,研究了白鹿顶周围的地质。他发现在白鹿顶、小鱼洞、天台山等地,二叠纪石灰岩逆掩在侏罗纪煤系(现在认为是上三叠统)之上,造成一系列的飞来峰。在赵先生的地质图和剖面图中(见《中国地质学会志》第 8 卷第 1 期,1929年出版),这些飞来峰被清晰无误地勾画出来。这是中国地质学家第一次揭示阿尔卑斯型飞来峰构造在中国境内的存在。赵先生的发现为后来的工作打下了初步基础。

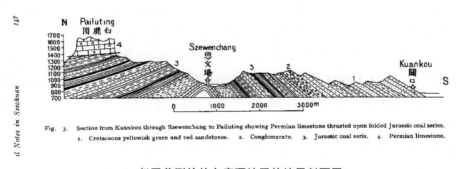

赵亚曾测绘的白鹿顶地区的地层剖面图

应当指出,韩墨博士之所以急急忙忙跑到峨眉山,后来又跑到川西山区,其主要目的就是要在该地区寻找阿尔卑斯型构造。但是他失败了。他曾向我们讲,峨眉山没有纳布构造,言下感到很失望。哪知赵先生在不声不响中,居然在彭县找到了纳布构造。这是多么令人兴奋的事情!

我们知道，翁文灏先生1928年在北票地区工作，发表了文章，认为那里有发展良好的纳布构造。但经过后来的详细填图工作，证明翁先生的报道是夸大了。

赵亚曾先生还指出，白水河地区有一个东北西南走向的大断层，把变质岩系和侏罗纪煤系分开。我们现在知道，这个断层就是龙门山深断裂。赵先生的意见被证明是完全正确的。

壮志未酬身先死

赵亚曾先生追求真理的愿望和在大自然中进行科学探险的雄心，是无止境的，是永远得不到满足的。真是雄心勃勃，锐不可当。正因为如此，他才不怕生活艰苦，不怕长途跋涉，正因为如此，他才敢于冒着生命危险，在土匪如麻的四川，特别是云南境内，冲锋陷阵，一往无前！

云南地质十分复杂多样。在北京时，赵先生曾聆听过丁文江先生叙述他如何在云南东部进行地质调查工作，并提出很多地层、古生物、地质构造、矿产分布上的问题，希望赵先生以他在地层和古生物学上的丰富知识，前去该地区解决这些问题。也就是说，一旦入了宝山决不能空手而归。所以当我们在四川叙府小住，准备进入云南之前，赵先生就对我说：云南、贵州都是地质学上的处女地，我们来了要尽量多跑些地区，多收集些实际材料，努力解决几个重大问题。因此他决定我们两人应当分路进行工作，他由叙府南行，经老鸦滩到昭通，再南行进入滇东；我由叙府东南行，经云南镇雄，再转入贵州西北部。1929年9月底我们分手出发了。和他同行的是一位年轻的仆人和助手徐承佩。和往常一样，他一路测制路线地质图，一路采集化石标本，每天大概步行三四十里路。行抵昭通县闸心场，投宿在佛德盛栈。晚饭后约莫十点钟刚过，赵先生把当天的笔记整理完毕后，正准备就寝，突然间土匪10多人，手持枪械，闯入栈房，先把徐承佩拘留起来，然后到上房寻觅赵先生。此时赵已闭门。于是土匪隔门连放数枪，子弹射入赵先生脑部，当即倒地殒命。

当时我正由贵州毕节北行，转入川南。在叙永县收到徐承佩君快信，始知赵先生惨遭杀害。我悲痛万分！觉得赵先生这样的好人，得到这样的下场，"天道"太不公平了！"出师未捷身先死，长使英雄泪满襟"，这是我当时心情的写照。

赵先生的一生是短暂的一生，是光辉的一生，他为地质科学而牺牲了自己年轻的生命，这是值得我们永远纪念的。赵先生死后，同仁们在北京西城兵马司、原地质调查所的前院，为他竖立了一个大理石纪念碑。在"文化大革命"中这个碑石被搬走了。我不揣冒昧地建议，在云南昭通县闸心场为他竖立一个新碑。

赵亚曾先生永垂不朽！

（1979 年 8 月 5 日于辽宁兴城海滨）

原刊于《地质论评》1980 年第 26 卷第 2 期

山兮复何在　石迹耿千秋

朱森先生传

文 / 李春昱

朱森(1902—1942)

　　朱森先生字子元，于民国纪元前十年(1902)一月十五日，即光绪辛丑十二月初六日，生于湖南郴县之瑶林，弟兄 4 人，先生行二。幼年聪慧，惟亦无大异于常人，而坚毅笃行，则为常人所不及。先生学业之成，实基于是，而先生天年不永，抑或与有因焉。

1928 年黄汲清、李春昱、朱森、杨曾威(前坐一至四)与低年级同学合影

先生七龄,诣县城入濂溪小学,4 年卒业,返里随长兄品三先生攻读诗书,进益甚速,先生晓畅国学,有自来也。嗣奉亲命,佐理家务,荏苒数载,每以升学为念。及民国七年,乃考入郴县第七联立中学,时先生年已十八矣。越年以故除名,转至长沙延师补习英文算术,于民国九年考入岳云中学三年级,十一年夏毕业后,负笈都门,报考北京大学,一试及格,入理学院,予之识先生也,始于此时。预科二年,功课紧张,先生与同学辈切磋研讨,自励励人,相辅而进,成绩斐然。十三年夏入本科地质系,同窗 8 人,先生之外有黄汲清、杨曾威、赵华煦、常隆庆、蒋泳曾、尹效忠及余,两年之后,常、赵、蒋、尹相继休学或退学,直至毕业时只先生与余等 4 人耳。在此 4 年中,或同读于一室,或共游于山野,朝夕过从,谊同手足,抚今思昔,曷胜凄怆。

在北京大学地质系,师从李四光先生习岩石学与地质构造学,李先生遇人诚恳,治学不苟,在校门徒,悉受其感,而先生其尤者也。随葛利普先生(A. W. Grabau)读古生物学与地史学,葛先生学问浩博,诲人不倦,受教 4 年,所获良多,而先生其著者也。在三年级之暑假,先生返归故里,调查附近地质,初试手笔,写成《湖南郴县瑶林之古生代地层及动物群》一文,刊于地质学会志之第 7 卷,是为先生地质文献之创作。十七年春随翁文灏先生实习于热河,继复南登泰山,旅途所经,均有记述,载于北京大学地质研究学会会刊,著作才能已见识于师长矣。

民国十七年夏毕业于北京大学,先生应李四光先生之召,入中央研究院地质研究所任助理员,继升研究员直至出国之前,前后任职 6 年,曾随李捷先生考察鄂北豫南秦岭段地质,写成《秦岭东部地质》一书。曾随李四光先生研究南京附近地质数易寒暑,著有《南京龙潭地质指南》宁镇山脉地质图之南京、汤山、茅山、栖霞山与龙潭各幅,皆为先生所测制。《金陵灰岩之珊瑚及腕足类化石》尤为研究中国石炭纪地层之巨著。民国二十一年,由湖南到广西,横越长界岭与城岭,兼程而宿,并日而食,勇毅过人,严冬跋涉,致罹胃病,故先生天年不永由来渐矣。

民国二十三年秋先生得中华文化教育基金会补助,东渡赴美至纽约,入哥伦比亚大学(Columbia University)从詹森(D. W. Johnson)研习地文,随 G. M. Kay 攻读地史,暑期中则往耶尔大学(Yale University)访苏克塔教授(Ch. Schuchert)研究古生物,以其已有之经验,更获名师之指导,住美两年,造诣渊深,以先生之学识,本无重乎学位,乃以远涉重洋,耗款甚巨,旅费所需,均系补

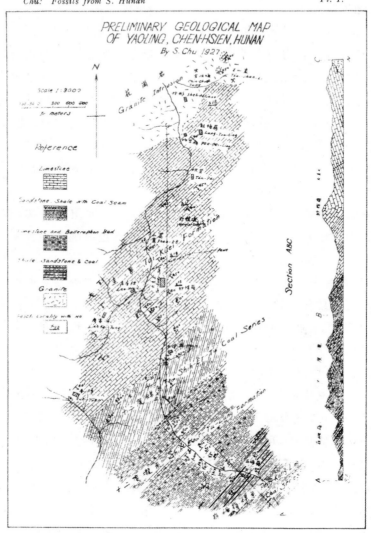

《湖南郴县瑶林之古生代地层及动物群》一文中的地质图

助，思维成名，聊以自慰，爰于 1936 年 1 月考取硕士学位。

　　地质学科注重野外观察，先生未出国时已踏遍 10 余省，然来美之后，每以未能漫游北美为憾，以限于金钱与时间，难随所愿。惟先生自信力强，与张更先生合购汽车一辆，自习驾驶，经两周之练习，考领驾驶执照，终于 1936 年 7 月自纽约出发，穿经阿朴拉倩（Appalachian）、瓦洒齐（Wasatch Mts.）、黄石公园

（Yellowstone Park）等地，历时两月，游行 10800 余英里[①]，对于美国地质，得窥梗概，国人留美者甚众，而深入乡间，实地视察者，盖多不先生若也。

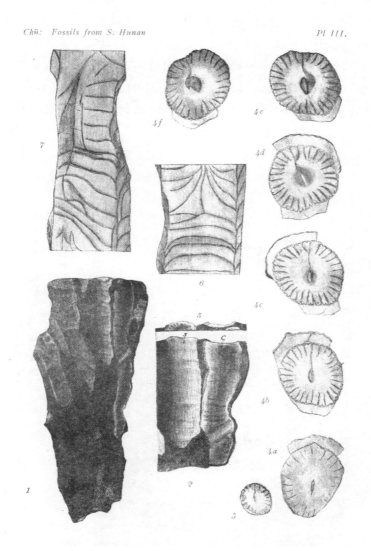

Chü: Fossils from S. Hunan   *Pl III.*

《湖南郴县瑶林之古生代地层及动物群》一文中的化石图版

民国二十五年秋九月离美赴英，十月五日抵伦敦参观地质调查所与陈列馆

---

① 1 英里≈1.6 千米——本书编者注

等,然后访贝勒(E. B. Bailey)于格拉斯沟(Glasgow),由其介绍与指导,得鉴赏苏格兰西北高地之构造(Highland Structure)流连两周,再经比利时以至德国,时余适在南德做野外工作,先生搭车径来相会,异国话别,把酒言欢,在弗兰肯林(Frankenwald)中或共野餐,或互研讨,北京大学之生活,复重演于此日,然余与先生共同勘察洞地质,此亦最后一次。十一月七日先生返蚌(Bonn)学习德文,兼从克娄司先生(H. Cloos)研究小型构造,乃到蚌不久,胃病忽发,住院诊疗,阅月甫愈,而先生未加息养,苦读如故,若不自知其为病躯也。翌年春先生到柏林从斯蒂来先生(H. Stille)游,搜集中国已有之地质资料,以与欧洲比较造山运动时期,写成《中国造山运动》(《Orogensis in China》)一文,当 1937 年夏在莫斯科举行第 17 届世界地质学会时先生所宣读者即为此文。秋八月先生由苏联转往瑞士,借以观察阿尔朴斯(Alps)之构造。其时东亚战事,业已爆发,日

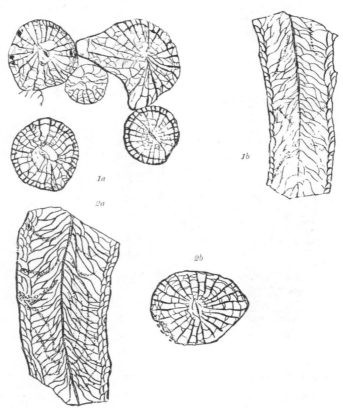

朱森在湖南郴县发现的瑶林管柱珊瑚

寇既挑战于河北,复构暂于上海,先生爱国情切,忧心如焚,亟思东返效力祖邦,乃托予购船票,于船期未到之前暂往格任诺(Grenoble)学习法语,十月初余自英来会,随先生游罗马,上威苏富(Vesuvius)火山,然后至热那亚(Genoa)搭船经红海过印度于十一月九日抵香港,仅留两日,先生即搭车返里,盖先生家有七旬老母在,游子远归,省视情切,亦足征先生之笃孝也。

先生欧美归来,漫游世界名山大川,结识各国地质巨擘,其见闻之广,学识之博,自在意中。本拟回国实地考察,续做研究。乃此时适重庆大学甫办地质系,校长胡庶华先生求贤若渴,优礼延聘,先生亦感中国地质人才之缺乏,须广为培植后进,乃商得李四光先生同意,于二十七年春一月携眷来渝,任教重大,此为先生教书生涯之始。先生辞令本不擅长,初次任教,虑难胜任。但一年之后,备得学生爱戴,翌年生持系务,推进尤力,学生读书兴趣,日渐浓厚,全系成绩,日新月异,使此国内后起之地质系,大有骎骎驾前者而上之之势。先生于假期中,依然致力于野外工作,民国二十八年夏调查川北龙门山地质,二十九年夏,研究灌县地质,三十年春率学生在南川实习,对各处地层均作详细之划分,川北构造尤有正确之认识,使学生于教室与野外有并重之收获,先生之功,实有足多者。民国三十年夏中央大学地质系主任李学清先生辞职,校长顾孟余先生聘先生往主系务,先生以顾及重大地质系学生学业,初未能允。嗣商请俞建章先生主持重大地质系,乃应中大之聘,两校功课,时或兼授,两校地质系,相并发展,地质界同仁多引为慰,目观后进人才,陆续培植,不意好事多磨,时甫三月而先生中流言之刺激,竟以病闻矣。

先生之病为胃溃疡,于三十一年一月十四日送入李子坝武汉疗养院,几经诊断于十七日下午二时施行手术,经过尚佳,惟体力衰弱,脓水不干,输血数次,渐有起色,然以春暖,恐有警报乃于四月一日迁入歌乐山中央医院,易地疗养,至能行走,惟终以温度不退,脓水不干,不得不采医师之建议,于六月二十二日再行开刀,讵知开刀之后即渐恶化,七月六日溘然长逝,享年仅四十有一。

踪迹往事,多足称者;先生生平,不苟言笑,初与相识,每谓其待人冷淡,殊不知相处愈久,愈见热诚,但至熟亲友,即偶有戏谑,亦不为谑,"久而敬之"先生有之。余常检读先生日记在1936年1月3日有云:"读 Lyell 所述 Werner 及 Hutton 之理论,Hutton 之推论与现时学者无异,以彼在当时之知识(千七百几十年)而能有此,真不为易,其举动与品格为人所贵者乃 'The simplicity of his manner and the sincerity of his character',此种人真为我自身之师。"足见先生之自知,而其处事之态度或亦引为自诩者,故先生之待人也可谓诚矣。

先生无嗜好,不吸烟不饮酒,不苟取与。胡庶华先生托为售屋,买主酬以二千金,先生却而不受,并谓如必欲其受,则宁不签字。直至以二千金并入售价汇交胡先生而后允,先生有甥肄业重大,拟请贷金,先生严词阻止,盖甥家属中产,勉足自给,不应更与寒士争也。先生常自操家务,兼任童仆之劳,夫人自种蔬菜,以减口食之费,布衣素食,研读自娱。先生之自奉也可谓廉矣。

先生肄业北大时,习骑脚踏车,在清明节前仅有四日,但坚决练习,卒于清明节与友朋数人,组骑车队,同游西山。先生在美,习驾汽车,亦卒于两周之内如愿以偿。先生在野外工作如此,先生研究问题如此,先生主办地质事业亦如此,认清鹄的,勇以赴之,是先生之自信也可谓强矣。

先生研究地层,则广采化石,逐层详考。研究构造,则断层节理,巨细俱察。凡有疑问,不解不去,遇有所获,乐而忘归。测制地质图,本为地质学家之主要工作,但或精于地层而疏于构造,或理解构造而忽于化石,所作结果,错讹难免,惟先生兼擅其长,故南京附近及川北地质图,迄为国内地质图之杰作。先生授课之余,以其讲授材料,编为地史学,化石地层,兼罗并有,以中国为主欧美为辅,遗稿所录达廿万言,惜巨著未成,中道徂亡,现由友人,代为纂辑,将来问世,定为吾国之重要著作,地质学子必备之读物。先生之为学也可谓博且精矣。

先生作育生徒,爱如子弟,课下指导重于堂上,野外工作有如室内,非不得已,未尝请假,星期日外,悉在系内。每率学生实习,辄于晚间遍询各生,如有问题,立为解释,然后督编报告,竣事方寝。尝于重大,遇有空袭,教室中弹,瓦砾满屋,先生手持巾帚,自为扫除,学生工役,歌咏以从,不半日地质系业已复课,而数日后,其他部分尚未整理就绪,故先生之诲人也,可谓勤矣。

先生怀博闻精研之学识,抱光风霁月之品格,而乃中年徂亡岂仅为中国地质界之不幸,亦实吾国家之损失,怨天乎,尤人乎,徒增后人之伤怀耳。

先生死后,暂厝于重庆小龙坎四川省地质调查所山麓,家有老母年已七十有六,先生17岁结婚,遗夫人李言淑女士,生女一子五,女名福琳,子名鼎甲、福量、振华、衡霞、衡英,幼子尚在襁褓,略举大端,谨以为传。

民国三十二年一月于北碚

原刊于《地质论评》1942 年第 7 卷第 6 期

附：

悼子元

李四光

崎岖五岭路，嗟君从我游。

峰峦隐复见，环绕湘水头。

风云忽变色，瘴疬濛金瓯。

山今复何在，石迹耿千秋。

悼朱子元

翁文灏

人生自古谁无死，死非其人太可怜。

五斗折腰古所耻，君负此名真歉然。

真诚朴俭人皆晓，愿得一言明后先。

蜚声研李自中校，重大课程相授传。

前后主持中大者，愿崇地学聘高贤。

殷勤复向朱君说，旧地重游信约镌。

树人讲学本君志，再返中央执教鞭。

矢意精诚倡学术，以身作则勇莫前。

诸生共得良先导，国内人同庆满圆。

只因两校交换日，平价粮有五斗添。

君因实地勘查事，驰骋千山与万川。

初未知有此错出，实事求是不虚悬。

襟怀皎洁身清白，梦亦未曾及盗泉。

自闻被他人举发，衷心伤痛形神捐。

愿认轻疏负责任，愿偿米价缴金钱。

校长挚诚致慰问，友朋珍惜与关联。

劝君为学自尊重，莫太怆怀与悲煎。

硕德高怀人共信，微瑕不掩白璧全。

君本非有不坏身，气窒胃病相牵连。

从此一卧不复起，痛惜斯人泪珠涟。
我识朱君在燕北，精心治学志方专。
嗣入中央研究院，发明贡献多新解。
美欧历聘至诸邦，前辈专家共讨研。
国际会开在莫都，微言精义相周旋。
宗邦努力更加劝，渝水巴山去联翩。
岭势盘迴穷地脉，石形新旧证媸妍。
生活辛艰无怨意，贤劳操作共敬虔。
如此人才能有几，非比鸿毛轻且廉。
五斗米能值几文，专学曾窥千万年。
吾人求知本天性，力求进步不愿延。
盖利略几为学死，法勒第辞繁荣筵。
朱君一死固可伤，振作学风心更坚。

许德佑(1908—1944)

名山千卷文成章
记古生物地层学家许德佑先生

文 / 许碚生

野外地质考察是一项艰苦的科学活动,正如徐霞客所说:"登不必有径,涉不必有津,受寒受跌且受饥",甚至有生命危险。然而地质工作者为了探索自然奥秘,不顾艰险,甚至为此献身。

1929年3月,杰出地质古生物学家赵亚曾先生在去云南昭通县考察时,遭到土匪袭劫,惨遭杀害。

许德佑先生在贵州晴隆遇害,时年37岁。陈康先生、马以思女士同时遭难。本文主要介绍许德佑先生峥嵘的一生,以及他在我国地质科学领域作出的贡献。

许德佑先生,是前中央地质调查所技正兼古生物研究室无脊椎古生物组主任、复旦大学史地系教授,是40年代我国地质界一位卓有成就的地层古生物学家。

峥嵘的岁月

许德佑先生,江苏丹阳县人,1908年12月8日生,兄弟5人。幼年就学乡里,禀赋过人,16岁入苏州省立中学,18岁转上海澄衷中学,至1927年,因参加学生运动,被迫退学。同年夏考入上海复旦大学外国语文学系,兼修社会科学,开始参加文艺活动,与许寿昌、陈鲤庭、陈万里友善,时相过从。1928年转入复旦大学政治系,同时攻读东吴大学法律系,至1930年毕业。在学期间,与田汉、洪深创办艺术院,并组织复旦剧社,创办《摩登》杂志,积极参加上海左翼文艺活动,并开始以"右人"的笔名,撰写文学作品和社会科学论文,发表在上海各报副刊及《复旦校刊》上。

　　1931年,许德佑先生赴欧洲留学,入法国蒙伯里大学地质系。在此期间,他除致力攻读地质专业课程外,仍热心从事业余文学、自然科学和政治评论的写作活动,针对时弊和动荡不安的世界形势,发表过许多有见解的文章,登在《东方杂志》《小说月报》和其他报纸副刊上,如《法兰西的异国剧场》《军械商人与世界大战》《西班牙总统选举之后日益右倾的政治》《法国农民运动之检讨》等篇,都是切中时弊的评论。

　　许德佑先生青年时代才思过人。他博览群书,擅长数理,精通英语、法语,具有敏锐的政治观察力和文学修养。他著述丰富,仅他留法至毕业回国期间的短短6年内(1931—1936)共发表文学、科学、政治评论文章达50多篇。这在中国青年科学家中是十分罕见的。

勇攀科学高峰

　　许德佑先生鉴于当时中国的政治腐败,决心放弃文学与政治,抱着科学救国的热切希望,去法国学习地质科学。他好学勤思,勇于实践,经常随同指导教

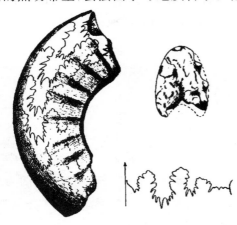

许德佑发表的标本素描图

师到野外调查,采集大量标本,又回到实验室进行鉴定分析。他由于法文基础好,还经常到图书馆翻阅各专业图书资料,详做笔记,苦心钻研,取得优异成绩,获得了硕士学位。1935年毕业后,随即赴巴黎参加法国地质学会,并在巴黎大学古生物教研室随卓立欧(Joleaud)教授习甲壳类化石,随门契科夫(Mcnhikoff)教授习珊瑚化石,学业益进,曾撰写《撒哈拉西部的石炭纪珊瑚化石》《法国

Tanout 的甲壳化石》两篇论文,均发表在《法国地质学会会志》和《自然史博物馆会刊》上,赢得法国地质同行们的称赞。

1935 年 7 月,许德佑先生由法国回国,11 月入南京实业部地质调查所任古生物研究所助理研究员。1936 年加入中国地质学会,选为《中国地质学会会志》助理编辑。1941 年兼任复旦大学史地系教授,1942 年当选为中国地质学会助理书记及《中国地质学会会志》编辑,同年 7 月升技正兼古生物研究室无脊椎古生物组主任。许德佑先生自 1935 年回国至 1944 年 4 月遇难,短短 10 年,为学会和《中国地质学会会志》做了大量工作,为中国区域地质调查和地层古生物的研究做出了显著成绩,为此,1940 年获中国地质学会第九次赵亚曾研究奖,1944 年获中央研究院第二次丁文江纪念奖。

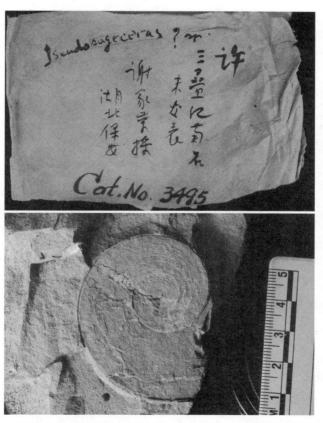

许德佑所研究标本附带的标签(上)及其所研究的菊石标本(下)

许德佑先生在法国是研究珊瑚与甲壳类化石的,回国后,由于这方面地质调查所已有两人在研究,他就毅然另选三叠纪地层古生物作为主攻方向。他的这种顾全局、重团结的科学道德传为美谈。他克服各方面困难,坚持野外调查,足迹遍及江苏、浙江、湖南、广东、广西、云南、贵州、四川等省。他随黄汲清赴杭州一带,偕计荣森、盛莘夫赴龙潭青龙山一带,与王恒升去八步,与岳希新去秭归,偕陈康去贵州,对三叠纪地层古生物以及矿产地质做了深入的调查研究,并做了大量的鉴定工作,许多三叠纪地层单位名称都是经他鉴定后命名的,至今仍为地质工作者所采用。许德佑先生在短短 8 年时间里,写出论文 50 多篇,其中有关三叠纪地质古生物的专论 31 篇,主要发表在《中国地质学会会志》上,成为中国三叠纪研究的宝贵文献。他的这种勇攀科学高峰的精神,是永远值得学习的。

遇 难 前 后

1944 年 4 月,许德佑先生偕陈康、马以思从北碚出发赴贵州西部调查地质。17 日抵盘县,开始测绘比例尺二十万分之一地质图。21 日,行至盘县以东,宿于兴中乡,为匪徒所觊觎。23 日,宿在一个姓叶的保长家中。次日,该保长为他们雇了挑夫 3 人,其中两人就是匪徒。上午十时,经晴隆黄厂,埋伏的持枪匪徒一拥而出,许德佑先生当即遭枪击殒命,陈康先生、马以思女士亦随即遇害。

当时,土壤学家侯学煜先生正在盘县工作,得报后,一方面向上级报告,一方面电约盘县和普安两县官员赴出事地点,将三位死者入殓,随即侦查拘审。经过侯先生的悉心规划和机智审讯,终于使匪徒供出同伙,匪首易某拒捕,被当场击毙。

许德佑、陈康、马以思三位灵柩运至贵阳,在花溪公祭后安葬,并立碑纪念。当时任经济部部长的地质学家翁文灏先生作了长诗《泣祭许德佑陈康马以思》:"地质重调查,前进白素志。奈何国未宁,英华屡陨坠。一日伤三良,哀伤尤洒泪。忆昔赵亚曾,学高而早死,自川进入滇,昭通遇匪恣。饮弹归黄泉,伤我元良士。今兹黔西行,三人同失事。损失更可惊,匪氛何太肆……许君学最精,尤可佩才智,耐穷鬻书物,真纯良可师。陈马二后进,敏学复精思,在吾地学中,皆是贤良器,屈指全国民,非可容易致,咄彼愚顽氓,疯狂如儿戏,僻地轻戮贼,学人岂能避。培植需时长,何骤遽踬踬,设位遥哭临,凄怆涕盈眦。"

位于贵阳地质陵园中的许德佑墓(邓小杰摄)

中国地质学会为了纪念这三位以身殉职的学者,于 1945 年分别设立纪念奖和奖学金:许德佑纪念奖授予有成就的学者;陈康奖学金、马以思奖学金授予优秀的地质专业学生。获许德佑纪念奖者有赵金科、顾知微等;获陈康奖学金者有李星学、穆恩之等;获马以思奖学金者有池际尚、郝诒纯、刘东生等。

许德佑先生虽韶华不永,但他为我国地质科学的发展作出了重要贡献。此外,他的为人治学精神、艰苦奋斗作风和乐于助人品德都值得后人学习。他一生追求进步,渴望祖国富强,热爱地质事业,勤奋好学,治学严谨,在艰苦的条件下,毫不动摇自己的信念。在担任《中国地质学会会志》编辑期间,他充分发挥自己精通英、法文的优势,负责大部分稿件的编校任务,为提高《中国地质学会会志》的质量和外文水平做出了显著的成绩。

许德佑先生风范永存!

原刊于《河北地质学院学报》1994 年第 17 卷第 3 期

陈康先生传

文 / 李星学

陈康（1916—1944）

　　陈康先生，亦名永康，字勖之，广东番禺人，生于民国五年（纪元 1916 年）九月十三日。父湛威公，母郭太夫人，均年逾六旬；先生居长，有弟三妹二，现居香港。

　　先生幼居香港，家境清寒，幸其伯父陈章先生济资促其就读。故先生得于二十二年毕业于广州市第三初级中学，复考入勷勤大学①附属高中部。斯时，即以文章、书画、音乐、体育见长，温恭诚恳，为师友所敬爱。

　　二十五年毕业后，曾任教于勷勤附小。越年，升入勷勤大学（后改为广东省立文理学院）理学院，读博物学系，而特喜地学；凡地史、古生物、地质构造以及有关之参考书籍，每精心研究，并于课余之暇，偕同班陈泗桥女士至连县郊外作普通地质考察。三年级时，写成其处女作《连县东陂连山大掌岭之沿途地质观察》一文，深得该校白玉衡教授之嘉许，而先生对于研习地质之兴趣亦愈浓。

　　三十年夏，毕业于广东省立文理学院，先生成绩之优异，为全班之冠。离校后，受聘于两广地质调查所，曾随莫柱荪、刘连捷两先生赴乐昌九峰一带考察，著有《乐昌九峰地质矿产》。该文中，图件之编绘及油印钢板之誊写，先生莫不躬亲为之，是其乐于负责及勇于任事之精神，亦早见知于诸先进矣。

---

　　①　勷勤大学是陈济棠为纪念国民党元老古应芬（字勷勤）而创办的，只办了 4 年，因陈济棠下台而解体，是一所短暂的大学。由于勷勤大学在当时颇具规模，罗致不少人才，解体后其商学院又组成了独立的勷勤商学院，延续了几年。——本书注

先生之毕业论文为《广东连县东陂之地质》，该文由校方送教育部核审时，部方特聘杨钟健先生详阅之。杨先生特加赏识，认为以先生已具之才识，若施以深造机会，则其来日成就必有可观者；乃商之于白玉衡教授，而与黄汲清、李承三两先生联名推荐先生于经济部中央地质调查所，先生遂于三十一年九月入所服务。余亦于是年入所，日夕偕作，相见恨晚。惟两载以来，恪于职责，南奔北跋，聚少别多，本年三月，余归自贺兰山，方期把酒言欢，乃先生又有黔西之行，于三月二十七日首途赴筑，余亦于是日同车去渝，至两路口，始倚车话别，并约以秋后归来，共作缙云野餐之游，讵意斯行，竟成永诀，缅怀往昔，曷胜凄怆。

廣東連縣廣西系動物羣之發現[*]

陳　康

（經濟部中央地質調查所）

　　粤省泥盆紀地層，自來所報告者，有所謂盲子峽系（馮景蘭朱翙聲調查），鼎湖山系（徐瑞麟蔣溶調查）蓮花山系（徐蔣調查）東崗嶺系（王鈺屏調查），均認為與廣西之金竹衝砂岩（相當湖南下跳馬澗系）及東崗嶺系相當。上述各系之成立，全係憑層位或岩石性質之推論，古生物方面之考眼，尚少具奧。徐氏嘗於南路某處調查時搜獲 Phacellophyllum 及 Syringopor[a] 兩種珊瑚化石，認為中泥盆紀產物，嗣後又於曲江城郊發現 Atyrpa desquamata；A. rihtchofeni 等 Givetian 期化石，然關於中泥盆紀廣西系之標準化石，如Calceola, Stringocephalus 等則終未見及。本文所述為作者於連縣北部東陂圩調查時，探獲此等大量化石之記錄，證實中泥盆紀之海浸確會及於廣東--隅。

　　東陂圩位於連縣北部約二十五公里，北與湖南江華、臨武、藍山以高山峻嶺之花崗岩侵入岩盤為自然分界，東通星子坪石，南有公路直達連縣。此廣袤大盆地內之岩層以石灰岩為主，當作者於二十九年隨廣東省立文理學院遷抵連縣時，見舖砌衙道之石塊，盡屬石灰岩，中嵌多量腕足類及腹足類化石，卽為此等化石所吸引，乃乘課餘之暇，常至以校區為中心六十里

*陳康先生遺稿由李星學君代為整理

陈康遗稿经李星学整理于 1944 年发表于地质论评

是年十月，先生随许德佑先生赴贵州安顺、平坝一带调查，年终方归，与许

先生著有《贵州西南部三叠纪》及《贵州青岩化石群之检讨》论文两篇,是后得许先生之指导及师友之鼓励,孜孜研求,未尝稍懈,对于古生物学特具兴趣,遂自愿以佐许先生研究三叠纪为专志。三十二年夏,由于黄汲清先生之倡导,所中有彻底整理化石标本之工作,先生亦欣然参与,夙夜辛勤,贡献独多。

三十三年四月初,先生出席于贵阳举行之第 20 次中国地质学年会后,即偕马以思女士随许德佑先生赴黔西调查。不幸于四月二十四日,由普安兴中乡五里坪至晴隆(安南)县属黄厂途中,猝遇土匪,许先生首遭戕杀,先生与马女士被掳廿余里,至马路河附近,亦相继被害,赍志而殁,享年仅二十九焉。追维往事,先生之品德才能亦多足道者:

位于贵阳地质陵园中的陈康墓(邓小杰摄)

二十六年,先生初入大学,"七七事变",即欲投笔从戎,以杀敌致果为己志,第以居长,亲老弟幼,牵缠未果;然于校内救国运动之推进,则不遗余力,并与同学组成抗战宣传队,深入民间工作,先生任壁报、漫画、音乐之责,尽其所长,成效昭著。

二十七年春,先生之堂兄其伟先生殉职于南雄上空,先生从军之念复炽,欲考空军,以雪此国仇家恨,频行,又未如愿。痛余,遂写成《哥哥的热血洒遍了南雄的上空》一文,刊于《中国的空军》第 14 期。是年终,广州失守,武汉撤退,国势日愈阽危,先生以学成无期,遂毅然离家北上,于坪石入学生军事训练总队,接受严格之军事训练。翌春,战局转好,政府为来日建国储才,乃力促学生回校复学,并解散学生训练总队,先生从军之志,至是又不果行。嗣后遂复潜心地质。然揆诸往事,可见其忠诚爱国,抱负宏伟,见义勇为之精神与夫英姿飒爽之氛概,固历历如在目前也。

先生之诚实笃毅,亦非常人所及,其高中班友刘国贤君曾叙二事:某次突临之化学小考中,同学多徬徨无以应,独先生阅卷后,自度无力解答,遂署名于卷首,坦然交以白卷,惟对教师则深表歉疚。其不冀倖进,不重得失于此可见。其二,某次军事训练时,以操场傍近厕所,夏日蒸腾,腥臭欲呕,先生不禁而唾;适军训主任至,闻声追问:"谁吐痰者?"先生即立正毅然而答曰:"陈康!"由是可证先生之坦白亢爽,诚挚负责之精神,由来久矣。

先生侍父母极孝,对家庭之热爱亦未以其贫苦而稍减,且愈感己身所负责任之重大。于朋友间,尝谓:"我全家陷居香港,无力外出,父母年迈力衰,无力生产,弟妹之辍学,至伤我心!待倭寇驱除,我第一件大事,即系侍奉父母并善抚弟妹成人。"于此又足征先生之孝悌,盖出天性,讵料无限希冀惨遭断送,今后南国倚闾,其将抱恨于天乎。

先生体力健壮,气宇轩昂,面棕颧高,目有威棱,然腮旁常带微笑,故觉蔼然可亲;性情豪放,常侃侃而敲,声动四座。嗜音乐,喜运动,中学时代即以足排球著称,而金石、木刻、摄影之术,无不别具慧心。尤酷好文艺,作品以游记为主,常见于曲江、桂林各地之报章,取材多系其亲身之见闻;行文轻俏,蓄意深刻,观察入微,举凡所见之宗教、礼俗、风物人情等,莫不跃然纸上,其博学多能,在青年中实属鲜见。

先生尚未婚,舆同乡陈女士交谊凤笃,情爱深挚,七八年如一日;原拟于先生公毕归后,举行婚礼,讵意造化作梗,一去不返,绵绵长恨,无有绝期矣。

先生死后,与许先生、马女士同葬于贵州花溪。一代才华,赍志终古,音徽如昨,梦境依稀;从此青山无恙,幸埋忠骨,花鸟有情,常护墓地,翘首白云松楸,徒增怆感而已,悲夫!

三十三年八月十一日于北碚

原刊于《地质论评》1944 年第 Z3 期

清明缅怀马以思

记献身地质科学的地学女杰马以思先生

文／廖莉萍

马以思（1919—1944）

　　民国三十三年（1944），在贵州西部发生了一起震惊全国的惊天大案：三位地质科学家被匪徒劫杀。

　　多少年后，一位曾在贵州从事地质古生物多年的学者李钟模发出了悲天悯人的哀挽：

　　　　　　东山苍苍，
　　　　　　黔水茫茫，
　　　　　　登山四顾，
　　　　　　涕泗滂滂，
　　　　　　正当壮士风华茂，
　　　　　　名山千卷文成章。
　　　　　　匪徒愚昧丧天良，
　　　　　　可怜三君死黄厂①，
　　　　　　萧萧风雨袭衣裳。
　　　　　　高山为之低头，
　　　　　　溪水为之呜咽，
　　　　　　临风雪涕，
　　　　　　怎解人间惆怅！？

---

　　①　原文为"璜厂"，现多写作"黄厂"。——本书编者注

——这是多么惨痛的现实，无法挽回的损失。

70 年后，我手捧尘封 70 年的侯学煜院士的珍贵手稿《黔西审匪记》，阅读发黄的史料，许德佑、陈康、马以思三位古生物学家考察黔西普安、晴隆一带三叠纪地层古生物，被土匪劫杀、追凶、审匪的情景一幕幕惊现在我眼前……

1944 年早春，前方抗日烽火正酣，后方以科学救国为己任的科学家在艰苦危难的环境中从事野外考察研究。4 月，中国地质学会第 20 届年会在贵阳召开。会后，许德佑、陈康、马以思三位先生前往贵州西部三叠纪化石极为丰富的盘县、兴义、关岭、普安、晴隆进行考察。当他们进入地势险要、人烟稀少的普安、晴隆交界处的黄厂附近时，不幸被土匪抢劫，惨遭杀害。

许德佑曾留学法国，获得地质学硕士学位，回国后从事地质工作，为名重一时的三叠纪地质专家，时年 36 岁。陈康大学时成绩全班第一，在校时即有著作问世，成绩突出，仅 29 岁。其中，最为年轻、初出校门不到一年的马以思，是名倾一时的著名才女，出校门时精通英、日、俄、德、法五国语言，年仅 25 岁。

马以思（1919—1944 年），四川成都市人，是我国地质学史上第一位女地质学家，也是我国回族妇女从事地质科学的第一人。

1919 年 10 月 25 日，马以思出生在黑龙江省齐齐哈尔市的一个"书香"家庭。祖父是一个具有工业救国、科学救国思想的幕僚，父亲马伯严就读于京师大学堂，几个叔叔和他的大哥都就读于齐齐哈尔工业学校。家庭环境的优秀文化熏陶，在她幼小的心灵产生了深刻的影响。身处日寇侵略，国家和民族处于危亡的时刻，发奋学习、救亡图存的思想在她成长道路上表现得尤为强烈。

1931 年，马以思 12 岁时，小学还未毕业，发生了日本侵略东北的"九一八"事变。日寇的铁蹄蹂躏了白山黑水和辽河流域的广大土地。马以思一家也与千千万万不愿做奴隶的人们一样，不得不抛弃了自己的家园，流亡关内。进关后，她寄居在济南五叔家，在济南一中读到初中毕业，后考入上海同济高中的医预科，仅读两年，又发生了日寇进攻上海的"八一三"事变，吴淞口沦为战场。这时她的父亲已去世，她和姐姐马以慧陪伴着母亲，随着大批流亡人员逃难到了四川。孤女寡母，生活十分艰苦，马以思在四川合川国立二中读完高中，就考入大学先修班，继而保送进入中央大学学地质。

马以思在校时，就是有名的才女。她天资聪慧，但比聪慧更重要的是她顽强的勤奋学习精神。从小学起她就不仅在功课上考试屡列第一，且是全校的优秀生。她在各学科的学习中都取得了优秀的成绩，获得上海银行奖学金和林森奖学金(林森是当时国民政府主席)。在外语学习上,更显示了她天资聪颖,加之刻苦勤奋,在小学时,她就已学会日语,初中时,英语基础就打得很牢。在上海同济高中医预科的两年学习中,虽然对医学兴趣不是很浓,但因此学好了德语。在大学里,又以法语为第二外语。大学毕业时,她参加了俄语补习班,仅以半年的时间就能阅读俄文资料。在她 25 岁初出校门时,就能兼通英、法、德、俄、日五国文字语言,远远超过在大学时需要掌握两门外语的要求。她在当时,被公认为很了不起的才女。如果把马以思的学习成绩进行统计,她在 17 年的学生生涯中,经历了 34 次学期考试,而考得第一名的竟有 28 次之多。

马以思最早考入的是上海同济高中的医预科。当时国家正处于危难关头,开发资源,强我中国,地质学被认为是国防科学,是能担当抗日救国大任的。当她被中央大学录取,因成绩特优可以选择科系的时候,她面临着一个严峻而现实的选择,要不要选定地质作为自己的终身事业呢? 地质不但艰苦,而且在当时又是份很危险的工作,作为女子,又是回族,从事此行业一定会遇到更多的困难。这时,她写信求教于当时任陇东师范校长的八叔马汝邻,她八叔根据自己对地质的了解,在复函中大加鼓励,并希望她在研究地质科学中有所成就。终于,她成为中央大学地质系成立 10 年来的第一位女生。

马以思将自己的"匹夫"之志紧密与国家兴亡相联系。4 年的大学生活,她更加勤奋刻苦,努力在知识的海洋里不断求索。她的毕业论文《黔北桐梓县之下三叠纪动物群》,首次对贵州黔北桐梓地区介形类的化石进行了研究和定名,得到了当时古生物权威的赞赏。

从中央大学地质系毕业

马以思的毕业论文,1944 年 6 月发表于《地质论评》

后,她又以优异的成绩考入了一流地质学家云集的中央调查所,任练习生。跟随尹赞勋、许德佑先生研究古生物,专攻三叠纪地层化石研究。不幸,三个有为的生命,三个奋进的青年,三个对国家地质、古生物事业作出重大贡献的科学家竟被葬送在这块荒凉、贫瘠的土地上。

1944 年 5 月 7 日,三位地质学家的灵柩运到晴隆县莲城镇,设灵堂于东门五显庙中。18 日,由普安、晴隆两县在莲城召开追悼大会,并护送灵柩至省城安葬于贵阳花溪公园。新中国成立后,1987 年三位地质学家的墓地又由花溪迁于贵阳市郊蔡家关、贵州工学院后山地质陵园,立碑刊文,永志纪念! 每当清明时节,都有大批的地学工作者、年轻地质师生前来地质陵园凭吊。

位于贵阳地质陵园中的马以思墓(邓小杰摄)

2014 年的清明节,时逢三位地质学家遇难 70 周年之际,马以思的后人杨伯英先生偕夫人、女儿及外孙从千里之外来到地质陵园,缅怀亲人马以思。

惊喜的收获是,此行杨伯英先生带来了尘封 70 年的《黔西审匪记》珍贵资料,这是上世纪 80 年代,杨伯英先生拜访侯学煜先生时,侯先生交给他的真手迹。这是一份十分珍贵的历史遗产。当年仅 32 岁的侯学煜院士以其科学家的本真和凛然正气,严谨求实的学者风骨,细致入微的办事态度,有始有终的处事习惯,圆满地完成了经济部资源委员会翁文灏部长(著名地质学家)交给他办理三位地质学家善后、追凶、缉匪、审匪的任务。真实地记录了地质学家、古生物学家许德佑、陈康、马以思在考察黔西普安、晴隆一带三叠纪地层古生物时,被土匪劫杀及其追凶、审匪的全过程,实在难能可贵!

我读着打印出来的《黔西审匪记》,宛如进入一场噩梦,蓦然醒来,如梦如幻,笑靥如花的马以思,魂兮魄兮,朦胧中升腾在我的面前,我也似乎灵魂出壳,听她娓娓道来那博大精深的地质学,与她一起来到贵州西部,尽情地在两亿多年前的三叠纪古生物海洋畅游。

她的故事对我的影响很大,触动很深。作为搞地质的女性,深感她的报国理想及从事地质专业的艰辛,但她没有退却,而是与男儿一道肩负起国家国防救国的重任。从此,受她影响,我更热爱地质,更加刻苦勤奋,更加疾恶如仇!我为中国出了这样的智慧女性感到自豪和骄傲!

为了纪念为科学献身、以身殉职的三位地质专家,民国三十四年(1945)中国地质学会分别设立了许德佑科学纪念奖、陈康科学纪念奖、马以思科学纪念奖。

踏着他们的足迹,素有"古生物王国"的贵州,通过几代地质科学工作者的努力,地质业绩成果辉煌。贵州三叠纪地质研究在国内外科学席位名列前茅,在这片"王国"上建立的关岭、兴义、盘县生物群在国际地学研究中独执牛耳!

我们应该纪念他们,学习他们为地质科学、为国家发展不畏艰险、勇于献身的精神。

我们可以告慰三位地质学家:先生们未尽之事业,我们正在竭心尽力去做。先生们的事业正在发扬光大! 先生们之后,继之有人!

安息吧,先生!

原刊于《贵州地质》2015 年第 32 卷第 2 期

悼地质学家丁道衡先生

丁道衡（1899—1955）

文／乐森璕

丁道衡先生是一个地质学家、古生物学家、高等教育工作者，也是一个社会活动家。他的逝世，是我国地质学界的一个巨大损失。

丁道衡先生是贵州织金县人，生于 1899 年 11 月 7 日。幼年曾从家庭教师学习。1916 年考入贵阳模范中学。1919 年突破家庭种种阻挠，只身北上，考入北京大学预科甲部。1921 年升入本科地质系。1926 年从北京大学地质系毕业后，就留在学校担任助教，更进一步钻研地史和古生物学。

1927 年 5 月，丁道衡先生参加西北的科学考察工作，他主要担任天山西南部的地质工作，并调查沿途矿产。在考察工作中，历尽艰难，大部分岁月都在戈壁沙漠中度过，一直到 1930 年 8 月才返回北平，旅行前后，计 3 年有余。在这次考察工作中，他共绘有地质图百余幅，采集地质资料 35 箱，风俗物品 3 箱。这次旅行是丁先生正式参加实际地质工作的开端，他不但吸取了许多野外调查经验，而且在绥远首次发现了著名的白云鄂博铁矿，这是他一生中光辉灿烂的巨大成就。1931 年起，丁先生任北京女子师范学院讲师。1935 年，他得到北京大学资助，赴德国柏林大学地质系留学，随斯梯勒教授学习构造地质，后来转到马堡大学，从卫德肯教授研究无脊椎动物化石。过去研究古生物的学者，都偏重于琐碎的描述或斤斤较量一种一属的得失，但丁先生在卫德肯教授的影响下，则一反过去的老套，而着重研讨化石内部的结构，将整个内部结构再造起来，做进一步的解剖比较，然后全面地得出结论。他在日夜不倦的苦学钻研中，终于在马堡大学期间，完成了古杯海绵、方锥珊瑚、十字珊瑚、波哈特贝与鸮头贝等重要论文,于 1938 年归国。

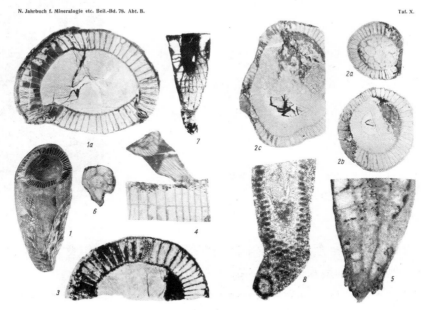

N. Jahrbuch f. Mineralogie etc. Beil.-Bd. 78. Abt. B.　　　　　　　　　　　　　　　Taf. X.

T. H. Ting: Revision der Archaeocyathinen.

1937 年《Revision der Archaeocyathinen》一文中的图版

　　1939—1940 年,他加入了川康考察团,企图在大片处女地区,为国家找出重要的矿产资源,但不幸他出发不久,在理化某地遇匪,遭到洗劫,只得半途而返。1940—1942 年任武汉大学矿冶系教授,随校迁至乐山,当时生活清苦,课多事繁,系中无一助教,仅有绘图员一人,因此他一身兼任普通地质、矿物、岩石、矿床、光性矿物、地史六门不同的课程,即矿冶系所有的地质课程全由他一人承担。他每日上午八点准时到系上课,下午领导学生实习,终年如一日,未尝或辍。有一年暑假他还带学生到峨眉山去做地质旅行。由于他返国以后,身体更胖,血压逐渐加高,曾在海拔 3 700 公尺的山中跌跤多次,但他仍坚持步行,边走边讲。他这种诲人不倦、艰苦卓绝、忘我劳动的精神,在这一时期,表现得最为突出。1942 年他转往贵州农工学院任教,后来农工学院改组为贵州大学,他担任工学院院长,地质系成立后,他又兼地质系主任。1949 年初,他应重庆大学地质系之请,赴渝短期讲学,那时重庆反饥饿运动正达高潮,回校后贵州大学教授会要求他传达重庆反饥饿运动的情况,他因担任教授会主席,义不容辞,就在当天做了报告,学校师生颇受感动,随即组织了贵阳示威游行,并开始了罢教罢学。由于丁先生的爱国主义行动和正直作风,当时的反动政府竟以鼓动"学潮"和宣传共产主义的"罪名",在那年 8 月 8 日将他秘密逮捕入狱。后经多方营救,始于同年 10 月 24 日出狱,距贵阳解放,为时已不过两旬。

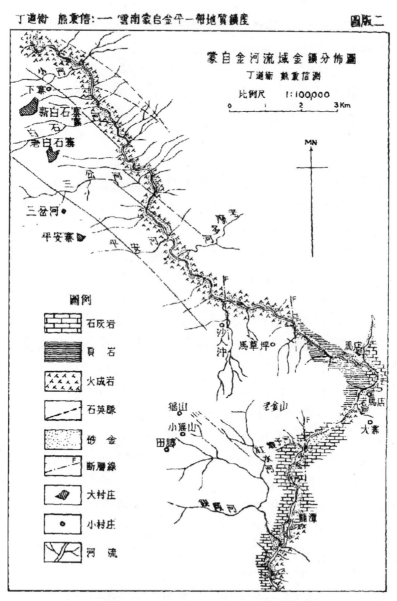

《云南蒙自金平一带地质矿产》一文中的地质图

贵阳 1949 年 11 月 14 日解放,不久他就被任命为贵州大学接管会主任委员。贵州大学在贵阳南 19 公里的花溪,在新中国成立初期,革命秩序还未巩固建立,流窜在当地的国民党残匪曾数度进攻该校,他和共产党的组织领导群众与残匪进行武装斗争,终于击退匪徒,使同学们能安心上课。1950 年他被选为贵州省各界人民代表会议代表,被任命为贵州省人民政府委员、西南军政委员会委员、西南军政委员会文化教育委员会副主任。1952 年院系调整后,到重庆任重庆大学地质系主任。1953 年任西南行政委员会委员、西南行政委员会文化教育委员会副主任。1954 年被选为第一届全国人民代表大会代表,又被选为重庆市第一届人民代表大会代表、重庆市人民委员会委员、中国人民政治协商会议重庆市委员会常务委员。此外,他还担任了九三学社中央委员兼重庆分社副主任委员、中国地质学会重庆分会理事长等工作。由于他的政治觉悟和责任心,在新中国成立后的日子里,常为赶写发言提纲或编写讲义而迟至深夜始睡。他在工作中不计较个人得失,一贯积极工作,即使在他逝世的前一日,在他参加了政协重庆市委员会会议主席团几日紧张会议之后,那晚还向地质系全体同学作了发行新币的传达报告。

2 月 21 日晚 11 时,丁道衡先生突发脑溢血逝世了。

丁道衡先生在科学上的著作,数量虽不甚多,但在国民经济上与科学上价值是相当重要的。在 1927 年,他刚开始工作不久,在绥远西北的白云鄂博发现了巨大的铁矿。但在反动政府统治时期,科学发现是不被重视的,以致该矿埋没了 20 多年之久。他的发现,只有在新中国成立后,在人民自己的国家里,才有它的实际意义。

在古生物学方面,他在卫德肯教授的指导下,首先完成了一个富有科学意义的"古杯"研究。成果公布后,引起科学界的甚大重视。"古杯"大约是 5 亿年前古生代下部寒武纪至奥陶纪中一种常见的化石,亚、欧、美、澳等洲都有发现,在奥陶纪后即全部灭绝。但这一种化石的生物系统,即它在生物分类的地位上,是古生物学家争论的焦点,经过 70 多年的时间,还没有得到适当的解决。有些古生物学家把它列入原生动物,有的列入海绵动物,有的列入珊瑚动物,甚至有的将它归入藻类,也有人把它作为前二者的过渡,或前三者的过渡,学说纷纭,莫衷一是。在他取得了南澳洲和沙丁尼亚岛很多保存完好的"古杯"标本以后,经独立的研究,终于在 *Archaeocyathus*, *Coscinocyathus* 的薄片中,找到了一种四射海绵针骨,这一发现廓清了过去针骨只限 *Archaeoscyphia* 和针骨可能是外来的疑团,证明了所有的"古杯",绝不是珊瑚而肯定是硅质海绵亚纲下的一个超科,他定名为古杯超科(Tribus Archeocyathinae Ting)。根据研究的结果,他著有《古杯的更订》一文,在德国《矿物、地质、古生物年鉴》上发表。

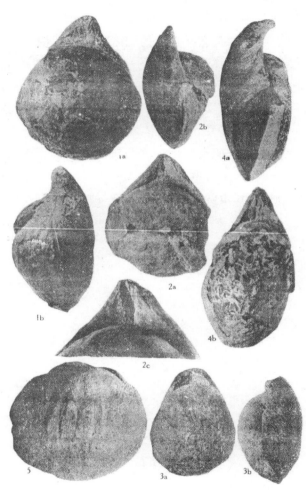

T. H. Ting:—Gattungen Bornhardtina und Stringocephalus　　Tafel I1

丁道衡研究鸮头贝的图版

在马堡大学时,除完成这篇极有价值的论文以外,还著有《关于波哈特贝与鸮头贝的内部构造》《方锥珊瑚研究》《十字珊瑚构造之意义》等三篇论文。在第一篇论文里,不惟说明波哈特贝与鸮头贝外貌相似,而内部腕骨则各有不同,且将前者整个的内部结构精细地描绘出来。第二篇论文里,他推论方锥珊瑚的四瓣盖子,是由外壁扁平化的部分分离而成,因为盖子里面也有隔壁的隆起,和方锥部分的隔壁相当。同时他指出方锥珊瑚内部结构的演化过程,也和拖鞋珊瑚的完全一致。他还根据许多切面,阐明了内部隔壁锥与其间泡沫组织的特点,作出了方锥珊瑚的复旧图画。第三篇论文中,同样用他一贯彻底的研究方法,将十字珊瑚的内部结构推敲出来。过去只知道十字珊瑚有 4 个隔壁交叉成为十字形的现象,但对十字结构是怎样造成的则未深究。经他深入钻研才了解十字构造不过是个体繁殖时,在杯部内分裂的一种特别过程造成的,可由个体发育的各阶段而完全得到证明。最后他将这种珊瑚每个个体的发育阶段系统地用图画描绘出来。由上述几篇文章看来,他的著作数量虽不甚多,但都是精心创作。

终其一生,丁先生在科学研究中则谨严明辨,全面彻底,在社会和政治活动中则立场坚定,敌我分明,抱定忘我精神,全心全意为人民服务,在学校生活中则作风正派,坚持原则,认真负责,孜孜不倦地教导后学。丁先生的这种精神是值得我们学习的。

原刊于《科学通报》1955 年第 5 期

纪念优秀的中年地层古生物学家
杨绳武

文／戎嘉余　邝国敦　等

杨绳武（1940—1984）

　　优秀的中年地层古生物学家、我们的同窗挚友杨绳武同志去世一年了。1984 年深秋的一天，传来他因公殉职的噩耗，我们一个个都惊呆了，久久凝望着他的照片，陷入了悲哀的沉思，往事一幕幕在我们脑海里浮现。

　　1958 年 9 月初，我们与杨绳武同学一起考入北京地质学院普查系。自那以后，大家朝夕相处，共度了 4 个春秋。他，细高个儿，热情坦率，随和爽朗，时时流露出聪颖与机灵。在老师的辛勤培育下，他学习刻苦，讲究方法，注重效果，在班上常以优异的成绩名列前茅。北京近郊和鄂西、黔北的野外地质实习，为他打下了坚实的基础。他的实际工作能力很强，在学生中出类拔萃。他爱好文娱体育，团结同学，乐于助人。这一切都给我们留下了深刻的印象。

　　1962 年夏，22 岁的杨绳武以优秀的成绩通过毕业论文答辩，怀着探索古生物世界的奥秘、为祖国建设服务的理想，志愿到被称为"地层古生物宝库"的贵州高原，被分配在省区域地质调查大队（即 108 队）工作，并在那里度过了 20 个风雨春秋。他一直战斗在生产第一线，汗水洒遍崇山峻岭，取得了大量第一手材料。艰苦的生活和工作条件不但磨炼了他，还大大开拓了他的知识面。他脚踏实地地鉴定或研究了上万件珊瑚、鹦鹉螺、鲢、三叶虫、古杯等多门类化石，和 108 队的同志们一起为贵州的区域地质调查、地层划分及与国内外对比做出了显著的成绩。在编写《贵州古生物图册》（1978）时，他详细研究各时期的床板珊瑚化石，为建立我国南方古生代床板珊瑚组合及序列取得颇有价值的成果。他执笔撰写的多篇论文，如《黔西、滇东早石炭世岩关期泡沫米契林珊瑚化石及其地层意义》(1974)、《西南地区奥陶纪珠角石类新材料》(1979)、《贵阳乌当中、晚奥陶世地层及其生物群》(1980)和《贵州栖霞组与茅口组的界线讨论》(1981)等,既有广度又有深度,论证有据,颇有见地,受到同行们的重视和赞赏。

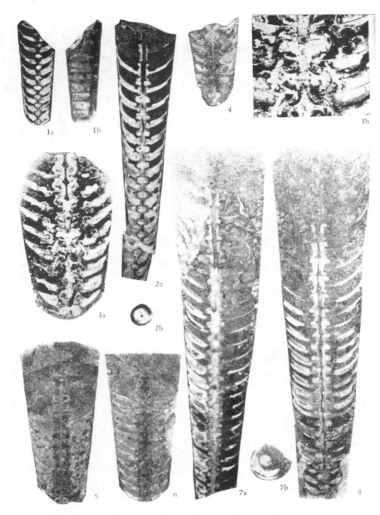

《西南地区奥陶纪珠角石类》一文中的图版

1981年夏,他被派往英国工作和进修两年。一到伦敦的地质科学研究所,他便得知要承担英国奥陶纪珊瑚化石研究课题的消息。一百多年来,这个领域几乎无人问津,一些专家学者或望而生畏或因其他原因未能系统研究。以一位中国学者为主,与White博士合作,担负这项重任,不难设想,他面临的困难有多么艰巨！但是，他来信说："我要为中国古生物学界争气、争光！"经过努力，他很快熟悉了环境，以极大的热情奔赴苏格兰、威尔士和英格兰进行野外工作，发现并采集大量的标本；又到剑桥大学、卡迪夫大学、大英博物馆和地质博物馆等处仔细搜寻分散而又珍藏的标本。他以惊人的毅力，克服语言、生活、工作等种种困难，自己动手磨制切片，为标本摄影，用英文撰写论文。寒来暑往，不懈的努力终于结出丰硕的果实。包括10余万字、25属60余种、论及生物分类系统演化和古动物地理等项内容的《英国奥陶纪珊瑚》(《British Ordovician tabulate corals》)文稿被英国古生物协会专著(Palaeontographical Society, Monographs)正式接受发表。消息传来，英国和其他国家的同行们震惊不已，纷纷称赞这个成果是"百年来英国奥陶纪珊瑚研究史上的重大进展"。由于成绩出色，

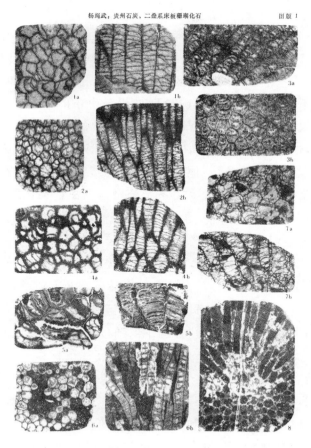

杨绳武：贵州石炭、二叠系床板珊瑚化石　　图版 1

《贵州石炭、二叠系床板珊瑚化石》一文中的图版

1983 年夏,他应邀参加在华盛顿召开的第四届国际刺丝胞化石会议,宣读了论文《不列颠奥陶纪床板珊瑚组合和它们的动物地理关系》。他首次识别了苏格兰 Caradocian 期 3 个床板珊瑚组合,提出全球 Caradocian 期床板珊瑚地理区系不明显、Ashgillian 期分成两个动物地理区(北美-北亚区和西欧-中亚-中国区)的重要结论,受到与会代表的称道和赞誉。

两年的国外深造,使他如虎添翼。回国后,他继续出色完成队里下达的各项任务,参加了 1984 年 3 月在海南岛举行的珊瑚礁现场会议,并介绍了英国奥陶纪床板珊瑚组合,引起了代表们的浓厚兴趣。不久,他又受地质矿产部委派,作为项目执行人,担负中美"区域矿产资源评价技术"的重任。这要涉及地质矿产、地球化学、区域调查等多方面的知识,而许多专业对他来说还很陌生。但他服从需要,悉心查阅文献资料,默记英文专业词汇,每天常常工作到凌晨二、三点钟。这个项目分两个阶段进行。第一阶段,1984 年 7—8 月间,他与美方项目负责人 David Brew 博士在青海省地质矿产局有关同志的陪同下,仅用半个多月就出色完成了考察青海玛沁地区的野外任务。第二阶段,1984 年 8 月底,他仓促整装,马不停蹄地奔赴美国阿拉斯加州东南角的 Juneau 地区。该区靠近北极圈,濒临太平洋,地势险要,气候恶劣。他全然不顾这些艰苦条件,勤奋工作,谦逊好学,很快掌握了开展高山区和冰川区工作的一整套方法,美国同行誉他为"十分称职的考察队员"。他通晓区测填图,熟谙地层化石,外国队员常向他请教,他总是热心解释,和大家关系十分融洽。离他回国行期很近的 9 月 22 日那天,全队分成 4 个小组活动。他带队员 Webster 到奇尔卡特山考察。清晨,直升机护送他们在一山头降落。他们刚定完第一个地质点,不幸的事发生了:杨绳武在 65°—75°的陡坡上,滑坠谷底,以身殉职。他用英文记载的地质现象在野外记录本上还清晰可辨,他的专用报话机打开着还留在山头上……

噩耗传到国内,地质矿产部、贵州省地质矿产局和 108 队的领导们,与杨绳武朝夕相处的同事们,母校的老师和同窗学友们,国内外熟悉他的同行们,都默默地、深切地悼念他。杨绳武同志是中年知识分子中的优秀一员。他有崇高的理想和坚定的信念,他对专业无比热爱,他有强烈的事业心和顽强的拼搏精神。他精通区测填图,熟悉古生代地层和多门类化石,在研究床板珊瑚方面有独到的成就。他本可以用学到的知识和本领去完成更多的工作,为祖国多作贡献,万万没有想到,却在经验丰富、精力充沛、才华横溢的时候,过早地离开了我们,大家深感痛惜。他的逝世,是我国地质界和古生物界的一大损失。

地质矿产部根据他一贯的表现和将一生献给地质事业的功绩,追认他为全国地质系统的劳动模范。中共贵州省委员会根据他生前的愿望,追认他为中国共产党党员。他的优秀品质永远值得我们学习,他的顽强进取精神激励我们为提高我国地层古生物学的研究水平、为祖国的四化建设,贡献一切力量。

安息吧,绳武学友!

戎嘉余　邝国敦　蔡土赐　甄金生

吴浩若　于振华　朱正刚　史秉德

写于一九八五年初秋

原刊于《古生物学报》1985 年第 24 卷第 5 期

附:

杨绳武(1940—1984)事略
D. E. White
(英国地质科学研究所)

杨绳武同志参加中美地质科技协作项目时在美不幸因雪崩殉职,已近一年。事件发生后,其在英从学和协作的怀特(D. E. White)博士曾寄我悼唁长函,述及其在英研究完成但尚未最后定稿的奥陶纪珊瑚专著,并表示将迅速促其出版,其后又为是文悼念,托周志毅同志带来。杨绳武同志在国内工作,广泛涉及区域地层及古生物,并非限于床板珊瑚,留英期间潜心珊瑚研究,以严密系统见长,而不以多建属种为务。归国以后,参加中美协作项目,涉及地质多个方面,实已为一成熟的地质古生物学者。盛年硕学,方期为祖国地质科学争光,猝然离去,痛何如之。观怀特短文,对其生平评价,颇有可取,因即译出,并附记数语,以寄哀思。

王鸿祯

1985 年 8 月

1984 年 9 月 22 日贵州区调队地层古生物及古地理组组长杨绳武在代表他的国家参加中美科技合作工作时，于美国阿拉斯加不幸遇难。

这一事件的噩耗对其家属及其在中国和各国的地质同行都是一大震悼。他不但被认为是一流的科学工作者，同时也由于他的愉快而和善的性格，是一个很得人心的同事和朋友。这些优点保证了他旅行到任何地方都是他的国家的优秀"使节"。他的死对他的家庭、对他的同行和对他已作出有意义贡献的地质科学都是可悲的损失。

杨在 1962 年以优异成绩毕业于北京地质学院后，即到贵州省区调队。他在那里进行了古生代生物地层和古生物的研究，特别致力于床板珊瑚和头足类。他研究的专精和成功表现在他的著作纪录——建立了床板珊瑚 10 新属 175 新种，鹦鹉螺 2 新属 20 新种。

杨于 1981 年进修了英语，被授予访问研究两年的应得机会。通过北京地质学院王鸿祯教授的特别推荐，他于 1981 年 8 月到英国伦敦地质科学研究所同 D. E. White 博士协作。在其后两年中，他研究了英国奥陶纪床板瑚珊。

由于百余年来从未曾打算对这些化石进行研究，因而可以认为这个课题将是对英国古生物学的有价值的贡献。课题任务包括在英格兰、威尔士和苏格兰的野外工作，对格拉斯哥、爱丁堡、卡尔迪夫、剑桥和伦敦大英（自然历史）博物馆主要收藏品进行访问研究的广泛规划。此外，还须研究大量英国和国外的科学文献。

虽然研究题目的工作量证明较原来估计的大得多，但在杨于 1983 年 10 月回中国时，工作已达到高级阶段，因此，与 White 博士合作的一项专著已确定提交伦敦古生物学会出版。专著包括 70 余种珊瑚的描述和图片，其中许多过去未在英国发现，有几个属和种被发现为新属种。

1983 年 9 月 23 日，杨在返回中国前到美国华盛顿参加了珊瑚专家们的国际会议，并用英语讲演，将所记述的英国奥陶纪珊瑚组合与其他国家，包括中国、北美和澳大利亚所产做了比较。这个报告特别受到欢迎，已于 1984 年出版。

杨在与其妻和两个孩子幸福重聚，度过应得的假期之后，于 1983 年 12 月回到贵州，重返区调队工作，当即被任命为地层古生物古地理组组长。他虽然忙于为《贵州地质志》的出版准备撰写报告，但还是找出时间用在英国访问期间制作的彩色幻灯片做了几次有关英国的介绍。3 月他参加了由中国古生物学会组织的海南岛珊瑚专业组会议,并做了他在英国研究成果的介绍报告。

1984 年 7 月,应地质矿产部的邀请,杨绳武与美国地质调查局的布鲁(D. Brew)博士在青海省的一个地区,作为中美科学协作关于边远地区矿产评价技术项目的一部分,共同做了工作。8 月 25 日他到美国进行回访。在 9 月 22 日一个星期六的早晨,他与卫柏斯特(J. Webster)先生在阿拉斯加东南部契尔卡特(Chilcat)山脉的一个无名山峰东侧山脊上同时遇难。

这个残酷的意外事件,为杨的生涯带来了悲剧性的、过早的结束。

他将受到他的家属的悲痛怀念,我们向他的家属表示哀悼和同情。他也将受到全世界朋友们和同行们的怀念。

(王鸿祯译)

原刊于《地质论评》1985 年第 31 卷第 6 期

纪念吕君昌

文／徐星

吕君昌(1965—2018)

2018 年 10 月 9 日，我曾经的同事、中国地质科学院地质研究所研究员吕君昌博士意外去世，享年 53 岁。

对于我，对于许多同仁，君昌的离去太过突然。知道他疾病缠身，曾经想去探望，但没能成行，后来听说他情况转好，稍感心安，不想突然传来他去世的噩耗。在他最后的日子里，没能见他一面，深感内疚。

现在想来，也许另外一件事情让我更内疚。我硕士论文涉及的一件标本采自甘肃酒泉马鬃山地区，是一件较为完整的鹦鹉嘴龙标本，由董枝明先生交与我研究。在 20 世纪 90 年代初，董枝明先生和日本福井恐龙博物馆的东洋一先生共同组织了中日丝绸之路恐龙考察，吕君昌是科考队主要人员。这件标本采自马鬃山地区出露的早白垩世地层中，虽然我没有当时的野外记录，但猜测吕君昌应该是采集者，或者至少是采集者之一。从这个角度，我有欠于君昌，因为依据这一标本，我于 1997 年发表了自己命名的第一种恐龙，但在发表的论文中我没有致谢君昌。我的论文发表于董枝明先生主编的《中日丝绸之路恐龙考察》专辑中；在同一专辑中，君昌也发表了他命名的第一种恐龙——马鬃山原巴克龙，化石也采自马鬃山地区。

我第一次见到君昌是在 1992 年夏天，细节已经不记得了。1993 年我们也许曾经短暂共用过一间办公室，位于古脊椎动物与古人类研究所旧楼四层中间区域。由于四层有住户，楼道堆满杂物，脏乱不堪，非常阴暗，办公室沿墙摆满办公桌，也是阴暗杂乱，好在办公室中的录音机总是播放音乐，能带来一些鲜活的色彩。

1993年底搬到古脊椎所新楼五层,他的办公室就在我的隔壁,那之后的记忆逐渐开始清晰。君昌的办公室在北面最东头,是一间大办公室,与其他几个年轻人共用。在我的印象中,和他谈话次数不是太多,一个原因是他山东口音浓重,谈话费劲;另一个原因是他常出野外,我们见面较少。尽管如此,由于研究方向一样,我们的交流还是较其他人为多。

我第一次工作性质的野外是与吕君昌一起,同行者还有尤海鲁。那是1994年,当时国家决定建设三峡大坝,要进行淹没区的脊椎动物化石普查,我们承担的任务是调查三峡库区中、上侏罗统的沙溪庙组中的脊椎动物化石。野外始于重庆,一路沿江而下,一直到宜宾。在野外期间,君昌走路快,眼睛尖,是我们3个人中最出色的一个。不过,即便有他这样的野外工作佼佼者,我们依然几无收获。

吕君昌(左二)和本文作者(左四)等在重庆看化石

我第一次采到有重要价值的化石也是和君昌一起,那是在1995年初夏,参加赵喜进先生组织的在河南南阳和邻近的湖北郧县地区的野外调查和发掘,参加人员还有黄万波和时福桥。时值这里白垩纪中期的恐龙蛋化石发现不久,我们的工作目标既有当时全国有名的恐龙蛋化石,也有这里相对少见的恐龙骨骼化石。这次野外,君昌给我留下了更深印象,他修长的腿移动很快,上坡下沟非常轻松,手里拿着的地质锤从不闲着,总在敲打地层中异样的出露物。

在西峡,我们见证了后来在美国《国家地理》封面上出现的那窝巨型长形蛋化石的发现；在内乡，我们采集到一件禽龙类头后骨架化石标本，这也让我有机会和君昌一起共同发表一篇论文。我印象最深的是另外一件标本的采集，这是一件伤齿龙骨骼和蛋化石保存在一起的标本，是中国发现的唯一的伤齿龙孵卵标本。记忆中这可能是我第一次制作皮套克，至今脑海中还有君昌站在我旁边，往橡胶盆中捧送石膏粉的样子，甚至还能记得双手放在石膏浆中的那种温暖的感觉。

1996 年，我和他一起参加了董枝明先生和东洋一先生组织的中日蒙戈壁恐龙科考项目。遗憾的是，当时我和董枝明先生一起去了蒙古南戈壁，而君昌则留在国内，负责在内蒙古西部的野外工作。这一项目导致了一些保存极其精美的恐龙化石的发现，包括后来他和小林快次博士一起命名的董氏中国似鸟龙。值得一提的是，在君昌的早期研究工作中，他已经开始使用 CT 数据。比如，1999 年他使用医学 CT 观察离龙类化石中保存的鼻腔结构，这在当时的中国，甚至国际上，都是罕见的。

2000 年，君昌决定去美国深造，攻读博士学位。他去了位于美国得克萨斯州的南方卫理公会大学，师从著名古脊椎动物学家、北美古脊椎动物学会前主席 Louis L. Jacobs。他花费 4 年时间完成学业，在学成之后，去了中国地质科学院地质研究所，继续从事翼龙类和恐龙类等中生代爬行动物化石的研究。

汝阳龙股骨

一如他野外工作风格，君昌写论文速度很快。2004 年进入地科院工作后，他进入了科研高产时期，有时一年发表第一作者的论文数量达到十几篇，速度堪称惊人。实事求是地说，在取得许多科研成果的同时，他的高产也带来了一些负面效应，一些论文中的疏忽招致了批评，但这没有妨碍他成为翼龙类研究方向国际上最活跃的学者之一，他接连取得了一些有世界影响的成果，包括发现显示模块化演化现象的达尔文翼龙以及发现有助于辨识性别和推进我们理解翼龙生殖行为的翼龙化石。

君昌在恐龙类研究方向也是成果累累,尤其值得一提的是河南汝阳和栾川地区的恐龙研究成果,发现的重要物种有汝阳龙和栾川盗龙等。在他的帮助下,河南地质博物馆也建立了自己的研究队伍,成为中国古脊椎动物学研究的一支重要力量。

　　由于各种原因,君昌在地科院工作期间,我和他很少有机会见面和交流,偶尔相见,也只能匆匆聊几句,直到 2016 年重庆云阳普安恐龙化石发现后,我们才终于有机会再次合作。2018 年 4 月,应重庆地质环境研究院魏光彪博士的邀请,君昌、尤海鲁和我一起来到重庆,开展云阳普安恐龙化石的研究。这离上次我们 3 人一起来重庆已经 20 余年了,再次聚首,嘘寒问暖,感慨万千,但也兴奋异常,几天时间如白驹过隙。分别时,我还特意嘱咐君昌注意身体,因为那时已经知道他有较严重的糖尿病,但没想到,不久之后,他的病情加重,又患上由糖尿病引发的肾病。

孙氏振元龙模式标本,体长达到约 1.5 米,相比它的近亲种类,它的"翅膀"非常短,长有复杂的多层羽毛

　　现在想想,君昌在正当英年之时,身体状况变得如此,与他的工作和生活习惯有关。一直以来,他工作极其勤勉,付出程度常常超出身体极限,是典型的拼命三郎,同时生活上没有调节,不知道适当放松。在云阳项目开展期间,他甚至只能抽国庆假日时间去重庆看标本;就在他去世的当晚,他还在指导学生和写作论文。

泥潭通天龙模式标本

其实就在君昌去世前几周,他还曾电邮我,要一篇论文的电子版本。我当时知道他身体状况有恢复,尽管如此,在我电邮他论文电子版本的时候,还是询问了他的身体情况,但没有收到回音。那几天,我心里还说,这家伙,怎么也不回个音? 没有想到,这居然是我和君昌的最后一次交流。

君昌的葬礼在 2018 年 10 月 11 日举行。在葬礼上,我遇见了来自不同单位的同仁,也遇见了许多来自外地的同行,甚至还遇见了日本北海道大学的小林快次和韩国汉城大学的李永南,他们是君昌的长期合作者和师兄弟,专程从各自国家匆匆赶到北京,来见君昌最后一面。在行告别礼时,看着他静静地躺在鲜花丛中,我实在控制不住自己,眼泪不禁涌出,君昌就这样离我们而去了,这实在难以接受。

葬礼结束后,我赶往重庆,继续君昌未竟的云阳恐龙事业。在去往机场的路上,我忍不住写了下面几句话:

悼君昌先生

亿万岁月不觉远,五十余载却恨短。

龙骨伴酒未尽兴,空余遗憾来世还。

原刊于《化石》2019 年第 1 期